Angewandte Ethik der Wissenschaft – Technik – Wirtschaft – Medien

Alexander Braml

Angewandte Ethik der Wissenschaft – Technik – Wirtschaft – Medien

Ein Lehr-, Lern- und Übungsbuch für die Hochschule

Alexander Braml
München, Deutschland

ISBN 978-3-658-48769-0   ISBN 978-3-658-48770-6   (eBook)
https://doi.org/10.1007/978-3-658-48770-6

Die Deutsche Nationalbibliothek verzeichnet diese Publikation in der Deutschen Nationalbibliografie; detaillierte bibliografische Daten sind im Internet über https://portal.dnb.de abrufbar.

Planung/Lektorat: Frank Schindler
Springer VS ist ein Imprint der eingetragenen Gesellschaft Springer Fachmedien Wiesbaden GmbH und ist ein Teil von Springer Nature.
Die Anschrift der Gesellschaft ist: Abraham-Lincoln-Str. 46, 65189 Wiesbaden, Germany

Geleitwort

Ein Lehr-, Lern- und Übungsbuch zur angewandten Ethik der Bereiche Technik, Wirtschaft und Medien steht heute vor vielfältigen Herausforderungen systematischer, aber auch wissenschafts- und hochschuldidaktischer Art. So ist einerseits die klare Anwendungsorientierung und das in der Regel an praktischer „Nutzbarkeit" orientierte Interesse nicht nur der studentischen Leserschaft zu berücksichtigen. Es gilt, dieses vermutete (vordergründige) Erkenntnisinteresse der Zielgruppe im Blick zu behalten und ihr zugleich den Zugang zu Begründungszusammenhängen, zu Hintergrundrechtfertigungen[1] und zu deren kritischer Reflexion zu eröffnen. Das typische reflexive Moment des Philosophierens und damit der Ethik ist den positiven Wissenschaften fremd, „Wissenschaft denkt nicht"[2]. Gemeint ist natürlich nicht, dass Forschende, Entwickelnde oder Studierende der Technik-, Wirtschafts- oder Medienwissenschaften in ihrer Tätigkeit nicht denken. Gemeint ist vielmehr, Gegenstand dieses Denkens ist für gewöhnlich nicht das Selbst, nicht der eigene Ort und die Form des eigenen Denkens und die Widersprüchlichkeiten und (historischen) Bedingtheiten von dessen – auch normativen – Voraussetzungen. Genau davon aber lebt die Ethik, von vielfältigen, komplementären, aber auch konträren Theorien, die dazu dienen, Sachverhalte, (scheinbare und tatsächliche) Gesetzmäßigkeiten, Ziele und Methoden zu bewerten und nicht nur zu beschreiben.

---

[1] Vgl. Irrgang, Bernhard. 1995. *Grundriß der medizinischen Ethik.* München, Basel: UTB Reinhardt, 69.

[2] Heidegger 2002 zit. nach Gutmann, Mathias, Wiegerling, Klaus. Einleitung. In: Gutmann, Mathias, Wiegerling, Klaus, Rathgeber, Benjamin (ed.).2024. *Handbuch Technikphilosophie.* Stuttgart: J.B. Metzler, 1. DOI: org/10.1007/978-3-476-05991-8_1.

Im vorliegenden Buch unternimmt es der Autor nicht nur, seine Leserschaft auch in komplexe Themen wie die fragliche Wertfreiheit von Wissenschaft verständlich einzuführen, er bietet auch aktuelle Ansätze, die bislang in der Technik- und Wirtschaftsethik eher ein Nischendasein führen, wie etwa die *Ethics of Care* oder die Rezeption interkultureller Perspektiven. Gerade solche Theoriebestände mögen vielen Angehörigen der Generation Z den Zugang zu ethischen Fragen leichter ermöglichen als die klassischen, abendländisch gefärbten, rationalistischen Ethikdiskurse, die zu kennen und zu verstehen heute dennoch unerlässlich ist. Mit seinem Anknüpfen an ihre lebensweltliche Erfahrung erleichtert der Autor seiner Leserschaft den Zugang nicht dadurch, dass er das reflexive Niveau absenkt, sondern dadurch, dass er an dem ansetzt, was sie aktuell beschäftigt, ohne dass sie es vielleicht selbst als ethisch gerahmt hätte. Das können Fragen des Greenwashings in Unternehmen sein, der manipulativen Informationsgestaltung in Medien oder konkreter Auswirkungen bestimmter Pflegetechnologien in den Ingenieurswissenschaften.

Dass sich mit Dr. Alexander Braml ein kundiger Experte der Hochschullehre mit fundierter philosophisch-ethischer Expertise und jahrelanger Lehrerfahrung in Studiengängen angewandter Wissenschaften der Thematik in Form eines Lehr- und Lernbuchs annimmt, ist als äußerst hilfreiches Angebot für Studierende, in den adressierten Wissenschaften Tätige und für Lehrende zu sehen. Während es letzteren die Schwerpunktsetzung und Aufbereitung der Themen für die Lehre erleichtert, kann es für Erstere eine wichtige Unterstützung des eigenen Erkenntnisgewinns und der Prüfungsvorbereitung gleichermaßen sein. Auch wenn man dem Werk Leser:innen wünscht, die es von Anfang bis Ende durcharbeiten und so ein systematisches und breit theoretisch fundiertes Verständnis angewandter Ethik erhalten, so wird es sicher auch zur Vertiefung einzelner Aspekte der Theorien oder exemplarischer Anwendungsfragen mit Gewinn heranzuziehen sein. Hingewiesen sei an dieser Stelle auf die Reflexions- und Diskussionsfragen am Ende der Kapitel, die – wie auch die Eingangsbetrachtungen – den Bezug zur Praxis und dem Leben der Leserschaft absichern.

Die Komplexität der Thematik und das Reflexionsangebot an die Leserschaft gehen damit weit über den rein disziplinären Kontext der angewandten Ethik in den jeweiligen Wissenschaften hinaus. Wie alle gute Ethiklehre ermutigt das Werk seine Leserschaft immer wieder, sich das eigene Leben, die eigenen Werte und Überzeugungen zum Gegenstand zu machen und zu hinterfragen und sich damit selbst der Frage nach einem guten Leben zu stellen, ohne hier vorschnell Antworten zu geben.

Während für die angewandte Ethik in den Bio-, Gesundheits- und Pflegewissenschaften inzwischen eine Vielzahl an Publikationen und zunehmend auch an medial ansprechend aufbereiteten E-Learning-Angeboten vorliegen, ist dies gerade für die Bereiche der Technik- und Medienwissenschaften noch nicht der Fall. Hier macht Alexander Braml ein Angebot, von dem viele Studierende über die Prüfungsvorbereitung hinaus profitieren werden und das vielen Lehrenden das Leben ein bisschen leichter macht.

München
Mai 2025

Prof. Dr. Constanze Giese
Professorin für Ethik und
Anthropologie in der Pflege
Katholische Stiftungshochschule
München
München, Deutschland

Vorwort

Dieses Buch stellt eine Einführung in die Ethik dar. Wir werden uns nachstehend gemeinsam ethische Inhalte, Gedanken und Theorien sowie aktuelle, konkrete Anwendungsfälle erarbeiten. Dazu werden wir auf verschiedene Sphären und Bereiche blicken, die eine wesentliche Rolle in unserem Leben spielen und uns beeinflussen. Wir werden Aspekte *guten* Handelns und Zusammenlebens in diesen Bereichen beleuchten. Speziell werden wir uns im Zuge dessen mit den Anwendungsfeldern der Technik, der Wirtschaft, der Medien sowie der Wissenschaft beschäftigen. Alle diese Sphären bestimmen unser Leben in erheblichem Maße und wir als Menschen bestimmen wechselseitig diese Sphären.

Dieses Buch kann als Einführung und Nachschlagewerk für diejenigen dienen, die an Hochschulen lernen und lehren – aber nicht nur. Ich lade vielmehr alle Leser:innen[3] herzlich dazu ein, die gemeinsam gewonnenen Erkenntnisse an der Hochschule und für die Hochschullehre, ebenso aber an sonstigen weiterführenden Schulen im Unterricht einzusetzen. Für alle anderen Menschen birgt das vorliegende Buch, so bin ich überzeugt, jedoch ebenfalls die Möglichkeit, interessante Themenfelder zu erkunden und spannende Erkenntnisse zu gewinnen.

Mit unserem Leben gehen gesellschaftliche Zwänge, äußere Einflüsse, eingeübte Muster und unhinterfragte Handlungsweisen einher. Diese bestimmen allzu oft unseren Alltag und erfordern gleichzeitig Regeln, Normen und Vereinbarungen, um förderliches kollektives Zusammenleben zu gewährleisten. Unsere

---

[3] Insofern ich an einzelnen Stellen zu Gunsten des Leseflusses auf eine gendersensible Sprache verzichtet habe, so bitte ich, mir das nachzusehen. Alle Leser:innen dürfen sich immer angesprochen fühlen.

moderne Lebens- und Arbeitswelt verändert sich dabei immer schneller, wird stetig weiter global vernetzt und damit fortdauernd komplexer. Viele Menschen sind damit überfordert und haben das Gefühl, nicht mehr alle Zusammenhänge und Herausforderungen überblicken und bewältigen zu können.

Um Anpassungsbereitschaft zu fördern und den Veränderungswillen zu stärken, sind daher Erkenntnisse und Markierungen notwendig, die Orientierung stiften. Was uns hierbei unterstützen kann, sind spezifisch ethische Gedanken. Das griechische Wort *Ethos* meint „Gewohnheit, Sitte, Brauch". In seiner Bedeutung bezieht sich das Ethos sowohl auf das einzelne Individuum als auch die Gewohnheiten, Sitten und Bräuche von Gemeinschaften und Gesellschaften. Als wissenschaftliche Disziplin und Reflexionsmethode fragt die *Ethik* dann nach Mustern, Begründungen und Normen, die geeignet sind, für unser Leben wichtige Fragen so zu bestimmen, dass in einem sozialförderlichen Sinn gutes und zukunftsfähiges Handeln und Zusammenleben möglich ist.

Wir treten im Alltag in unterschiedlichen Rollen auf, also als Mitglieder einer Familie, in Vereinen und als Ehrenamtliche, als Teil der Gesellschaft und eines Staates, als Wähler:innen, als Schüler:innen und Studierende und wir verbringen einen großen Teil unseres Lebens meist auch als Teil der arbeitenden Bevölkerung. Nicht nur, aber gerade im Arbeitsleben unterliegen wir vielfach erheblichen Herausforderungen und externen Zwängen. Diese Zwänge wirken, unabhängig davon, ob wir schon, noch oder überhaupt arbeiten auf jeden von uns in der einen oder anderen Weise, direkt oder indirekt und mal mehr, mal weniger. Im engeren Sinne wären als individuelle und kollektive Beispiele dafür hierarchische Strukturen, Abhängigkeitsverhältnisse, eine Überbetonung ökonomischen Erfolgs, unreflektiertes Karrierestreben oder unrealistische Zielvorgaben in Unternehmen zu nennen. Im weiteren Sinne können wir an Konkurrenzsituationen zwischen Staaten, den lokalen oder globalen Wettbewerb oder Wachstumserfordernisse, an anonyme Liefer- und Geldströme, ebenso aber an Konjunkturzyklen oder politische Entscheidungen denken.

Privat- und Berufsleben sind in unserem Leben nur schwer zu trennen. Speziell der Job, unser Arbeitsleben und Erfolg in dem, was wir im Beruf hervorbringen, nehmen bis heute einen erheblichen Raum im Leben der meisten Menschen ein. Diese Entwicklungen sind aus unterschiedlichen Gründen nicht zuletzt historisch bedingt. Empirische Erhebungen zeigen immer wieder ähnliche Ergebnisse: In einer fortlaufenden *Statista*-Umfrage der Jahre 2019–2023 zur *grundsätzlichen* Bedeutung der Arbeit etwa stuften kontinuierlich über 35 Mio Menschen in Deutschland ab 14 Jahren den Erfolg im Job als ganz besonders wichtig für ihr Leben ein. Eben dieses Institut fragte im Jahr 2022 nach der Bedeutung, gleichzeitig eine *sinnvolle* Aufgabe auszuüben. Dieser Wunsch landete auf Platz 2, direkt nach der Tatsache, mit der Beschäftigung die eigene Existenz abzusichern.[4] Zwar besteht für die meisten Menschen das Erfordernis, ihren Lebensunterhalt über ihr Einkommen bestreiten zu müssen, die Arbeitstätigkeit stiftet somit aus dieser Perspektive bereits Sinn. Gleichzeitig besteht darüber hinaus aber der Wunsch bei vielen Menschen, den Inhalt sowie die Ergebnisse der eigenen Arbeit in irgendeinem Sinne auch als gut und als sinnerfüllend wahrnehmen zu können.[5] Die Frage danach, wie wir ein *gutes* Leben führen können, ist daher als Antwort auf ein übergeordnet sinnstiftendes Ziel im Leben zu betrachten. Und diese Frage ist eine spezifisch ethische.

Wie hängen diese Erkenntnisse jetzt aber mit der (Hochschul-)Bildung zusammen? Jeder Mensch durchläuft im Rahmen seiner Entwicklung und Sozialisierung unterschiedliche Stadien sowie in unseren Breitengraden zumindest üblicherweise verschiedene Bildungseinrichtungen. Der Wissenserwerb, das Erkennen von Werten oder auch die Herausbildung eines moralischen Bewusstseins finden, einer prominenten Theorie folgend, dabei über Alters- und Erkenntnisstufen statt.[6] Das, was wir Erziehung nennen, gründet wesentlich in der Erziehung im Elternhaus und/oder durch andere Vorbilder ab dem Kleinkindalter. In Kindergarten und Schule, in Aus-, Fort- und Weiterbildungsstätten sowie an Universitäten und Hochschulen angewandter Wissenschaften laufen weiterführende Bildungsprozesse ab. Unsere Bildung und damit das theoretisch erworbene Wissen sowie verinnerlichte Wertesysteme bringen wir im Rahmen unserer beruflichen Tätigkeit dann in verschiedener Weise praktisch zur Anwendung.

Weiter oben hatten wir bereits einen Blick auf Herausforderungen in unserer Lebenswirklichkeit geworfen. Wie beschrieben, leben wir in unserem Alltag und unterliegen Zwängen. Auf das Erwerbsleben bezogen zeigen sich diese *individuell* in der Notwendigkeit des Geldverdienens und damit der Überlebenssicherung sowie *kollektiv*, wie beispielsweise in der gesellschaftlichen Bedeutung der Arbeit. Die bereits angeführten lokalen und globalen, gesellschaftlichen und politischen Entwicklungen und Veränderungen tragen zudem in erheblichem Maße zur steigenden Komplexität unseres Lebens insgesamt bei. Damit nehmen auch die Anforderungen an Menschen zu, sich in diesem Umfeld zurechtzufinden. Um am gesellschaftlichen und politischen, aber auch am speziell wissenschaftlichen Diskurs mit (Fach-)Wissen versehen teilnehmen zu können, sind daher spezielle

---

[4] Vgl. Statista 2024, jeweils abrufbar auf www.statista.com.

[5] Mit der Frage, wie sich Sinnstiftung im Arbeitsleben ermöglichen lässt, werden wir uns im Abschn. 4.6.3 noch konkret beschäftigen.

[6] Vgl. Kohlberg 2014.

Kompetenzen gefragt. Eine Möglichkeit, eine erweiterte, ganzheitliche Perspektive einnehmen und praktisch anwenden zu können, stellt die Auseinandersetzung mit ethischen Theorien und Inhalten dar. Die Anreicherung des Wissens um fachliche und methodische Kompetenzen sowie Erkenntnisse der Ethik kann es Menschen ermöglichen, sich diesen Herausforderungen und Diskussionen *moralisch reflektiert* zu stellen. Daher ist es aus meiner Sicht unabdingbar, das entsprechende Wissen und darüber hinausgehende Kompetenzen gerade in der Hochschullehre ausdrücklich zu stärken.

Das Thema der Ethik wird in Alltag, Schule oder in der weiterführenden Bildung und damit im Bestreben, Fachleute für bestimmte Bereiche auszubilden, oft nur wenig berücksichtigt. Die Reflexion auf und Gedanken zur Verantwortung und zu Folgen des eigenen praktischen Tuns sind meiner Erfahrung nach allzu oft noch unterrepräsentiert. Spezifisch ethische Fragestellungen werden in Gänze gerne externalisiert, somit ausgelagert, zum Beispiel an die akademische, in manchen Fällen an die öffentliche Diskussion. Oder sie werden eben erst gar nicht thematisiert. Im Rahmen meiner Tätigkeiten und der persönlichen praktischen Lehrerfahrung an Hochschulen stelle ich jedoch immer wieder fest, dass sich Menschen allgemein – und in diesem Kontext dann Studierende im Speziellen – Orientierungspunkte wünschen.

Als Einstieg in Seminare nutze ich gerne folgende oder ähnliche Fragestellungen:

- Sie werden Ingenieur:in. Beschreiben Sie, welche Herausforderungen und welche positiven, aber auch negativen individuellen und gesellschaftlichen Aspekte mit der Entwicklung eines Pflegeroboters einhergehen können.
- Stellen Sie sich vor, Sie sind Informatiker:in. Hinterfragen Sie kritisch, welche gesellschaftlichen, rechtlichen oder globalen Auswirkungen mit dem Algorithmus verbunden sind, den Sie gerade für Ihren Auftraggeber programmieren.
- Als angehende Betriebswirt:innen können Sie künftig in einem Unternehmen für den Vertrieb, das Controlling oder das Marketing verantwortlich sein. Wie würden Sie aufkommenden *Greenwashing*[7]-Vorwürfen begegnen, die gegen Ihr Unternehmen gerichtet sind? Begründen Sie Ihre Antwort.
- Erklären Sie, welche potentiell manipulativen Effekte mit Ihrer Arbeit als Mediendesigner:in einhergehen können und wie das mit dem Begriff der Verantwortung zusammenhängt.

---

[7] Auf diesen Begriff kommen wir im Abschn. 4.4 zurück.

Oftmals ist bei den kritischen Studierenden in meinen Seminaren ein Unbehagen gegenüber aktuellen Entwicklungen und gesellschaftlich vielfach vorgelebter
Technik-, Wirtschafts- oder Mediengläubigkeit feststellbar. Dennoch bleiben die
Antworten auf die oben genannten und ähnliche Fragestellungen oft vage und
diffus. Das vorhandene Unbehagen können die Studierenden oftmals nicht letzt-
gültig *begründen*. Die Möglichkeiten kritischen Hinterfragens und die Fähigkeit
der argumentativen Darstellung zur eigenen Position sind aus meiner Sicht gerade
und unabdingbar jedoch bereits in der Ausbildung an sich einzubeziehen. Nur so
können wir meines Erachtens Bildung als umfassendes *Ideal* begreifen.

Die Erkenntnis dessen nimmt langsam Fahrt auf und immer breiteren Raum
ein, etwa auch in den Disziplinen der angewandten Wissenschaften. Es geht
darum, (junge) Menschen so auszubilden, dass sie sich ein umfassendes Rüst-
zeug für ihre berufliche Zukunft erarbeiten. Und dieses Wissen besteht nicht
nur aus dem spezifischen Fachwissen in ihren Studienfächern. Vielmehr rückt
auch in der Fähigkeit, Vor-, aber auch Nachteile aktueller Entwicklungen und
gesellschaftlicher Herausforderungen herausarbeiten zu können, unmittelbar in
den Fokus. Damit geht die Kompetenz einher, zunehmend und bewusst Bereiche
der eigenen Verantwortung erkennen zu können. Die Ethik als Disziplin liefert
genau dafür die Ideen, Normen und Prinzipien und unterstützt dabei, begründet
und begründbares verantwortungsbewusstes Denken und Handeln zu fördern.

Die Curricula vor allem an Hochschulen der angewandten Wissenschaften
verändern sich nicht nur nach meiner Erfahrung langsam, aber stetig. So weisen diese, neben freiwilligen Angeboten, im Rahmen relevanter Studiengänge
zwischenzeitlich zunehmend Seminare mit ethischen Inhalten auf.[8] Hier können wir an Veranstaltungen zur Wirtschafts-, Technik- oder Medienethik denken.
Dennoch – und das ist ein Eindruck dessen ich mich nicht erwehren kann –
scheint es nach wie vor so, dass Angebote zu den Bereichsethiken[9] und ethischen
Fragestellungen vorwiegend von denjenigen Lehrenden angeboten werden, die
sich in der jeweiligen angewandten Profession etabliert haben: So unterrich-
ten etwa Wirtschaftswissenschaftler:innen dann *auch* im Fach Wirtschaftsethik
oder Journalist:innen *auch* im Fach Medienethik. Die Befähigung dazu und gute

---

[8] Vgl. etwa Krainer et al. 2020.

[9] Unter Bereichsethiken verstehen wir Ethiken, die eben einen bestimmten Bereich unseres
Lebens in den Blick nehmen, wie etwa die Technik, die Wirtschaft oder die Medienlandschaft. Die speziellen empirischen Herausforderungen, die mit diesen Bereichen oder Sphären unseres Lebens einhergehen, werden unter normativen Gesichtspunkten (Was *sollten* wir
tun und wie *sollten* wir handeln?) untersucht. Auf den Begriff der Bereichsethiken werden
wir im Fortgang an verschiedenen Stellen noch zurückkommen und diesen auch kritisch
hinterfragen.

Lehrveranstaltungen spreche ich den Kolleginnen und Kollegen keineswegs ab. Die Fachperspektive unter Einbezug ethischer Gedanken ist wichtig, unbedingt hörenswert und Teil des wissenschaftlichen Diskurses. Dennoch ist es aus meiner Sicht zumindest ergänzend notwendig, den Fokus aus einem anderen Blickwinkel auf die Themen zu legen, nämlich aus dem genuin philosophischen, zu der die Ethik als Teilbereich der *Praktischen Philosophie* zählt. Eine Publikation dazu, die sich spezifisch und umfassend den Bereichsethiken und den damit zusammenhängenden konkreten und aktuellen Fragestellungen ausdrücklich aus philosophischer Sicht und explizit zum Einsatz an der Hochschule widmet, habe ich bisher vergeblich gesucht.

Ich habe mich daher entschlossen, dieses Projekt selbst anzugehen. Theoretisches Wissen habe ich in meinen eigenen Studiengängen der Philosophie, Betriebswirtschaft und Kulturwissenschaften erworben. Promoviert habe ich schließlich im Bereich der Wirtschaftsethik. Ich forsche und publiziere gleichzeitig auch zu den anderen Schwerpunkten dieses Buchs, also zur Wissenschafts-, Technik- und Medienethik. Jahrzehntelange praktische Erfahrungen bringe ich aus der freien Wirtschaft, als Projektmitarbeiter in drittmittelgeförderten Forschungsprojekten sowie als Dozent und Studienleiter im Bildungsbereich mit. In der Erwachsenenbildung lehre ich seit 2005 vor allem mit betriebswirtschaftlichen Schwerpunkten, zum Thema der Nachhaltigkeit oder zur Generationengerechtigkeit. An Hochschulen lehre ich seit 2017, u. a. in den Fächern und Bereichen der Wirtschafts- und Unternehmensethik, der Technikethik, der Interkulturellen Kompetenzen, der Wissenschaftsdidaktik und dem Personalmanagement.

Gerade in der Lehre und in Lernprozessen muss meines Erachtens eine Verbindung bestehen bleiben, den Bezug zwischen Theorie und Praxis zu gewährleisten. So können wir den theoretischen Inhalten und Anforderungen der Wissenschaften einerseits und deren praktischer Anwendung andererseits gerecht werden. Mit dem vorgelegten Lehr-, Lern- und Übungsbuch für die Hochschule setze ich an genau dieser Verknüpfung zwischen Theorie und Praxis an. Das leiste ich in den nachstehenden Kapiteln (1) durch die Verbindung der ethisch-theoretischen Gedanken mit den historischen Betrachtungen und mit Entwicklungslinien der jeweiligen Bereichsethik. Darauf aufbauend untersuchen wir (2) gemeinsam bei jedem Thema ganz praktische Anwendungsfragen unseres alltäglichen Lebens. So können wir diese Bereiche um aktuelle Themen und auch künftige Herausforderungen ergänzen und die Überlegungen dazu vertiefen. Zudem stelle ich (3) am Ende eines jeden Kapitels an die Inhalte anschließende Fragen zur Diskussion und biete weiterführende Literaturhinweise an. Die Anschlussfragen

sollen zum Nachdenken und Diskutieren anregen, sowohl bezogen auf die praktische Anwendbarkeit als auch zu aktuellen Grenzfragen und Herausforderungen
unseres Lebens. Die Literaturhinweise laden zum unmittelbaren Weiterlesen und
Weiterforschen ein.

Jedes der nachstehenden Kapitel lässt sich eigenständig lesen. Den individuellen Interessen und der eigenen Schwerpunktsetzung beim Studium dieses
Buchs sind somit kaum Grenzen gesetzt. Rück- und Vorverweise habe ich konse-
quent eingefügt, um bei Interesse die Anknüpfungsmöglichkeiten zwischen den
Themenbereichen und damit über die Kapitel hinweg zu gewährleisten.

Gegliedert ist das vorliegende Buch wie folgt: Am Anfang stehen – als
gleichermaßen relevantes gedankliches Fundament einer Schrift für den Hochschulbereich – Überlegungen zur Notwendigkeit einer Wissenschaftsethik an sich
(Kap. 1). Wissenschaftliche Forschung und Lehre implizieren übergeordnete ethische Fragestellungen noch vor den relevanten Untersuchungen in den einzelnen
Disziplinen und Fachbereichen.

Eine kompakte Darstellung der Ethik als Teilbereich der *Praktischen Philosophie* (Kap. 2) schließt sich an: Einleitend dazu findet sich eine Einführung in
das, was wir weitgehend einheitlich als die großen ethischen Paradigmen oder
Strömungen bezeichnen, in Form der Tugendethik, der Pflichtethik sowie des
Utilitarismus. Ergänzend leiste ich eine Erweiterung dahingehend, insofern ich
exemplarisch weitere, mit den großen Paradigmen nur lose verbundene Ethiken
darstelle: die Fürsorgeethik *(Care Ethics)* anknüpfend an Carol Gilligan sowie
das Prinzip der Würde als Haltung nach Eva Weber-Guskar. Spezifisch steigen
wir gemeinsam daran anschließend in drei Disziplinen der angewandten Wissenschaften und in die Untersuchung der damit zusammenhängenden ethischen
Implikationen ein: in die Technikethik (Kap. 3), die Wirtschaftsethik (Kap. 4)
sowie die Medien- und Kommunikationsethik (Kap. 5). Die Entwicklung der
jeweiligen Theoriestränge werden wir uns durchgehend anhand exemplarischer
Denker:innen und Gedankengebäude erarbeiten. Aktuelle Bezüge auf unsere heutige Lebenswelt sowie praktische aktuelle und brisante Fragestellungen schließen
sich je Kapitel ebenso an wie die bereits erwähnten Angebote zur Vertiefung und
weiterführenden Diskussion. Vielleicht findet der eine oder die andere Leser:in ja
Anknüpfungspunkte zur weiteren Beschäftigung mit den vielfältigen Themen. Im
Rahmen der eigenen Forschung ergeben sich vielleicht sogar Ideen für Seminar-
oder gar Abschlussarbeiten.

Wahrscheinlich vermisst manch (angehende:r) Sozialwissenschaftler:in nach
den grundlegenden Kapiteln eine Vertiefung des eigenen Fachs. Es ist richtig, der
Sozialethik und damit den angewandten Sozialwissenschaften ist kein separates
Kapitel gewidmet. Bitte bleiben Sie dennoch dabei! Alle ausgeführten Themen

und jeder im Anschluss an die einzelnen Kapitel aufgeworfene Anknüpfungs-
punkt bezogen auf menschliches Zusammenleben stellen *für sich* angewandte
Fragen an das Leben sozialfähiger Wesen dar, die wir Menschen nun einmal
sind. Und alle Kapitel, wie beispielsweise zur Verantwortung, zur Fürsorgeethik,
zum Pragmatismus, zur Diskursethik oder zur Kommunikationsethik, lassen sich
ebenso aus sozialwissenschaftlicher und sozialethischer Perspektive lesen, verstehen und diskutieren. Unter diesem übergeordnet gesellschaftsbezogenen Blick
lässt sich das Buch meines Erachtens *gerade* auch für Sozialwissenschaftler:innen
gewinnbringend studieren [10].

Zur Methodik gestatten Sie mir die Anmerkung, dass die gute Lesbarkeit und
die prägnante Darstellung innerhalb der jeweiligen Kapitel im Vordergrund standen, so, wie ich es für ein solches Lehr- und Arbeitsbuch als sinnvoll und passend
erachte. Daher habe ich ausführliche Fußnoten mit eigenen Exkursen, Quellenver-
weise und direkte Zitate nur spärlich eingesetzt. Die Kriterien wissenschaftlicher
Sorgfalt habe ich ungeachtet dessen selbstverständlich walten lassen. Alle auch
für die Entwicklung meiner eigenen Gedanken zu Rate gezogenen Werke der
Primär- und Sekundärliteratur finden sich am Ende der jeweiligen Kapitel. Auf
Doppelnennungen habe ich dabei insofern verzichtet, außer, die Quelle ist aus
neuer oder anderer Sichtweise wieder relevant.

Die Idee des vorgelegten Buchs ist die eines Lese-, Studien-, Forschungs-
und Nachschlagewerks. Studierende, so hoffe ich, finden ethische Inhalte und
Anknüpfungspunkte zu „ihrem“ Fach in prägnanter, nachvollziehbarer und verständlicher Art und Weise vor. Anregungen zur weiterführenden Lektüre und an
die Themen anschließenden aktuellen Fragestellungen und praktischen Herausforderungen sollen nachhaltig zum Nachdenken und zum Diskutieren anregen.
Alle Kolleg:innen in der Lehre lade ich ein, das Buch als Ergänzung zum
wissenschaftlichen Diskurs an den jeweiligen Fakultäten oder auch an anderen
Schulen und im Rahmen der Vorbereitung und Durchführung von Lehrveranstaltungen zu verstehen und gewinnbringend einzusetzen. Und ich hoffe, dass auch
andere interessierte Leser:innen einen Erkenntnisgewinn und Gedankenanstöße
aus den folgenden Kapiteln und Schwerpunkten nachschlagen und gewinnen
können. Möge der ausdrücklich philosophisch-ethische Blickwinkel allen zur
Bereicherung dienen.

---

[10] Diese Einladung gilt selbstverständlich ebenso für Studierende in z. B. pädagogischen,
medizinischen und künstlerischen Fächern sowie für alle, die sich für das Thema interessie-
ren!

Über Hinweise und Anregungen bin ich dankbar, zu Widerspruch zum einen oder anderen Kapitel oder Aspekt lade ich alle Leser:innen ausdrücklich ein. Auch das ist Teil des gelebten wissenschaftlichen Diskurses.

Mein Dank geht an alle meine Lehrer und Mentorinnen, die mich seit jeher inspiriert, begleitet und gefördert haben. Danken möchte ich zudem allen Studierenden, die ich wiederum an unterschiedlichen Hochschulen seit 2017 begleiten und fördern darf. Der Perspektivwechsel, das Engagement und die vielfältigen Ideen dieser Menschen sind oft genug unglaublich bereichernd und erhellend für mich und ich lerne mindestens so viel von den engagierten Teilnehmer:innen meiner Seminare, wie diese hoffentlich von mir.

Frau Professorin Constanze Giese von der Katholischen Stiftungshochschule (KSH) in München danke ich sehr herzlich für die Verfassung des zugewandten Geleitworts. Das Geleitwort trifft unter anderem exakt und sehr schön die Intentionen und die Wünsche, die ich mit diesem Buch verfolgt habe und weiterverfolge.

Dem Verlag Springer VS, namentlich Herrn Frank Schindler, dem Cheflektor für Philosophie, Geschichte und Theologie, danke ich für die die Möglichkeit der Veröffentlichung. Der ausführenden Projektmanagerin, Frau Britta Laufer, danke ich für die professionelle und hilfreiche Unterstützung in allen Phasen der konkreten Begleitung zur Publikation.

Meiner kleinen Kernfamilie bestehend aus Kurt, Constantin und Anna danke ich ebenso, wie meiner wunderbaren Partnerin Elli – es ist so schön, dass es Euch gibt.

München   Alexander Braml
im Mai 2025

Literatur

Bieri, Peter. 2015. *Wie wollen wir leben?* München: Deutscher Taschenbuch Verlag.
Gilligan, Carol. 1996. *Die andere Stimme. Lebenskonflikte und Moral der Frau.* München: Deutscher Taschenbuch-Verlag.
Kohlberg, Lawrence. 2014. *Die Psychologie der Moralentwicklung.* Unter Mitarbeit von Gil G. Noam und Fritz Oser. Frankfurt am Main: Suhrkamp.
Krainer, Larissa, Karmasin, Matthias, and Behrens, Susanne, Hrsg. 2020. Studieren Sie (keine) Ethik? In: *Communicatio Socialis – Zeitschrift für Medienethik (Nomos).* Heft 2/2020 (53): 237–249. 10.5771/0010-3497-2020-2-237.
Rosa, Hartmut. 2013. *Beschleunigung und Entfremdung.* Berlin: Suhrkamp.
Statista. 2024. diverse Umfragen. www.statista.com.
Weber-Guskar, Eva. 2016. *Würde als Haltung. Eine philosophische Untersuchung zum Begriff der Menschenwürde.* Münster: mentis Verlag.

Interessenkonflikt Der/die Autor*in hat keine für den Inhalt dieses Manuskripts relevanten Interessenkonflikte.

Inhaltsverzeichnis

Wissenschaftsethik

1

Die Philosophie (wörtlich die *Liebe zur Weisheit*) ist die ursprünglichste und umfassendste Wissenschaft in unserem griechisch-abendländischen Kulturkreis, aus der sich zudem alle uns heute bekannten Wissenschaften entwickelt haben. Während sich alle modernen Wissenschaften begrenzten fachlichen Bereichen widmen, versuchen Philosoph:innen seit jeher, das menschliche Dasein und die Welt als Ganzes zu ergründen. Dabei stehen etwa die Erkenntnistheorie, die Logik, die Sprachphilosophie oder die Kriterien von Wissenschaftlichkeit überhaupt im Fokus – und somit „steckt" die Philosophie als Grundlage auch in jeder anderen Wissenschaft.

Die Ethik, die uns in diesem Buch vor allem beschäftigen wird, ist ebenso ein Teilbereich der Philosophie und untersucht normative, damit regel- und rahmengebende Fragen unseres menschlichen Lebens und Zusammenlebens. Im Laufe der kommenden Kapitel werden wir uns nach und nach mit der Wissenschaft an sich sowie mit den Bereichen der technischen Wissenschaften, der Wirtschaftswissenschaften sowie der Medienwissenschaften beschäftigen. Im Rahmen dieser Schwerpunkte, Studien- oder Forschungsbereiche rücken wiederkehrend auch ethische Gesichtspunkte in den Mittelpunkt. Mit den Diskussionen und Debatten dazu, die sich in unserem praktischen Denken und Handeln, in unserem Lebensvollzug und damit in unserem Dasein überhaupt ergeben, werden wir uns schwerpunktmäßig beschäftigen.

Kommen wir einleitend auf die Unterscheidung der beiden Begriffe der *Ethik* und der *Moral* zu sprechen. Bei der Frage nach moralischen oder unmoralischen Verhaltensweisen geht es um konkrete Handlungen, die wir tagtäglich vollziehen. Moralische Leitlinien stellen ein Werte- und Normensystem dar, das uns Orientierung liefert, wie wir im Leben im moralischen Sinne *gut* handeln können.

© Der/die Autor(en), exklusiv lizenziert an Springer Fachmedien Wiesbaden GmbH, ein Teil von Springer Nature 2025
A. Braml, *Angewandte Ethik der Wissenschaft – Technik – Wirtschaft – Medien*,
https://doi.org/10.1007/978-3-658-48770-6_1

1

Die Ethik selbst ist dann die wissenschaftliche Reflexion der Moral. Im Rahmen ethischer Fragestellungen untersuchen wir Systematisierungen und Begründungen für moralische Entscheidungen und untersuchen eben wissenschaftlich diejenigen Werte und Normen, die uns Orientierung bieten können.

Was charakterisiert in diesem Zusammenhang dann wiederum die beiden Begriffe der Werte und der Normen? Normen auf der einen Seite stellen anerkannte gesellschaftliche Handlungsanweisungen dar, die sich beispielsweise in sozialen Normen oder auch Rechtsnormen, wie Gesetzestexten, wiederfinden. Darunter fallen somit Gebote, Verbote, Rechte und Pflichten. Oft genug geht mit Normen ein eher negatives Gefühl einher, Verbote und Pflichten wirken einschränkend auf uns Menschen und sind restriktiv. Werte demgegenüber sind allgemeingültige und universale Vorstellungen darüber, was richtig und gut ist. Werte wirken damit attraktiv sowie motivierend und bieten positive Orientierung für unser Leben. Die Begriffe der Werte und der Normen werden im Sprachgebrauch und in öffentlichen Diskussionen oftmals vermischt. Als Hilfe zur Unterscheidung kann folgender Gedanke unterstützen: In unserem deutschen Grundgesetz sind verschiedene Werte aufgeführt, wie beispielsweise die Menschenwürde, die Freiheit oder die Gleichheit der Menschen. Diese Werte, die jeweils Grundrechte darstellen, erscheinen uns Menschen dann so wichtig zu sein, dass diese im Rahmen eines Gesetzes (eben des Grundgesetzes) in die Form einer Rechtnorm gebracht wurden. Der Schutz dieser universalen, also umfassenden und allgemeingültigen Werte ist also in unserer Verfassung geregelt und somit steht dieser Schutz als Fundament, auf das sich alle anderen Rechtsnormen und Gesetze dann letztendlich beziehen.

Das vorliegende Buch steht unter dem Vorzeichen der Wissenschaft. Wir untersuchen gemeinsam vielfältige Bereiche und damit zusammenhängende ethische Fragen, die sich im Rahmen von Studium und Lehre gewinnbringend einsetzen lassen. Als Grundlage wollen wir diesen Untersuchungen daher zwei basale Fragen voranstellen: Was bedeutet der Begriff der „Wissenschaftlichkeit"? Und gibt es so etwas, wie eine Ethik der Wissenschaft oder des Wissenschaftlers und der Wissenschaftlerin an sich?

Die Kriterien der Wissenschaftlichkeit und damit Merkmale von Wissenschaft hat bereits der griechische Philosoph Aristoteles (384–322 v. Chr.) bestimmt. Demnach unterliegt die Wissenschaft zwei großen Kennzeichen: Einmal geht es um Erkenntnis – und zwar um die Erkenntnis des Allgemeinen, von Gründen und Ursachen. Zum anderen muss diese Erkenntnis gleichzeitig lehrbar sein. Damit

finden sich bereits in dieser Unterscheidung die Aufgaben auch heutiger Wissen-
schaftler:innen wieder: Forschung (Erkenntnis) sowie Lehre (Weitergabe dieser
Erkenntnis, also des Wissens).[1]

Auch die Wissenschaft unterliegt praktischen moralischen Fragen, damit Fra-
gen, die das tagtägliche Handeln leiten sollen. Zur Frage, wie der Begriff der
Wissenschafts*ethik* als übergeordnete Reflexion gefasst werden kann, soll uns ein
Zitat weiterhelfen:

> „Die Wissenschaftsethik beschäftigt sich mit moralischen Fragen, die in der wissen-
> schaftlichen Handlungspraxis und als Folgen von wissenschaftlichen Innovationen
> auftreten können. Zum einen sind dies z. B. Fragen zur Verantwortung des Wissen-
> schaftlers oder die Frage danach, was gute wissenschaftliche Praxis ausmacht und was
> genau als wissenschaftliches Fehlverhalten angesehen werden muss. Zum anderen
> sind dies Fragen zu möglichen gesellschaftlichen Folgen wissenschaftlicher Entde-
> ckungen und neuer Technologien."[2]

In diesem Zitat klingen mehrere Aspekte an, auf die wir nachstehend in den Fra-
gen nach einer Ethik der Wissenschaft und moralischen Standards der handelnden
Personen unser Augenmerk richten werden. Die Ethik als Teilbereich der Phi-
losophie ist, wie es oben bereits angeklungen ist, die Wissenschaft der Moral.
Und als solche verhandelt speziell die·Wissenschaftsethik praktische moralische
Fragen, die alle Wissenschaften betreffen. Dabei gibt es eine Unterscheidung
in der Betrachtung einer Wissenschafts- und einer Wissenschaftlerethik (vgl.
Abschn. 1.1). Gute wissenschaftliche Praxis wird als ein Grundprinzip in der
Abgrenzung zu wissenschaftlichem Fehlverhalten ausgemacht (vgl. Abschn. 1.2).
Und Fragen der Verantwortung der Wissenschaftler:innen stehen im Hinblick
auf gesamtgesellschaftliche Bezüge und Folgen im Fokus (vgl. Abschn. 1.3).
Was verbirgt sich aber hinter diesen Punkten und um welche Aspekte sind diese
gegebenenfalls noch zu ergänzen?

1.1 Die Ethik der Wissenschaft und die Verantwortung der Wissenschaftler

Oftmals beruft sich die Wissenschaft auf das Primat der Wertfreiheit. For-
scher:innen ziehen sich dabei auf die Position zurück, sie würden ihren Beruf
erfolgreich ausfüllen und was mit den Ergebnissen ihrer Forschung dann

---

[1] Vgl. Aristoteles (2017) (Metaphysik Buch 1, 1, 982a).

[2] Reydon und Hoyningen-Huene (2011, 132), zitiert nach Reydon (2013, 12).

„geschehe", entziehe sich ihrer Verantwortung. Wissenschaft kann trotz aller Rationalisierungs- und Erfolgsbestrebungen hinsichtlich der Ziele von Forschung und Lehre jedoch nicht frei von Werten und damit Bewertungen sein. Auch Wissenschaftler:innen sind Menschen, die über eine eigene individuelle Geschichte verfügen, in ganz bestimmten Bezügen persönlich, gesellschaftlich und wissenschaftlich sozialisiert wurden und ein eigenes Wertegerüst mitbringen. Schon allein deswegen kann auch wissenschaftliche Arbeit eben nicht als völlig wertfrei angesehen werden. Normativen Charakter, also einen Maßstab, der als allgemeingültige Grundlage an wissenschaftliches Handeln angelegt werden kann, gewinnt wissenschaftliche Praxis durch die Einigung auf anerkannte und wünschenswerte Ziele und auf Regeln. Geleitet werden kann und sollte das durch allgemeinethische und praktische moralische Prämissen in der täglichen Arbeit. Dabei kann die Ethik einerseits zwar nur Angebote machen, gleichzeitig jedoch als Orientierungshilfe zur Verfügung stehen. Die Diskussionen dazu werden sowohl in Gesellschaft und Politik, aber auch im Wissenschaftsbetrieb selbst geführt. Und so wirken Vereinbarungen, die getroffen werden, Regeln, die auf Basis geteilter Werte gemeinsam als ethisch *gut* identifiziert werden, und Normen, die als Maßstab angelegt werden können, wechselseitig zurück in den wissenschaftlichen Betrieb und die Wissenschaften an sich.

Dass Wissenschaft und deren Erkenntnisse eben nicht wertfrei zu sehen sind oder zumindest durchaus ethische Fragen damit einhergehen und einhergehen müssen, können wir uns an drei markanten Beispielen verdeutlichen. (1) Beispiel Energieerzeugung: Die zivile Nutzung der Atomphysik im Rahmen der Gewinnung von Kernenergie hat als Schattenseite die Entwicklung der Atombombe mit sich gebracht. Der Abwurf der ersten Atombomben über Hiroshima und Nagasaki im *Zweiten Weltkrieg* hat unvorstellbares Leid verursacht, das bis heute nachwirkt. Das neue atomare Wettrüsten können wir durchaus mit Sorge betrachten. (2) Beispiel Genforschung: Im Rahmen der Entschlüsselung des Erbguts und den Möglichkeiten der Gendiagnostik können auf der einen Seite etwa Erbkrankheiten und nicht vererbte genetische Erkrankungen immer besser erforscht und behandelt werden. Auf der anderen Seite jedoch werden die bioethischen Grenzen dessen aktuell und wiederkehrend ausgelotet und kontrovers diskutiert. Hier können wir beispielsweise an Fragen des Klonens oder zu den Möglichkeiten genverändernder Maßnahmen allgemein denken. (3) Beispiel Digitalisierung: Erst die rasanten technischen Entwicklungen haben eine weltweite digitale Vernetzung und eine weltumspannende Kommunikation in Echtzeit ermöglicht. Diese virtuellen Räume werden dabei aber oft genug unterwandert und gekapert, beispielsweise um Menschen mittels Propaganda zu manipulieren.

Mit allen Entwicklungen, mit denen Verbesserungen unserer Lebenssituation, den globalen Möglichkeiten oder hinsichtlich von Gesundheit und Wohlbefinden einhergehen, sind gleichzeitig eben immer auch unmittelbare und mittelbare Risiken verbunden. Diese Risiken können sich aus der Neuerung und Entwicklung selbst ergeben (also „unerwünschte Nebenwirkungen" darstellen) oder sich im Rahmen von Missbrauch des Neuen manifestieren. Unbestritten ist, dass der Missbrauch von Entwicklungen und Forschungsergebnissen durch andere Menschen nicht in den Verantwortungsbereich der Forschenden fällt. Dennoch stellen sich auch für Forscher:innen unbedingt ethische und moralische Fragen in den jeweiligen Disziplinen.[3] Die Folgen und Auswirkungen des eigenen Erfolgs in Form wissenschaftlicher Erkenntnisse und exzellenter Forschung sind im Rahmen der Forderung nach der Beachtung ethischer Grundprinzipen und nach dem aktuellen Stand des Wissens mit einzubeziehen. Erkannt haben das – wie so oft – die „alten Griechen" bereits in der Antike mit dem *Hippokratischen Eid*. Danach verpflichten sich Mediziner:innen bis heute und unabhängig des unfassbaren medizinische Fortschritts seitdem, gewissenhaft allein und ausschließlich dem Menschen und seiner Gesundheit und Genesung zu dienen.

1.2   Gute wissenschaftliche Praxis

Obwohl der *Hippokratische Eid* in der Medizin als Richtschnur verantwortlichen berufsständischen Handelns bereits fast 2500 Jahre alt ist, hat sich ein vergleichbares Berufsethos in anderen Wissenschaften nicht durchgesetzt oder gar überhaupt erst entwickelt. Gerade in der fachlichen Ausbildung von Wissenschaftler:innen, im Studium also, könnten solche konkreten Leitlinien Menschen durchaus unterstützen, auch am inneren moralischen Kompass zu feilen.

Aber nicht nur das. Es gibt mannigfaltige Beispiele, in denen auch erfahrener Forscher:innen und Hochschullehrende fehlende wissenschaftliche oder menschliche Integrität vermissen lassen. Denken wir hier an wiederkehrende Nachweise zu verfälschten oder geschönten Forschungsergebnissen. Oder denken wir an die öffentlichkeitswirksamen Diskussionen um vielfach bewiesene Plagiatsvorwürfe im Rahmen von Dissertationen deutscher Politiker:innen. Redlichkeit in der Forschung und bei der Publikation von Forschungsergebnissen, Ehrlichkeit

---

[3] Vgl. Bieber in Nutzinger (2006, 111–127). Bieber weist nach, dass sich ethische Probleme nicht nur in den technischen Wissenschaften stellen, sondern ebenso in den Geisteswissenschaften. Es stellt sich demnach immer die Frage, wie wissenschaftliche Erkenntnis auch global, historisch, interdisziplinär und politisch-gesellschaftlich zu bewerten ist.

und die Wahrung des geistigen Eigentums anderer sollten an sich selbstverständlich sein. Unter dem Blickwinkel der Forderung nach und Förderung der persönlichen Integrität hatte die *Deutsche Forschungsgemeinschaft* erstmals im Jahr 1998 die Vorschläge zur Sicherung guter wissenschaftlicher Praxis veröffentlicht.[4] Im Kodex sind 19 Leitlinien aufgestellt, die sich etwa auf Redlichkeit, wissenschaftliche Integrität, Qualitätssicherung, respektvollen Umgang miteinander, Nachwuchsförderung und auf den Aspekt der Verantwortung des eigenen Handelns beziehen. Auch zum Berufsethos an sich wird dort eine übergreifende Aussage gemacht: Grundlegende Werte und Normen *sollen* handlungsleitend sein. Und hier sind wir wieder beim Thema der Ethik angekommen. In der Auseinandersetzung mit ethischen Grundsätzen besteht die Möglichkeit, die eigenen grundlegenden Werte auszubilden und weiter auszuformen. Dieses Sollen ist individuell anzunehmen und im eigenen Verständnis ergänzend in ein *Wollen* zu transformieren. Wie will die/der Einzelne also auf Basis eines Wertegerüstes moralisch handeln? Die Auseinandersetzung mit dieser Frage ist man sich selbst nach meinem Dafürhalten nicht nur als Mensch allgemein im Zusammenleben mit anderen, sondern gerade auch in der Rolle als Wissenschaftler:in schuldig. So besteht die Möglichkeit, gegenüber seinem eigenen Gewissen[5] zu bestehen, aber auch der praktischen Verantwortung als Forscher:in und Hochschullehrer oder Hochschullehrerin gerecht zu werden.

1.3 Gesellschaftsbezug: Dimensionen der Verantwortung

Ein Begriff, den wir hier noch in die Diskussion einbringen müssen, ist der der Verantwortung. Das Konzept der Verantwortung an sich können wir schon auf das römische Recht zurückführen. In der deutschen Sprache ist der Begriff der „Verantwortung" seit dem 15. Jahrhundert nachweisbar. Dabei steckt der Wortbestandteil der „Antwort" bereits im Terminus: wenn wir Ver*antwort*ung übernehmen, geben wir also Antworten für Gründe und Ergebnisse unserer Entscheidungen und Handlungen. Handlungen definieren wir in diesem Zusammenhang als bewusste Entscheidungen, was diese wiederum von bloßem Verhalten (beispielsweise im Rahmen unserer Instinkte) unterscheidet. Eine bestimmte Folge hat sich ergeben, eben *weil* wir in einer bestimmten Art und Weise entschieden

---

[4] Vgl. www.dfg.de bzw. www.wissenschaftliche-integritaet.de.

[5] Auf diesen Zusammenhang kommen wir in Abschn. 2.1.2 zur Pflichtethik noch ausführlich zurück.

und gehandelt haben. Im Rahmen autonomer, selbstbestimmter Aktionen hätte es ja auch Handlungsalternativen gegeben. Daher ist der Tatbestand der Kausalität (also der Ursächlichkeit, der Beziehung zwischen Ursache und Wirkung) entscheidend für die mögliche *Zurechnung* von Verantwortlichkeit. Ein kurzer Einschub ist hier erneut notwendig: Die Verantwortlichkeit bei bloßem reflexhaften Verhalten müssen wir ggf. anders bewerten. Ebenso bestehen Unterschiede in der Verantwortlichkeit und Folgenzuschreibung, wenn wir nicht autonom, also selbstbestimmt, handeln. Beispiele dafür wären, wenn wir aufgrund einer Erkrankung nicht (mehr) dazu in der Lage sind oder unter Androhung von Gewalt oder Folter zu etwas gezwungen werden.

Verantwortung wird meist dreistufig definiert: *jemand* hat Verantwortung *für etwas* in der Rechtfertigung *gegenüber einer dritten Instanz* und muss daher eine Antwort geben. Ein banales Beispiel: Wenn ich bei „rot" über die Ampel gehe und werde dabei von der Polizei aufgehalten, muss ich (jemand, als Subjekt) mich für dieses Vergehen (die Handlung, also das Objekt) gegenüber der Polizei (als dritter Instanz) rechtfertigen. Eine vierte Stufe oder Dimension kommt dann dazu, wenn wir uns überlegen, auf welcher Basis, nach welcher Regel also unser Verstoß geahndet wird und wir damit verantwortlich gemacht werden. In unserem Beispiel wäre das konkret die Straßenverkehrsordnung. Abstrakt können wir aber auch hier insgesamt wieder auf Ethik und Moral zurückkommen. Es gibt, neben konkreten gesetzlichen und rechtlichen Verboten und Regelungen eben noch den Aspekt des moralischen Handelns. Wir *wollen* bestenfalls kein schlechtes Vorbild abgeben und nicht gegen allgemein anerkannte Regeln verstoßen. Eine fünfte Dimension tut sich demnach auf, wenn wir die Frage nach der Betroffenheit stellen. *Wem gegenüber* tragen wir also die Verantwortung? Um bei unserem Beispiel zu bleiben: Hätten mich bei meinem Vergehen, also der Tatsache, dass ich bei „rot" über die Ampel gegangen bin, Kinder beobachtet, hätte ich ein sehr schlechtes Vorbild abgegeben.

Gehen wir einen Schritt weiter: Auf dem bisher Erarbeiteten aufbauend, können wir unterscheiden zwischen der *individuellen* Verantwortung, die jeder für sich und damit wir als Menschen tragen, und der *kollektiven* Verantwortung, die wir als Gruppe oder Gesellschaft insgesamt tragen. Wir tragen wechselseitig wiederum Verantwortung *gegenüber* einzelnen Menschen, aber ebenso gegenüber Kollektiven, also für Gruppen und die Gesellschaft sowie beispielsweise gegenüber der Umwelt. Daneben gibt es die abstrakte Verantwortung der Politik, der Wirtschaft oder der Wissenschaft, auf die wir nachstehend und jeweils in den nachfolgenden Kapiteln immer wieder zurückkommen werden. Konkret zugeschrieben ist diese Dimension der Verantwortung wiederum auf die handelnden Personen selbst, die innerhalb der Gesellschaftsbereiche der Politik, der Wirtschaft oder der Wissenschaft entscheiden und handeln.

Rechtlich verantwortlich gemacht werden können wir, insofern wir andere oder anderes durch unsere Handlungen *geschädigt haben*. Moralische Verantwortung geht dann noch einen Schritt weiter, indem wir uns überlegen müssen, ob wir nicht durch unsere Handlungen andere oder anderes potentiell *schädigen könnten*. Damit – und das ist nur eine Facette in dieser Unterscheidung – geht der moralische über den rechtlichen Verantwortungsbegriff hinaus. Die zeitliche Dimension kommt hier insofern noch ergänzend ins Spiel, als wir Verantwortung auch für die Zukunft und für kommende Generationen tragen. Diesen Aspekt werden wir in Abschn. 4.6 noch vertieft betrachten. Die Instanzen, vor denen wir uns rechtfertigen müssen, sind sowohl äußerer Natur (vor dem Nächsten, vor der Familie, vor Gericht, vor der Polizei), als auch innerer Natur. Die Instanz innerer Natur ist das eigene Gewissen, das gesellschaftlich, kulturell oder auch religiös geprägt ist und sich im Laufe der eigenen Sozialisation entwickelt. Die Ethik als wissenschaftliche Disziplin bietet Möglichkeiten und Angebote der Orientierung, sowohl in der Begründung gegenüber äußeren Instanzen als auch in der Rechtfertigung gegenüber unserem eigenen Gewissen.

Kommen wir zurück auf das Thema dieses Kapitels: Wie oben diskutiert, können wir auch die Verantwortung des Wissenschaftlers gut beschreiben. Der Forscher oder die Forscherin (Subjekt) hat die Verantwortung für seine oder ihre Ergebnisse (Objekt), die er oder sie gegenüber anderen (Instanzen) verantworten muss. Für diese Ergebnisse sollte (Ethik) oder muss (Recht) er oder sie sich rechtfertigen können, und zwar denjenigen gegenüber, die unmittelbar oder auch mittelbar, regional oder global, heute oder morgen davon betroffen sind. (Technischer) Fortschritt lässt sich nicht mehr rückgängig machen! Die Fragestellungen dahingehend erweitern sich daher immer auch um die Antizipation potentieller Anwendungsfelder, des möglichen Missbrauchs von Ergebnissen und Erkenntnissen und um den Einbezug der Zukunftsdimension. Instanzen äußerer Natur sind im Rahmen dessen beispielsweise Kolleg:innen, Studierende, die Hochschulverwaltung, die Gesellschaft, der (Rechts-)Staat oder – sehr abstrakt betrachtet – künftige Generationen. Die Instanz innerer Natur bleibt auch hier das eigene Gewissen. Die Frage sollte daher stets lauten: Kann ich die Ergebnisse meiner Forschung guten Gewissens nicht nur mir selbst gegenüber, sondern auch gegenüber anderen vertreten?

In der Rolle als Wissenschaftler:in sollte die/der Einzelne gleichzeitig nicht die anderen Rollen aus dem Blick verlieren, die jeweils selbst mit eingenommen werden: Eingebunden in die eigene Familie, in soziale Gruppen und in die Gesellschaft insgesamt bleiben auch Forschende wechselseitig von den eigenen Ergebnissen, den Diskussionen darum und den Folgen dessen betroffen. Das wiederkehrende Hinterfragen eigener Erkenntnisse und Ergebnisse gehört auch daher ganz grundlegend zur Wissenschaftlichkeit und der wissenschaftlichen Redlichkeit dazu.

Die Verantwortung der Wissenschaft gegenüber der Gesellschaft an sich manifestiert sich auf mehreren Ebenen: Erstens gilt es, wissenschaftliche Erkenntnisse zu Gunsten heute lebender Menschen zu gewinnen und diese Ergebnisse der Öffentlichkeit auch zugänglich zu machen, bestenfalls zu erklären. Chancen, Risiken und Gefahren müssen, zweitens, erläutert und im Zweifel im Rahmen politischer Entscheidungswege, rechtlicher Rahmenbedingungen und der öffentlichen Diskussion gerechtfertigt werden. Drittens geht damit eine unmittelbare Verantwortung einher, wie ebenso (die zeitliche Dimension ist eben auch zu beachten) eine mittelbare Verantwortung für nachgeborene Generationen.

Wechselseitig stellen, und das sollten wir nicht aus den Augen verlieren, die Gesellschaft und die gewählten Volksvertreter im Rahmen demokratischer Prozesse diejenigen Strukturen zur Verfügung, die wissenschaftliche Forschung und Lehre überhaupt erst ermöglichen. Seitens des Staates werden die rechtlichen Rahmenbedingungen geschaffen und aufrechterhalten, innerhalb derer sich Wissenschaftler:innen bewegen können. Finanzielle Mittel, wie Steuergelder für den Bildungsbereich, aber auch Fördermittel und Steuersubventionen im Rahmen der Forschung sorgen für Unabhängigkeit und weitgehende Planungssicherheit in der Wissenschaft. Und nicht zuletzt dienen rechtliche Schutzmechanismen wie das Patent- und Markenrecht dafür, Innovation zu ermöglichen, finanzielle Anreize für Forschung zu setzen und die Ergebnisse zu schützen.

Demnach besteht unter dem Blickwinkel der Verantwortung nicht nur eine moralische Verpflichtung gegenüber der Gesellschaft, sondern auch eine, die man auf der Basis eines vertragsähnlichen Zustands verorten kann: Die Gesellschaft im weitesten Sinne sorgt für fruchtbare Rahmenbedingungen, auf deren Basis gute, unabhängige und erfolgreiche Wissenschaft gedeihen kann. Und die Ergebnisse der Forschungen und Entwicklungen innerhalb dieses Rahmens kommen der Gesellschaft dann wieder zugute, um sich aktuellen und kommenden Herausforderungen stellen zu können.

1.4   Zusammenfassung und Überleitung

Im Fortgang der Kapitel beschäftigen wir uns mit Fragen der Technik-, der Wirtschafts- und der Medienethik und untersuchen somit drei markante Teilbereiche angewandter Ethik. Dazu werden wir in jedem dieser Kapitel vorab einen Blick auf die jeweilige Wissenschaft (Technik, Wirtschaft, Medien) sowie aktuelle Entwicklungen und Zukunftsprognosen werfen. Dabei ist eine Tatsache feststellbar, die sich durch alle diese Bereiche zieht: Die Wissenschaften an sich nehmen eine äußerst prominente und wichtige gesellschaftliche Stellung ein. Forschung ermöglich Fortschritt, der bei uns zumindest über die bloße Sicherung der Lebensgrundlage weit hinausreicht: Technik ist dem Bereich der Handwerkskunst entwachsen und manifestiert sich in ganz neuen Dimensionen, wie in Anwendungen im Bereich industrieller Fertigung oder Erleichterungen unseres Alltags. Die Wirtschaft hat sich aus dem Bereich des reinen Tauschhandels quasi emanzipiert und sich zu dem global vernetzten und global arbeitsteilig organisierten System entwickelt, wie wir es heute kennen – mit allen spürbaren Vor- und Nachteilen. Erst mit der Entwicklung des Buchdrucks wurde der breiten Masse an Menschen der Zugang zu Medien und zu Bildung ermöglicht. Heute nutzen wir elektronische Massenmedien, die uns sekündlich mit aktuellen Informationen, aber auch beispielsweise mit Fake News und personalisierter, auf Algorithmen[6] basierter Werbung „versorgen".

Der Wissenschaftstheorie als Metaebene der Beschäftigung mit Folgen von Forschung und Lehre können wir daher drei Aufgaben zuschreiben, die die kritische Reflexion fördern und dem Einzelnen eine Rückbesinnung auf individuelle und kollektive Werte ermöglichen. So besteht (1) die explikative Aufgabe darin, sich über Grundbegriffe und Grundregeln freier Wissenschaft zu einigen und diese entsprechend selbst auch zu kommunizieren. Zudem ist (2) die normative Aufgabe zu erledigen: Prozesse und eigene Ergebnisse der Wissenschaft sind auf Basis verhandelter Standards, Normen und auch fundamentaler Werte zu betrachten und gesellschaftlich rückzubinden. Die deskriptive Aufgabe schließlich besteht (3) in der Aufforderung, auch interdisziplinär ins Gespräch zu gehen. Historisch geprägte oder soziologische Betrachtungsweisen können helfen, einen umfassenderen Blick auf eigene Ergebnisse und deren Auswirkungen zu gewinnen und zu beschreiben.[7]

---

[6] Unter Algorithmen verstehen wir digitale und formalisierte Handlungsanweisungen, die die Grundlage jeder Software, jedes Programms oder jedes Anwendersystems darstellen.

[7] In Anlehnung an Schnädelbach (2012, 7, 20 f.).

Ethische Theorien und moralbasierte Handlungsalternativen können uns bei alledem unterstützen und wir sollten diese Orientierungsmöglichkeiten nutzen. Die Ziele von Wissenschaft in Forschung und Lehre sind zu reflektieren und auf Allgemeingültigkeit hin zu überprüfen. Normen und Handlungsziele müssen wir unter dem Aspekt gesellschaftlicher Fragen und unter dem Blickwinkel umfassender Verantwortung untersuchen und öffentlich diskutieren. Und dabei geht das Ganze über den Bereich der Wissenschaft und der hochschulbezogenen Ausbildung hinaus. Die Anwendung theoretisch erworbener Kenntnisse in der Praxis ist Merkmal *jedes* beruflichen Tuns. Und unabhängig davon, ob die/der einzelne Studierende die eigene Zukunft im universitären oder hochschulnahen Bereich sieht oder sich nach dem Abschluss anderweitig orientiert und den Fokus auf die Arbeit in der freien Wirtschaft, im Bereich von NGOs, in der Politik, in Verbänden oder in der Selbständigkeit legt: Die Notwendigkeit der Orientierung an Werten, ethischen Normen und moralischen Grundprämissen im Rahmen eines reflektierten, verantwortungsbewussten Handelns bleibt immer bestehen. Lokale und globale Fragestellungen im Rahmen gesellschaftlicher Herausforderungen gehen uns alle an und wir haben die Möglichkeit und die Chance, in verschiedenen Bezügen aktiv an deren Lösung mitzuarbeiten und uns in den Diskurs einzubringen. Ob als Mediziner, Historikerin oder Philosoph, ob als Ingenieurin, Sozialwissenschaftler, Krankenpfleger, Lehrerin, Betriebswirtin, Redakteur oder Mediendesignerin: die Konfrontation und Beschäftigung mit moralischen Dilemmasituationen,[8] die aktuell auftreten oder perspektivisch auf jede:n Einzelne:n zukommen werden, sind unumgänglich. Ein Grund mehr, warum die Ausbildung in der Vorbereitung auf solche Situationen und im Zuge dessen die Möglichkeit ethischer Reflexion dazu wichtiger und integrativer Bestandteil jedes Studiums sein sollten.

Alle Kapitel dieses Buchs werden mit Anregungen zur gedanklichen Vertiefung ihren Abschluss finden, so auch dieses. Und bevor wir dann in die bereits genannten Bereiche der Technik, der Wirtschaft und der Medien und die damit zusammenhängenden sog. *Bereichsethiken* einsteigen, folgt im nächsten Kapitel dem vorangestellt eine Einführung in die ethische Theorie an sich. Dabei werden wir uns mit den drei so benannten großen ethischen Paradigmen ebenso auseinandersetzen, wie mit zwei exemplarischen aktuelleren Ideen in der Weiterentwicklung dieser großen Strömungen.

---

[8] Ein Dilemma oder eine sog. *Zwickmühle* ist grundsätzlich eine Zwangslage, die dadurch gekennzeichnet ist, dass zwei (oder mehrere) oft als unangenehm oder unerwünscht empfundene Entscheidungs- bzw. Handlungsalternativen zur Verfügung stehen.

1.5   Anregungen zur Vertiefung

In den *Anregungen zur Vertiefung* findet sich hier und analog in den Abschluss-
abschnitten aller folgenden Kapitel Zweierlei: Fragen, die zur Reflexion sowie
zur Diskussion anregen können sowie Literaturempfehlungen zum Weiterlesen
bei vertieftem Interesse für einzelne Themen.

Im Anschluss an die Fragen habe ich bewusst auf mögliche „Musterlösungen"
verzichtet, aus dem einfachen Grund, weil es solche nicht geben kann. Im eigenständigen Nachdenken, im Weiterforschen und im Rahmen von Diskussionen,
beispielsweise in Seminaren, besteht immer die Möglichkeit, sich den Fragen zu
nähern und allein oder in der Gruppe über mögliche Lösungen nachzudenken und
zu debattieren. Die jedes Kapitel abschließenden Literaturempfehlungen stellen
einen Ausschnitt dessen dar, was sich in Gänze im Literaturverzeichnis am Ende
des Buchs wiederfindet.

Lesen Sie, denken Sie, diskutieren Sie!

Fragen zur Reflexion und Diskussion

- Waren Sie in der Schule, in Ihrem Studium oder im Berufsleben bereits
  in moralischen Dilemmaśituationen? Reflektieren Sie, wie sich dieses
  Dilemma angefühlt hat und welche externen Einflüsse auf Sie eingewirkt
  haben. Welche Werte haben dabei eine Rolle gespielt? Überlegen Sie
  außerdem, wie Sie sich die Situation erklärt haben und ob oder wie sich
  die Situation letztendlich geklärt hat
- Diskutieren Sie, wo Sie potentiell moralische Dilemmasituationen
  (innerlich, gesellschaftlich, hochschulbezogen) auf sich zukommen
  sehen, wenn Sie an Ihr Studienfach oder Ihren Berufswunsch denken
- Beschreiben Sie den Unterschied zwischen Ethik und Moral anhand
  eines oder mehrerer konkreter Beispiele
- Haben Sie Skandale der Vergangenheit, die auch medial „hochgekocht"
  sind, schon jemals mit der wissenschaftlichen Forschung in Verbindung gebracht? Überlegen Sie, ob Ihnen vor allem negative Beispiele
  aus fernerer oder jüngerer Vergangenheit einfallen, die (auch) in die
  Verantwortung von Wissenschaftler:innen fallen
- „Biocomputing" ist ein neuer Trend. Erforscht wird unter anderem,
  inwieweit die menschliche DNA als Speichermedium für Daten dienen

kann. Organisches Material soll in Zukunft sowohl Chips und Platinen ersetzen als auch eigenständige Rechenschritte vollziehen. Die binären Zustände 0 und 1, die wir aus der IT kennen, werden abgelöst durch die vier Nukleotide der DNA, also A, C, G und T. Neben der Tatsache, dass durch die vier Pole der Genetik die Rechen- und Speicherkapazität vervielfacht wird, sollen Organoide (also künstliche Organe bzw. Zellgruppen) auch deutlich länger haltbar sein als herkömmliche Speichermedien. Diskutieren Sie, welche ethischen Fragen sich die Wissenschaft in diesem Zusammenhang aus Ihrer Sicht stellen sollte

Zum Weiterlesen

Gute Einführungen zum Themenbereich der Wissenschaftsethik bieten die beiden folgenden Publikationen: Reydon, Thomas: Wissenschaftsethik. Eine Einführung. Stuttgart 2013.

Nutzinger, Hans G. (Hrsg.): Wissenschaftsethik – Ethik in den Wissenschaften? Sammelband. Marburg 2006.

Einen hervorragenden und umfassenden Blick auf den Themenbereich der Verantwortung bietet: Nida-Rümelin, Julian: Verantwortung. Stuttgart 2011.

Literatur

Augustinus, Aurelius. 1949: *Des heiligen Kirchenvaters Aurelius Augustinus ausgewählte Briefe*. Kempten: Kösel.

Aristoteles. 2017. *Metaphysik. Erster Halbband (Bücher I-VI)*. Griechisch-Deutsch. Hamburg: Felix Meiner Verlag.

Bieber-Hans-Joachim. 2006. Ethische Probleme in den Geschichtswissenschaften. In *Wissenschaftsethik – Ethik in den Wissenschaften?*, Hrsg. Hans G. Nutzinger, 111–128. Marburg: Metropolis Verlag.

Deutsche Forschungsgemeinschaft und der Kodex zur Sicherung guter wissenschaftlicher Praxis. 2025. www.dfg.de bzw. www.wissenschaftliche-integritaet.de. Zugegriffen: 21. Febr. 2025.

Kant, Immanuel. 2021. *Kritik der reinen Vernunft*. Berlin: de Gruyter.

Nida-Rümelin, Julian. 2011. *Verantwortung*. Stuttgart: Reclam.

Nutzinger, Hans G., Hrsg. 2006. *Wissenschaftsethik – Ethik in den Wissenschaften?* Marburg: Metropolis-Verlag.

Reydon, Thomas. 2013. *Wissenschaftsethik. Eine Einführung*. Stuttgart: Ulmer.

Schnädelbach, Herbert. 2012. *Probleme der Wissenschaftstheorie. Eine philosophische Einführung. Kurseinheit 1: Grundfragen philosophischer Wissenschaftstheorie.* Hagen.

Bevor wir vertieft in einzelne sogenannte *Bereichsethiken* der Technik-, der Wirtschafts- sowie der Medien- und Kommunikationsethik blicken, müssen wir übergeordnet noch folgende Fragen klären: Was ist Ethik an sich, was sind ethische Theorien und wie haben sich diese Theorien über die Zeit (weiter-) entwickelt?

Zu diesem Zweck sollen bereits im Rahmen der Bestimmung, was Ethik denn ist, zwei Denker zu Wort kommen, die uns im Fortgang der Ausführungen wieder begegnen werden, nämlich der schon erwähnte Aristoteles sowie Immanuel Kant (1724–1804).

Nach Aristoteles ist die Philosophie die Wissenschaft der *Wahrheit.* Nach Kant ist die Philosophie die Wissenschaft der *Erkenntnis.* Dabei – und darin waren sich die beiden Philosophen trotz eines Zeitunterschieds in ihren Lebensspannen von rund 2000 Jahren quasi einig – ist zu unterscheiden zwischen der theoretischen und der praktischen Philosophie. Die Vertiefung dazu würde an dieser Stelle zu weit führen, nur so viel: Während sich die theoretische Philosophie mit Fragestellungen des *ewigen Seins,* wie der Mathematik, der Logik oder der Metaphysik beschäftigt, nimmt die praktische Philosophie das Werk, damit also das *Handeln des Menschen* in den Fokus. Nach Aristoteles ist dabei zu unterscheiden zwischen der praktischen Philosophie im engeren Sinne (Ethik, Politik und Ökonomie) und der praktischen Philosophie im weiteren Sinne, die sich den hervorbringenden, damit technischen Wissenschaften widmet. Kant hat das insofern erweitert, als er die Unterscheidung von Erkenntnis in das Sein (Naturlehre, Physik) und das Sollen (Ethik) vornahm. Die Ethik, also die Sittenlehre wird dem Sollen zugeordnet und ist von Gesetzen der Freiheit, damit vom Standpunkt von freien und vernünftigen Entscheidungen des Menschen her bestimmt.

A. Braml, *Angewandte Ethik der Wissenschaft – Technik – Wirtschaft – Medien,*
https://doi.org/10.1007/978-3-658-48770-6_2

Dieser Exkurs zeigt Zweierlei: Einmal kann auch unsere heutige Hochschullandschaft durchaus noch, in Teilbereichen zumindest, auf die ursprünglich antike Wissenschaftseinteilung zurückgeführt werden. Und zum anderen haben wir eine Idee davon bekommen, wie sich die Ethik wissenschaftstheoretisch einordnen lässt.

Die Ethik beschäftigt sich mit der theoretischen Erkenntnis und wissenschaftlichen Untersuchung moralischer Fragen, die sich mit dem praktischen Werk, damit dem Handeln und dem Leben des Menschen beschäftigen. Aspekte des *Sollens* werden in den Fokus genommen. Warum sollte ich mich als Mensch in bestimmten Situationen also so oder so, aber nicht anders verhalten? Wenn die *Ethik* der oben ausgeführten Unterscheidungen folgend die Wissenschaft zu diesen Fragen darstellt, so können wir die *Moral* in Abgrenzung dazu als den Inhalt dieser Gedanken in praktischer Anwendung verstehen. Und dieser Inhalt beschäftigt uns nahezu täglich in unserem Handeln, direkt oder indirekt: Ist es moralisch und warum ist es moralisch oder unmoralisch, in einer bestimmten Situation und auf eine bestimmte Art und Weise konkret gehandelt zu haben?

Damit zusammen hängt jedoch unweigerlich auch die Frage des *Wollens*. Warum entscheiden wir uns für eine bestimmte Handlungsweise, warum halten wir eine Entscheidung für richtig (*ge*boten) und eine andere für falsch (damit nicht *ge*boten), selbst wenn diese rein rechtlich beispielsweise (gerade noch) nicht *ver*boten ist?

Entscheidend für die persönliche Entwicklung, die jeder von uns durchläuft, sind dann nicht zuletzt die individuellen und gesellschaftlichen Bezüge, in denen wir aufgewachsen sind, sozialisiert wurden und in denen wir leben. Die Ethik als Wissenschaft hat die Aufgabe, Orientierungswissen für diese Prozesse zur Verfügung zu stellen. Dieses Wissen umfasst einmal die Bestimmung der Begriffe und Begrifflichkeiten und greift damit auch den aktuellen Diskurs auf, also die aktuellen gesellschaftlichen Diskussionen dessen, was als (moralisch) *gut* oder *schlecht* angesehen wird. Gleichzeitig kann die Beschäftigung mit ethischen Grundlagen den Einzelnen darin unterstützen, eine eigene, reflektierte Haltung zu den relevanten Themen zu entwickeln und seine Urteilskraft stetig auszubilden. Aus dieser Haltung heraus besteht die Chance, das eigene Wollen dem moralischen, gesellschaftlich anerkannten Sollen aus guten Gründen immer weiter anzunähern. Alles das bleibt allerdings ein Angebot in Theorie (ethische Grundlagen) und Praxis (der tägliche Lebensvollzug). Jeder Mensch, der dazu in der Lage, also nicht durch sein Alter (wie in der Kindheit) oder in irgendeiner anderen Weise (beispielsweise durch Krankheit) eingeschränkt ist, muss für sich selbst entscheiden, was von diesem Angebot er annimmt. Es wird immer Menschen geben, die sich bewusst gegen moralisches Handeln entscheiden, beispielsweise, um eigene

Vorteile zu erringen. Oftmals erkennen wir auch erst im Rückblick, dass wir unmoralisch gehandelt haben, vor allem dann, wenn unbewusste Handlungsmuster im Spiel waren. Doch auch aus dieser Erkenntnis erfolgt ein Lerneffekt, der uns dabei unterstützt, künftig in vergleichbaren Situationen anders handeln zu *können.*

Nachfolgend lernen wir verschiedene ethische Theorien kennen. Die Kapitel werden jeweils mit einer kurzen Untersuchung der Motivation abschließen, aus der heraus in den Ethiken praktisch gehandelt wird oder aus der heraus Menschen handeln *wollen.* Welche Aspekte bilden also den inneren Antrieb, der uns – folgt man der einen oder der anderen Ethik – bestenfalls tagtäglich moralisch handeln lässt?

2.1 Die drei großen Paradigmen der Ethik

In der Literatur und der wissenschaftlichen Diskussion findet man vielfach die Unterteilung der klassischen ethischen Ansätze in drei große Paradigmen, also Strömungen oder Denkansätze: in die Tugendethik, die Pflichtethik und den Utilitarismus. Die beiden großen Pole, die es zu unterscheiden gilt, sind einerseits die *deontologische* und andererseits die *konsequentialistische Ethik.* Deontologische (von *griech. deon* = das Gesollte, die Pflicht), auch pflichtethische Ansätze genannt, fragen immer nach den moralischen Voraussetzungen von Entscheidungen und Handlungen, damit den Maximen. Bewertet werden daher nicht die Handlungen selbst oder Folgen oder Konsequenzen aus diesen Handlungen. Als Hauptvertreter dieses ethischen Ansatzes werden wir weiter unten im Abschn. 2.1.2 Immanuel Kant und seine Lehre vertieft betrachten. In der konsequentialistischen Strömung dagegen wird gerade nicht nach den Voraussetzungen von Entscheidungen und Handlungen gefragt. Vielmehr erfolgt eine moralische Bewertung ausschließlich anhand der Konsequenzen und Folgen, die aus den Entscheidungen und Handlungen resultieren. Der Utilitarismus, als die wesentliche konsequentialistische Theorie, wird uns unter Abschn. 2.1.3 noch beschäftigen. Als dritte große Strömung gilt vielen die Tugendethik. Diese Tatsache ist allerdings umstritten und es wird oft argumentiert, dass Tugenden lediglich menschliche Voraussetzungen und Charaktermerkmale darstellen können, um überhaupt deontologisch oder konsequentialistisch *gut* (im moralischen Sinne also) handeln zu können. Die Diskussionen darüber, ob die Tugendlehre eine eigene Ethik darstellt und darstellen kann, findet daher laufend statt und der Tugendbegriff hat seit Aristoteles, auf den diese Denkrichtung zurückgeht,

bereits mehrere Renaissancephasen durchlaufen. Auf die Themenfelder und Fragestellungen, die diese umfangreichen und anhaltenden Diskussionen zum Inhalt
haben, wollen wir an diese Stelle nicht vertieft eingehen. Nur so viel: Menschliche Tugenden zu bloßen Voraussetzungen für die Möglichkeit beispielsweise
pflichtbasierten Denkens und Handelns zu degradieren, scheint mir nicht zielfüh-
rend zu sein[1] – gerade, und darauf werden wir zurückkommen, weil ein gutes,
glückliches, geglücktes Leben das Kernziel der Tugendethik ist. Ich habe ich
mich daher aus guten Gründen entschieden, die oben genannte Dreiteilung der
theoretischen Ideen beizubehalten und wir werden die drei Ansätze also vertiefen.
    Ergänzend wäre es noch eine Möglichkeit gewesen, uns religiöse Ethiken,
wie zum Beispiel die christliche, die islamische oder die fernöstliche, zu erarbeiten. Davon habe ich allerdings hier Abstand genommen. Religiöse Aspekte,
wie die Nächstenliebe, können und dürfen selbstverständlich für viele Menschen
Richtschnur und Antrieb moralisch guten Handelns sein. Wir beschäftigen uns
hier aber ausdrücklich mit der philosophischen Ethik und daher werden wir stattdessen auf weitere und weiter gefasste ethische Theorien blicken, die mit den
drei großen Ansätzen oder Strömungen nur lose verknüpft sind bzw. diese weiterentwickeln: die Fürsorgeethik *(Care Ethics)* und der Gedanke der Würde als
Haltung des Menschen und damit als Ausgangspunkt und Forderung jeder ethischen Überlegung. Bevor wir uns diese beiden Themenfelder erarbeiten, blicken
wir nachstehend jedoch auf die, auch historisch betrachtete, Grundlegung der
schon angekündigten drei klassischen Ansätze.

2.1.1 Tugendethik

Die Tugendethik ist in ihrem Ursprung auf die Lehre des uns aus den vorangegangenen Ausführungen schon bestens bekannten Griechen Aristoteles zurück-
zuführen. Aristoteles hat seine Tugendlehre nicht zuletzt auf den Gedanken
seines Lehrers Platon (427–347 v. Chr.) aufgebaut, dann jedoch eigenständig
weitergedacht.
    Das Ziel des Menschen, auf das sich nach Aristoteles jedes menschliche Han-
deln ausrichtet oder ausrichten sollte, ist wahrhafte Glückseligkeit. Ein gutes, ein
glückliches oder besser, ein geglücktes Leben in Form gelungener Lebensführung
(die sog. *Eudämonie*), stellt demnach das Strebensziel (also das, nachdem der

---

[1] Vgl. dazu ausführlich Halbig (2013, 9–17).

Mensch motiviert strebt) eines jeden Menschen dar. In seinem Werk der *Niko-machischen Ethik*,[2] dem maßgeblichen ethischen Werk des Aristoteles, arbeitet der antike Denker den Weg aus, der zu diesem Endziel der Glückseligkeit führen kann.[3] Aristoteles ist sich durchaus bewusst, dass jeder Mensch über ein gutes Auskommen, Gesundheit oder Freunde verfügen muss, um ein gutes Leben zu führen. Gleichzeitig schreibt er jedoch allein *inneren* Strebenszielen das Potential zu, den Weg zu wirklichem Glück beschreiten zu können. Diese Ziele sind stufenweise aufgebaut und beziehen sich auf erstens die Lust und die Lustbefriedigung und zweitens auf ein gutes Leben in der Gemeinschaft. Als höchste und einzig wahre Quelle des Glücks gelungener Lebensführung definiert Aristoteles drittens jedoch die Erkenntnis eines inneren, von reiner Lustbefriedigung, dem Streben nach materiellen Gütern und dem Urteil anderer unabhängigen Kompasses eines tugendhaften und somit *guten* Lebens. Tugend ist bei Aristoteles dabei ein „Tätigsein der Seele".[4] Der Charakter, der durch die Tugenden geformt wird, bildet sich durch wiederholtes und dauerhaftes Tun aus, also im Rahmen menschlicher Tätigkeiten. Die Motivation, tugendhaft zu handeln und seinen Charakter zu einem tugendhaften Menschen auszubilden, gewinnt der Einzelne – wie bereits erwähnt – durch das Streben nach dem Guten und dem Glück des guten Lebens. Diese Eigenschaft bzw. Möglichkeit schreibt Aristoteles auch nur dem Menschen zu und das ist es, was ihn, was uns alle also von Tieren unterscheidet. Ein Tier verhält sich bloß und versucht, seine Bedürfnisse zu befriedigen sowie Schmerz und Unlust zu vermeiden. Im Gegensatz zum Menschen hat es aber nicht die Möglichkeit, aus sich selbst heraus auf das Ziel eines innerlich unabhängigen, guten Lebens zu reflektieren und bewusst zu handeln.

Aristoteles unterscheidet zwei Arten von Tugenden. Die einen betreffen den Menschen und sein Wissen direkt, wie die Weisheit, die Kunst oder die Klugheit. Diese Bereiche können nur durch dauerhafte Beschäftigung damit, also im Studium, eingeübt werden. Die weiteren Tugenden, die Aristoteles ausführlich behandelt, betreffen dagegen Fragen der konkreten Lebensführung, wie die Tapferkeit, die Mäßigung, die Großzügigkeit, die Ehre, den Sanftmut oder die Beherrschtheit. Dabei, und das ist essentiell in der Tugendlehre des Aristoteles, geht es für den einzelnen Menschen in der täglichen Übung, damit also im täglichen Handeln darum, die richtige Mitte, ein geeignetes Maß zu finden. Zwei Beispiele: (1) Zwischen den Extrempolen der Feigheit in die eine Richtung und

---

[2] Woher der Titel stammt, ist unklar; es gab einige Menschen namens *Nikomachos* im Umfeld des Aristoteles, vielleicht stellt die Schrift eine Widmung dar.

[3] Vgl. Aristoteles (2013).

[4] Aristoteles (2013, 57) (NE Buch I, 6, 1098a).

dem Übermut in die andere Richtung gilt es, einen Mittelweg im Leben zu finden. Die einzuübende Tugend lautet also Mut. (2) Geiz stellt für Aristoteles ein Laster dar, in Form eines Mangels an Großzügigkeit. Gleichzeitig ist es sinnlos, sein ganzes Hab und Gut zu verschenken, was ein Übermaß an Großzügigkeit bedeuten würde. Auch zwischen diesen Extremen sind wir somit aufgefordert, einen Mittelweg zu finden. Unsere Bemühungen müssen darauf ausgerichtet sein, einen großzügigen Charakter in der Mitte zwischen diesen beiden Polen zu entwickeln. Das waren nur zwei Beispiele; nach Aristoteles betreffen diese Bemühungen und dieses Einüben jeden Bereich des Lebens, im wahrsten Sinne des Wortes also unseren Alltag.

Die Freundschaft nimmt eine Sonderstellung in den Büchern der *Nikomachischen Ethik* bei Aristoteles ein. Aristoteles unterscheidet drei Arten von Freundschaft. Erstens reine Lustfreundschaften, zweitens Nutzenfreundschaften und drittens die vollkommene Freundschaft zwischen *guten* Menschen. Während die ersten beiden Arten auf Eigennutz gründen (Lustbefriedigung, Vorteile zum Eigennutz) verschafft erst die dritte Art der Freundschaft die Basis, für den Freund um seiner selbst willen da zu sein und sich wechselseitig Gutes zu wünschen und zu tun.

Nach Aristoteles stellt die Tatsache, dass wir Menschen lebenslang danach streben, ein gutes Leben zu führen, die Hauptursache unserer Motivation dar, moralisch *gut* zu handeln. Dazu müssen wir Tugenden ausbilden (dürfen) und diese lebenslang weiterentwickeln. Nur so haben wir die Möglichkeit und die Chance auf ein gelingendes und, rückblickend betrachtet, in diesem Sinne gelungenes Leben. Die Überprüfung dessen, ob wir gut, damit gesellschaftlich anerkannt und sozialfähig gehandelt haben, kann jeder von uns im Rückblick immer mal wieder vornehmen. Ich finde zudem folgende Gedankenübung sehr geeignet: Stellen Sie sich vor, Sie sitzen im Alter an einem Lagerfeuer mit anderen Menschen, zum Beispiel Ihren eigenen Nachkommen. Was wollen Sie in dieser Situation und im Rückblick über Ihr Leben erzählen? Was haben Sie in ihrem Leben unternommen? Wie empfinden Sie Ihr Leben also: was haben Sie getan im Leben, wie haben Sie gelebt? War Ihr Leben *gut?*

2.1.2 Pflichtethik

Der uns von weiter oben bereits auch schon bekannte Immanuel Kant hat die vier großen Fragen der Philosophie bzw. der Erkenntnistheorie formuliert:

• Was kann ich wissen?

- Was soll ich tun?
- Was darf ich hoffen?
- Was ist der Mensch?

Viele andere Fragen der antiken theoretischen und praktischen Philosophie sind zwischenzeitlich in eigene, moderne wissenschaftliche Disziplinen „abgebogen" oder aufgegangen. So wurde die Metaphysik wesentlich durch die Physik und andere empirische Wissenschaften abgelöst oder die Sprachphilosophie durch die Linguistik und die Sprachwissenschaften an sich. Die von Kant gestellten Fragen besitzen dennoch nach wie vor Allgemeingültigkeit und bilden die wissenschaftlichen Hauptuntersuchungsgegenstände auch heutiger Philosoph:innen.

Aber kommen wir zurück zur Kantischen Ethik im Rahmen seiner Frage „Was soll ich tun?": Deontologische, also pflichtethische Ansätze richten sich, wie oben bereits angeklungen, auf die Voraussetzungen und Grundlegungen (Maximen) für moralische Entscheidungen und moralisches Handeln. Bezogen auf die moralische Qualität, werden dann gerade nicht die Handlungen selbst oder die Konsequenzen untersucht, die sich daraus ergeben. Allein die *vernünftigen* Gründe, die uns zu der Entscheidung oder Handlung gebracht und damit dazu motiviert haben, sind ausschlaggebend in der Bewertung, ob diese moralisch waren oder nicht.

Philosophische Überlegungen zum Thema menschlicher Pflichten finden wir nicht erst bei Immanuel Kant, sondern ebenfalls bereits in der Antike. Dennoch ist Kant der bekannteste Vertreter pflichtethischer Ansätze, dessen Lehre wir bis heute am häufigsten diskutieren. Zwei Aspekte stehen gerade in seiner ethischen Lehre dabei im Mittelpunkt: (1) die Vernunft und (2) die Universalisierbarkeit. Auf (moralische) Entscheidungen bezogen bedeutet das Folgendes: (1) Jeder Mensch ist gefordert, sich zu überlegen, welche Maximen, also Lebensregeln oder Grundsätze des Handelns, er seinen Handlungen zugrunde legen *möchte*. Mehr noch, dabei muss sich jeder Mensch die Frage stellen, was er im Zusammenleben mit anderen *vernünftigerweise* wollen kann. (2) Ergänzend müssen wir uns die Frage stellen, ob es Sinn macht, dass alle Menschen so handeln. Erst wenn diese Lebensregeln und Grundsätze universalisierbar, damit aus guten Gründen für alle Menschen verallgemeinerbar sind, erfüllen diese ethische Kriterien und gelten als vernünftig im Sinne Kants. Wir bewegen uns alle im öffentlichen Raum und diese Dimension ist in die Überlegungen mit einzubeziehen. Wir leben eingebunden in soziale Bezüge, wie die Familie, den Freundeskreis, die Gesellschaft, die gesamte Bevölkerung unserer Erde. Die Begriffe „vernünftigerweise" und „universalisierbar" bedeuten in diesem Zusammenhang damit also die Frage

danach, welche Lebensregeln nicht nur beliebigen individuellen Zielen unterliegen. Es geht vielmehr um Lebensregeln, die verallgemeinerbar, damit auf alle
Menschen und Situationen anwendbar sind. Welche Grundlagen für meine Handlungen haben also die Kraft, Allgemeingültigkeit zu beanspruchen, einer auch
öffentlichen Überprüfung standzuhalten und nicht bloß eigenen (egoistischen)
Zwecken und Zielen zu dienen?

Um sich selbst diese Fragen befriedigend beantworten zu können, hat uns
Kant Leitsätze zur praktischen Überprüfung dessen an die Hand gegeben: seinen *Kategorischen Imperativ*. Ein Imperativ ist eine Aufforderung; „kategorisch"
nennt Kant diese Aufforderung an uns Menschen, da diese unbedingt, ohne Ausnahme oder ohne weitere Bedingungen Geltung haben muss. Der Satz bei Kant,
der genau die oben beschriebenen Aspekte auf den Punkt bringt, lautet:

> [...] „handle nur nach derjenigen Maxime, durch die du zugleich wollen kannst, daß
> sie ein allgemeines Gesetz werde."[5]

Eine Maxime (nach der ich vernünftigerweise handeln möchte) muss also so
gewählt werden, dass sie verallgemeinerbar ist und damit als auch allgemei-
nes Gesetz (Richtschnur) für alle Menschen Geltung beanspruchen kann. Daran
anschließend blicken wir gleich noch auf einen weiteren Satz des *Kategorischen
Imperativs:*

> „Handle so, daß du die Menschheit sowohl in deiner Person, als in der Person eines
> jeden anderen jederzeit zugleich als Zweck, niemals bloß als Mittel brauchst."[6]

Was bedeutet das nun in Anknüpfung und Erweiterung zu den bisherigen Ausführungen? Als Teil der Menschheit bin ich selbst Person unter Personen, Mitglied
der Gemeinschaft – so wie auch mein Gegenüber. Der Imperativ sagt aus, dass
ich sowohl mich selbst als auch andere Menschen nicht als Mittel zum (eigennüt-
zigen) Zweck missbrauchen darf! Auch hier „zieht" wieder das Argument, dass
jede Handlungsmaxime und damit jeder Handlungsgrund potentiell allgemeingültig und insofern vernünftig sein müssen. Wenn ich mich selbst oder einen anderen
zu einem bloßen Mittel zum Zweck mache und nicht zum Zweck selbst, setze ich
mich in ein Missverhältnis mit mir selbst und widerspreche damit meiner Würde
und der Würde des anderen. Das ist uns als Menschen nicht würdig und das
haben, umgangssprachlich ausgedrückt, weder ich noch der andere „verdient".

---

[5] Kant (2008, 53) (GMS, AA IV, 421).
[6] Kant (2008, 65) (GMS, AA IV, 429).

Als Beispiel kann jede manipulierende Handlungsweise herangezogen werden, bei der ich andere Menschen benutze, um meine persönlichen Ziele zu erreichen und mein persönliches Wohlergehen auf Kosten anderer zu maximieren. Den anderen sehe ich dabei bloß als Werkzeug, erkenne ihn damit in seiner Würde nicht an und würdig ist solches Verhalten auch meiner selbst nicht.

Mit dem Thema der Würde und wie diese ein eigener oder erweiterter Ansatz ethischer Grundlegungen sein kann, beschäftigen wir uns ausführlich noch im Abschn. 2.2.2.

Der Ansatz Immanuel Kants, der uns auch heute noch sehr formal und theoretisch sowie idealisierend vorkommen kann, hat seit jeher Widerspruch provoziert. Ein Vorwurf lautet, die Theorie sei zu formalistisch und gehe an der Lebenswirklichkeit der Menschen vorbei. Ein anderer Vorwurf lautet, die Vorgaben seien zu rigoros, also zu hart oder unerbittlich. Diese Themen wurden und werden wiederkehrend diskutiert und es gibt gute Argumente für die Einwände. Dennoch möchte ich dem entgegentreten und zum Abschluss dieses Kapitels zwei Aspekte zur Diskussion stellen. Erstens den Begriff der Freiheit, den uns Kant an die Hand gibt (1) und zweitens das Thema des eigenen Gewissens (2).

(1) Freiheit kann grundlegend unterschieden werden in negative und positive Freiheit. Negative Freiheit meint dabei die Freiheit *von etwas,* zum Beispiel von Zwang. Erst im Rahmen positiver Freiheit aber bin ich wirklich frei *zu etwas,* also frei, mich proaktiv für etwas zu entscheiden. Die bloße Abwesenheit von Zwang allein eröffnet noch keine positive Freiheit. Erst die aktive Entscheidung, etwas tun zu wollen – und zwar aus bestimmten Gründen – ist wirkliche Freiheit. Kant unterscheidet weiter zwischen der Autonomie und der Heteronomie, also der Selbstbestimmung und der Fremdbestimmung. Echte Autonomie (wörtlich „Selbstgesetzgebung") erreicht der Mensch dabei nur, wenn er sich selbstbestimmt für etwas entscheidet. Und hier schließt sich der Kreis auch zu den oben ausgeführten Themen: Diese selbstbestimmte Entscheidung wiederum muss einerseits vernünftig sein, andererseits – vergleiche die Sätze des *Kategorischen Imperativs* – allgemeingültigen Kriterien standhalten. Potentiell muss meine, aus einem auch öffentlichen Vernunftgedanken heraus selbst gesetzte Maxime also zum allgemeingültigen, universalen Gesetz werden *können,* in Selbstachtung und der Achtung auch der Freiheit anderer.[7] Das ist ein schwieriges Unterfangen und nicht in jeder Situation umsetzbar. Wir verfehlen die eigenen Ansprüche an uns selbst oft genug. Schon die Möglichkeit dazu, die Fähigkeit und das Wissen, das dann zu reflektieren und kritisch darüber nachzudenken, hilft uns jedoch bei unserer individuellen und kollektiven Weiterentwicklung. Ähnliche Situationen

---

[7] Vgl. Hoffmann (2013, 22–25; 69 f.).

können und werden wir, dann gerade auch aus gelebten Erfahrungen und der moralischen Bewertung, in Zukunft unter Umständen anders meistern.

(2) Die Überprüfung der Maximen unserer Entscheidungen muss diesbezüglich unvoreingenommen, frei und öffentlich möglich sein.[8] Die eine Instanz ist somit die Öffentlichkeit, damit im weitesten Sinne die Gesellschaft. Die zweite und entscheidende Instanz ist jedoch innerer Natur: unser Gewissen. Dieses Gewissen haben wir vor allem im Rahmen unserer Sozialisierung und individuellen Erziehung ausgebildet. Welche Maximen, also Grundlagen für Handlungen kann ich mir *guten Gewissens* setzen? Das Gegenteil davon wäre ein schlechtes Gewissen, das wir alle kennen. Verbildlichen können wir diesen Zusammenhang mittels der beliebten Redensart, uns morgens und abends möglichst guten Gewissens im Spiegel in die Augen blicken zu können.

Die Motivation, moralisch und gut zu handeln, gewinnt der Mensch demzufolge im Wesentlichen aus dem Wunsch, sich weder gesellschaftlich noch innerlich mit sich selbst und seinem Gewissen in Widerspruch zu setzen. Ein solcher Widerspruch ist auf Dauer nicht wirklich aushaltbar und verletzt zugleich nicht nur die Würde anderer, sondern vielmehr ebenso meine eigene Würde.

2.1.3 Utilitarismus

Wir haben uns im Rahmen der voranstehenden Ausführungen zur Pflichtethik erarbeitet, dass es bei der moralischen Bewertung von Handlungen dort nicht um die Handlungs*folgen* geht. Vielmehr stehen ausschließlich die Maximen, also die Grundsätze im Mittelpunkt, die der Mensch seinen Handlungen zugrunde legt, um eine moralische Aussage dazu treffen zu können. Utilitaristische Ansätze und Argumentationen demgegenüber sind konsequentialistisch aufgebaut: Bei der moralischen Bewertung und Beurteilung von Entscheidungen und Handlungen werden daher stets *ausschließlich* die Folgen und Konsequenzen untersucht, die daraus entstehen. Ungleich der Pflichtethik spielen im Utilitarismus die Gründe, warum man diese Handlung ausgeführt hat, also, wenn überhaupt, nur eine Rolle unter dem Blickwinkel auf die Folgen, die sich daraus ergeben.

Als Hauptvertreter dieser ethischen Theorie im heutigen Verständnis gelten die Briten Jeremy Bentham (1748–1832) und John Stuart Mill (1806–1873). Als Kriterien der sittlichen, damit moralischen Richtigkeit von Handlungen ist dieser Denkrichtung zufolge auf den größtmöglichen Nutzen, damit die größtmögliche Nützlichkeit (engl. *utility*) abzustellen. Die Befriedigung der eigenen Lust und der

---

[8] Die Diskursethik, die sich selbst auf Kant bezieht, vertiefen wir im Abschn. 5.1.

Lustgewinn sind damit bereits ausreichende Gründe für bestimmte Handlungsweisen, die nach diesem Konzept bereits als gut, da (eigen-)nützlich angesehen werden können. Mit Bentham und vor allem mit dessen Schüler Mill geht der Utilitarismus aber über die bloße individuelle Lustbefriedigung (den Hedonismus) hinaus. Es geht vielmehr darum, und dieses Konzept macht sich die Politik oft genug zu eigen, das Glück,[9] den Nutzen (oder den Durchschnittsnutzen) bei Entscheidungen für eine möglichst große Anzahl bzw. möglichst aller von dieser Handlung betroffenen Menschen zu steigern.

Unterschieden werden im Utilitarismus zwei Arten von Handlungsregeln zur Überprüfung der nutzenmaximierenden Konsequenzen, die sich aus menschlichen Handlungen ergeben: der Handlungsutilitarismus sowie der Regelutilitarismus. Im erstgenannten, also dem Handlungsutilitarismus, wird nach dem Nutzen einer einzelnen Handlung gefragt. Demgegenüber zielt der Regelutilitarismus in der Bewertung moralisch guter Handlungen auf Gruppen von möglichen Entscheidungen und Regeln für Handlungen ab. Es werden allgemeine Regeln aufgestellt (im Sinne einer *Wenn-dann*-Abwägung), die in bestimmten, quasi „typischen" Situationen von allen befolgt werden sollten – wiederum aber ausschließlich unter dem Aspekt der Nutzenmehrung.

Auch der Utilitarismus hat schon immer fortdauernden Widerspruch provoziert und es werden ihm diverse Argumente entgegengehalten. So impliziert das Ziel des größtmöglichen Glücks oder Nutzens für möglichst viele Menschen automatisch, dass es, eine Minderheit zwar, dennoch aber Unglückliche gibt. Zumindest wird es aber Menschen geben, denen mit getroffenen Entscheidungen kein Nutzen oder sogar ein Nachteil gestiftet wird. Normen, Handlungsmaximen oder Tugenden spielen im Utilitarismus zudem lediglich eine untergeordnete bis keine Rolle. Nach streng utilitaristischen Kriterien kann die tiefer gehende Warum-Frage, die sich auf innere Werte oder Überzeugungen bezieht, wohl nicht endgültig befriedigend beantwortet werden. Im Gedanken der Nutzenmaximierung können auch Handlungsweisen gerechtfertigt werden, die erhebliche Nachteile mit sich bringen, zum Beispiel für die Natur. Solange aber der Nutzen der Handlungen für eine Vielzahl an Menschen dennoch (vermeintlich) überwiegt, ist diese Handlungsweise moralisch gerechtfertigt. Untersuchen wir ein konkretes Beispiel dazu: Im Rahmen dieser rein nutzenbasierten Argumentation wird wiederkehrend der Versuch unternommen, Folter zu rechtfertigen[10] – ein Instrument, das niemals zu rechtfertigen ist. Ein weiterer gewichtiger Einwand gegen den Utilitarismus als

---

[9] Vgl. Mill (2011, 80). Dort legt Mill auch dar, dass es aus seiner Sicht nicht bloß um individuellen, sondern auch um sozialen Fortschritt geht.

[10] Hier denken einige von uns sicherlich noch an die Auswüchse in den USA im Nachgang und im Rahmen der Entwicklungen nach 9/11, den Anschlägen auf das *World Trade Center*

Maßstab für die Beurteilung sittlicher und damit also moralischer Handlungen ist zweigeteilt: Erstens werden Handlungen stets nur nach der *Wahrscheinlichkeit* beurteilt, nach der sie Nutzen stiften. Und zweitens kann, daran anschließend, die Frage der Erfolgsmessung immer nur im Rückblick geschehen. Im Voraus ist der Mensch, folgt er einem strikt utilitaristischen Verständnis, vorab ja gerade an keine inneren Grundsätze moralischen Handelns gebunden.

Wie bereits angeklungen, stellt der Utilitarismus ein seitens politischer Entscheidungsträger gerne herangezogenes Konzept dar. Politische Entscheidungen, vor allem auch ökonomische, werden damit gerechtfertigt, dass diese zur Mehrung des Glücks und des Nutzens einer großen Anzahl von Menschen dienen würden. Die Einwände gegen dieses ethische Konzept bleiben jedoch bedenkenswert. Die Gerechtigkeitsfrage stellt eine äußerst wichtige Frage des (Sozial-) Staats dar. Im Utilitarismus sind keine ausdrücklichen Tugenden gefordert, wobei gerade diese helfen können, wiederkehrend das zu versuchen, was man politisch und ethisch *gute* Entscheidungen nennen kann. Auch der Einwand der fehlenden Vorab-Bindung an Grundsätze des Handelns wiegt schwer. Um das durchzusetzen, was im Vorfeld als *wahrscheinlich* nutzenmaximierend angesehen wird, ist beispielsweise der Manipulation anderer hier Tür und Tor geöffnet. Wenn sich die Konsequenzen der Handlungen im Rückblick als nützlich herausgestellt haben (und nur im Rückblick lässt sich das ja überhaupt feststellen), ist das Ziel damit erreicht. Dass aber manipulative Handlungsweisen der eigenen Würde und wechselseitig der Würde anderer Menschen entgegenstehen und damit ebenso nicht tugendhaft sein können, haben wir uns weiter oben bereits erarbeitet.

Die Handlungsmotivation in utilitaristischen Konzepten gewinnt der Mensch also entweder im Rahmen der eigenen Lustbefriedigung, des Hedonismus. Oder aber die motivationale Grundlegung für moralische Handlungen resultiert aus dem Wunsch und der Anforderung der Nutzenmaximierung, die für eine möglichst große Anzahl von Menschen angestrebt wird. Und wenn überhaupt, dann hat nur dieser zweite Motivationsgrund das Potential, möglichen gesellschaftsförderlichen Charakter menschlichen Zusammenlebens zu entwickeln.

---

in New York vom 11.09.2001. Die USA haben im Rahmen der Terrorbekämpfung versucht, sich für Folter konsequentialistisch insofern zu rechtfertigen, dass jedes einzelne Geständnis viele Menschenleben retten könne. Für eine ausführliche ethische Diskussion dazu ist hier nicht der Platz. Folter ist jedoch niemals zu rechtfertigen, letztlich auch nicht unter utilitaristischen Gesichtspunkten.

2.1.4 Zusammenfassung und Überleitung

Moralisch handeln bedeutet immer, in einer Weise *gut* zu handeln. Der Mensch als das Tier, das über Bewusstsein verfügt, kann in diesem Sinne auch tatsächlich bewusste Entscheidungen treffen und Handlungen vollziehen und muss sich nicht nur instinkthaft verhalten. Die wissenschaftliche Reflexion dessen, was als gutes Handeln gilt oder gelten kann, obliegt der Ethik und ethischen Theorien. Und auf dieser Basis wirken Erkenntnisse zurück in die gesellschaftlichen Diskussionen, was wir unter allgemeingültig gutem Handeln verstehen können.

Wir haben uns vorstehend mit den drei so benannten großen ethischen Paradigmen beschäftigt: der Tugendethik, der Pflichtethik und dem Utilitarismus. Wir haben gesehen, dass die menschliche Motivation, sich gut zu verhalten, in den drei Ansätzen voneinander abweicht: In der Tugendethik geht es darum, auf das Ziel eines guten, gelungenen Lebens hinzuarbeiten. Dazu muss der Mensch Tugenden entwickeln und diese im täglichen Leben weiter ausbilden. In der Pflichtethik geht es darum, sich (durchaus auch tugendhafte) Grundsätze des Handelns zu geben und sich kategorisch, also unabdingbar und möglichst immer, danach zu verhalten. Diese Grundsätze müssen zwei Voraussetzungen erfüllen: sie müssen sich mit dem eigenen Gewissen vereinbaren lassen und sie müssen potentiell Allgemeingültigkeit beanspruchen können. Nur so kann ein Leben im Einklang mit sich selbst als Teil der Gesellschaft und mit anderen Menschen gelingen. Die Motivation im Rahmen utilitaristischer Ansätze schließlich gewinnt der Einzelne entweder aus dem Wunsch individueller Lustbefriedigung oder (auf einer höheren Stufe) dem Wunsch kollektiver Steigerung des Glücks und des Nutzens für möglichst viele Menschen im Rahmen von Entscheidungen und konkreten Handlungen.

In der aktuellen akademischen Diskussion ist Zweierlei zu beobachten: (1) Es findet wieder eine starke Orientierung hin zu pflichtbasierten Theorien statt, speziell zur Kantischen Lehre. Letzte Rechtfertigungsgründe basieren, und das ist durchaus nachvollziehbar, auf Fragen der Vernunft sowie der potentiellen Verallgemeinerbarkeit. (2) Zudem setzt sich aber ebenso die Einsicht durch, dass wir moralisches Handeln nicht unmittelbar an einer einzigen Theorie festmachen können und auch nicht sollten. Die Handlungssituationen, vor die wir in der modernen Welt gestellt sind, verlangen uns viel ab. Nicht alle diese Situationen sind unmittelbar und alltäglich gedanklich umfassend zu durchdringen, denken wir etwa an das Erfordernis, lokal und global nachhaltig zu handeln. Daher dürfen wir meines Erachtens auch situativ handeln und entscheiden. Das Ziel eines guten Lebens unter Einbezug wünschenswerter Tugenden steht nicht unmittelbar im Konflikt mit Fragestellungen oder mit Verfehlungen des kategorischen Sollens aus vernunftethischer Perspektive.

Dazu noch einige abschließende Gedanken: Wir sind in eine komplexe und globale Umwelt (ungleich komplexer als noch die „alten Griechen" etwa) eingebunden und in diesem Rahmen aufgefordert, Entscheidungen zu treffen. Diese Entscheidungen sollen bestimmten moralischen Anforderungen (wie „gut" oder „schlecht", „richtig" oder „falsch") gerecht werden. Im Zuge dessen ist ein eindeutiges Spannungsfeld zwischen der Theorie und der Praxis festzustellen. Damit kann eine *Überforderung* jedes einzelnen von uns einhergehen, will man ohne Ausnahme jede Handlung (was utopisch wäre) ethischen Prämissen unterwerfen. So ist beispielsweise ein Unterschied auch in der moralischen Qualität festzustellen zwischen einer Notlüge, die uns oder anderen eine kleine Peinlichkeit erspart, und einer Lüge etwa im Geschäftsleben, die uns auf Kosten und zum Schaden anderer einen wirtschaftlichen Vorteil verschafft. Beides stellt zwar eine Handlung dar, der im Zweifel eine bewusste Entscheidung vorausgeht und die nicht bloß (instinkthaftes) Verhalten abbildet. Gleichzeitig sollten wir uns selbst und unsere Mitmenschen aber auch nicht *unterfordern:* Zumindest das Nachdenken über Handlungsoptionen, Alternativen und Folgen unseres relevanten Handelns darf als Maßstab an bewusstes und reflektiertes (moralisches!) Leben vorgebracht und auch erwartet werden.

Im Anschluss diskutieren wir noch zwei neuere ethische Konzepte, die zwar mit den untersuchten drei großen ethischen Strömungen verbunden sind, dennoch jeweils eine eigene und neue Richtung in die Diskussion einbringen. Wie wir sehen werden, ist ein entscheidender Aspekt dabei jeweils, dass diese alternativen Ansätze sich stark auf unsere ganz konkrete Lebenspraxis beziehen.

2.2   Alternative Ansätze

Keine der bisher betrachteten Ethiken hat nach meinem Dafürhalten das Potential, unmittelbar und allein ethische Orientierung zu geben und vor allem den konkreten Fragen, Anforderungen, Zwängen und Gegebenheiten unseres täglichen Lebens gerecht zu werden. Wir sind von einer äußerst komplexen Welt umgeben, in der wir weder komplettes Wissen über alle Zusammenhänge haben noch alle Konsequenzen unserer Entscheidungen überblicken können. Die immer weiter zunehmende Globalisierung in Form weltweiter Handelsbeziehungen sowie Güter-, Geld- aber auch Menschenströme oder neuartige Fragestellungen, wie etwa in der Bioethik oder in der digitalen Kommunikation, seien als Beispiele für diese Komplexität hier genannt.

Nachstehend werden wir uns daher mit zwei weiteren ethischen Theorien beschäftigen, in Form der Fürsorgeethik *(Care Ethics)* sowie der unbedingten Orientierung an einem konkreten Konzept menschlicher Würde. Beide Ansätze bieten meines Erachtens moderne, umfassende, zukunftsfähige und unmittelbar anzuwendende Grundlegungen im Wunsch und in der Motivation, ethisch begründbar und damit moralisch gut und zukunftsorientiert zu handeln. In beiden Ansätzen spielen mehrere Aspekte gleichermaßen eine Rolle: Einmal knüpfen diese Ethiken durchaus an eine oder mehrere der oben besprochenen großen drei Theorien an und beziehen sich damit wieder auf diese Paradigmen. Gleichzeitig verfolgen die Ansätze jedoch eine Weiterentwicklung und bieten lebenspraktischere Anhaltspunkte, wie der Mensch dem Ziel, moralisch *gut* zu handeln, näherkommen kann. Und nicht nur das „Wie" steht nachstehend im Vordergrund, sondern wiederum das „Warum". Warum sollte der Einzelne also motiviert sein, sich danach zu richten?

2.2.1 Fürsorgeethik

Die Fürsorgeethik *(Care Ethics)* wird vielfach als vierte große Strömung ethischer Ansätze neben der Tugend-, der Pflichtethik sowie dem Utilitarismus bezeichnet. Ursprünglich geht der Ansatz auf die US-Amerikanerin und Psychologin Carol Gilligan (*1936) zurück, die – hier ist ein kurzer Exkurs zum Verständnis notwendig – Schülerin des amerikanischen Philosophen und Psychologen Lawrence Kohlberg (1927–1987) ist. Kohlberg selbst begründete die Theorie eines Stufenmodells moralischer Entwicklung: Mit fortschreitendem Entwicklungsprozess des Individuums geht, so das Ergebnis von Kohlbergs Studien, ein steigendes Niveau der Möglichkeit zu moralischem Handeln und Urteilen einher. Dabei sind mehrere Faktoren entscheidend, so zum Beispiel das Milieu, in dem Menschen heranwachsen und sozialisiert werden, aber ebenso moralische Konfliktsituationen. Erst im Rahmen der Beschäftigung mit diesen Konfliktsituationen bildet der einzelne Mensch in seiner Entwicklung ein steigendes Niveau auch moralischer Gedanken zur Bewältigung dieser Konflikte aus. Wie laufen diese Entwicklungsstufen aber konkret ab? Kleinkinder orientieren sich noch rein an Strafe und Gehorsam sowie der Befriedigung individueller Bedürfnisse. Heranwachsende können bereits zwischenmenschliche Harmonie und die Orientierung an Recht und Ordnung anerkennen und motiviert sein, danach zu handeln. Erst Erwachsene haben dann (potentiell, nicht automatisch) die Chance, ihrem Handeln eigene, moralbasierte und autonom gewählte sowie ethisch begründbare Regeln zugrunde zu legen.[11] Die eigene, individuelle kognitive Entwicklung durchläuft der Einzelne unabhängig von der biologischen Entwicklung. Um diese Möglichkeit zu schaffen, kommt es ganz entscheidend auf die Gesellschaft an: Welche Räume werden bereitgestellt, um diese Entwicklung nehmen zu können und zu dürfen?

Die Erziehungswissenschaften sowie die Entwicklungspsychologie berufen sich in weiten Teilen und in ihren Zielen heute noch auf die Theorie Kohlbergs, auch wenn diese nicht unumstritten ist. Gleichzeitig, und das hatte Kohlberg selbst bereits im Rahmen seiner Studien festgestellt, erreichen nur wenige Menschen das höchste Niveau moralischer Entwicklung. Die Mehrzahl der Menschen verharrt auf einem Status eigener Bedürfnisbefriedigung verbunden mit der Orientierung an Recht und Ordnung.

Doch zurück zu Carol Gilligan und dem Ansatz der *Care Ethics*. Der Vorwurf, den Gilligan Kohlberg gegenüber erhoben und durch eigene empirische Studien auch belegt hat, lautete wie folgt: Kohlberg hat seine Untersuchungen zu steigenden Moralniveaus nahezu ausschließlich mit männlichen Versuchspersonen durchgeführt. Was dabei laut Gilligan automatisch unterrepräsentiert blieb, war eine ausdrücklich andere, nämlich eine weibliche Sicht der und auf die Dinge. Ursprünglich gründete eine Ethik der Fürsorge damit in der Feminismus-Debatte. Diesen Status hat das Konzept jedoch lange verlassen bzw. hat sich in der Forschung aufgegliedert in zwar eine weiter feministische, vor allem jedoch in eine allgemeiner gefasste Sichtweise. Mit dieser allgemeineren Sichtweise werden wir uns hier weiterführend beschäftigen.

Auch Gilligan bezieht sich auf die persönliche und soziale Moral von Menschen und die Entwicklung moralischer Urteile des Einzelnen. Dabei, und das ist die entscheidende Wende, die auf Gilligan und ihre Forschungen zurückgeht, ist nicht nur die kognitive Entwicklung maßgebend, sondern vielmehr ebenso die affektive, damit gefühlsbetonte und emotionale. Und diese affektive Entwicklung kann nur unter Einbezug der konkreten – und zwar der wirklich körperlich-konkreten – Beziehung zu anderen Menschen verstanden werden. Es werden damit nicht mehr (wie etwa noch bei Kant) abstrakte Situationen abgebildet, in denen es gilt, (theoretisch) moralisch richtig zu handeln. Vielmehr geht es um die konkreten, aktuellen Situationen, in denen Menschen sich befinden. Körperliche und emotionale Nähe sowie spürbare Eingebundenheit in Gemeinschaften

---

[11] Vgl. etwa Kohlberg (2014).

ergänzen selbstverständlich die weiterhin bestehende rational-kognitive Dimension; gerade Liebe, Intuition und Imagination werden dabei wichtig – auch in der Frage moralischen Handelns.[12]

Diese Berücksichtigung der Beziehungsebene macht eine Betrachtung moralischer Fragen ungleich offener und auch lebenspraktischer. Der Fürsorgegedanke, also die Sorge um andere, stellt eine konkrete Handlungspraxis dar. Diese beachtet einerseits die Beziehungsebene zu anderen Menschen innerhalb der Gemeinschaft. Andererseits setzt sie gleichzeitig Grundeinstellungen und bestimmte Haltungen, wie Wohlwollen und Achtsamkeit voraus, aus denen die (auch moralische!) Motivation erwächst, sich dem anderen sorgend und fürsorglich zu nähern. Die affektive, also eine stärker gefühlsbetonte Ebene steht hier im Fokus, wie auch das Mitgefühl mit anderen Menschen, der Gedanke der Verantwortung für den Nächsten sowie der Anspruch, sich gegenseitig – ganz konkret – zu helfen.

Im Konzept der Fürsorge spielen somit mehrere Ebenen eine Rolle, denen ein moralischer Status zugeschrieben werden kann und die den Menschen motivieren, fürsorglich zu agieren: die biologische Ebene (jeder Mensch ist zum Beispiel nach seiner Geburt selbst lange auf unbedingte Fürsorge angewiesen, um überleben zu können), die tugendhafte Ebene gegenseitigen Wohlwollens, gleichzeitig aber auch eine (Rechts-)Pflicht gegenseitiger Fürsorge, der Verantwortungsgedanke sowie der (religiöse) Gedanke der Nächstenliebe. Auch nutzenstiftende Aspekte dürfen hierbei eine Rolle spielen, insofern es mir selbst oder anderen gut geht, wenn wir uns kümmern und sorgen. Nicht alle der genannten Ebenen müssen dann bei jeder Entscheidung gleichermaßen einbezogen und für den Einzelnen spürbar werden. Die Handlungsmotivation auf Basis dieses weiten Modells gewinnt der Mensch dann aber – und das macht das Konzept so attraktiv – eben nicht aus der abstrakten Begutachtung bestimmter Situationen, sondern im täglichen Leben, in der ganz konkreten Praxis.

2.2.2 Menschenwürde: Würde als Haltung

Als weiterer neuerer und alternativer Ansatz der Annäherung an ethische Fragen, wie also der Mensch moralisch gut und richtig handeln kann, stelle ich abschließend noch das Konzept der *Würde als Haltung* vor. Dieses Konzept hat

---

[12] Vgl. etwa Gilligan (1996). Der *Care*-Gedanke wird bei uns, zumindest in der öffentlichen Debatte, oft verkürzt (verstanden) auf den Bereich der Pflege (Altenpflege, Krankenpflege, Palliativpflege usw.). Diese Verkürzung wird dem Konzept keinesfalls gerecht.

die deutsche Philosophin Eva Weber-Guskar (*1977) umfassend ausgearbeitet und in der Diskussion prominent gemacht.[13]

Um die Attraktivität des Ansatzes Weber-Guskars zu verstehen, ist eine historische Annäherung an den Würdebegriff notwendig. Bereits seit den klassischen Gedanken des römischen Philosophen Cicero (106–43 v. Chr.) wird die Würde als Wert, als besondere Stellung oder Status des Menschen verstanden. Daraus resultiert der gegenseitige Anspruch, würdevoll und würdeerhaltend behandelt zu werden. Als Begriff wurde die Menschenwürde 1949 dann auch als Wert direkt im Artikel 1 des *Grundgesetzes* der Bundesrepublik Deutschland aufgenommen und damit zur Norm: „Die Würde des Menschen ist unantastbar." Den Begriff der Würde inhaltlich zu fassen oder zu definieren, fällt uns dabei schwer. Demgegenüber sind uns allen auf Anhieb Beispiele für Würdeverletzungen geläufig: in Kriegen, Kämpfen und bei Folter etwa, im Rahmen von Kinderarbeit oder Zwangsprostitution, im geflügelten Wort „menschenunwürdiger Arbeits- oder Lebensbedingungen", usw. Die Würde des Menschen ist *de facto* also ja gerade nicht unantastbar oder unangetastet. Sie sollte es selbstverständlich jedoch sein – und als Ziel aller Bemühungen (des Staates, der Gesellschaft, der Politik, jedes Einzelnen) muss es unabdingbar verfolgt werden, diese Würde gegenseitig zu achten, zu schützen und zu verteidigen. Gleichzeitig verstehen wir unter dem Begriff der Menschenwürde ein Leben in Würde. Gemeint ist damit die Verfassung, in der Menschen sich befinden, wenn sie würdevoll behandelt werden, sich ihrer Würde bewusst sind, würdevoll auftreten und so in Würde aufwachsen, leben, alt werden und sterben können – und dürfen.

Weber-Guskar vertieft jetzt eine neue Idee des Würdebegriffs im Rahmen dieser Diskussionen und arbeitet ihre Argumentation dazu ausführlich aus. Ihr Vorschlag lautet, Würde *als Haltung* zu verstehen, als Ziel im Leben. Dieses Ziel richtet sich, und das durchaus in Anknüpfung an die aristotelische Tradition zu verstehen, an den Wunsch, ein gutes, ein gelungenes Leben zu führen. Während die Würde als Wert oder Status ein (bloß) unbestimmter ethischer Begriff bleibt und die Würde als Verfassung der Person – wie oben aufgezeigt – sehr wohl verletzt werden kann, stellt Würde *als Haltung* ein Lebensideal dar. Damit verbindet sich einerseits ein Anspruch in Form der Forderung, von anderen würdevoll behandelt zu werden. Gleichzeitig verbindet sich damit aber auch eine Aufgabe, nämlich andere Menschen selbst ebenso grundsätzlich würdevoll und somit unter Achtung ihrer Würde zu behandeln. Nur aus dieser Grundhaltung heraus ist das Ideal eines würdevollen Lebens zu erreichen. Dieses Leben steht im Einklang des Menschen mit sich selbst und (möglichst) seinem Selbstbild und kann damit

---

[13] Vgl. v. a. Weber-Guskar (2016).

zu einem guten Leben führen. Es geht damit um eine Einstellung sowie würde-
volles Tun (Denken, Entscheiden, Handeln) in Gänze und das in wechselseitiger
Anerkennung der eigenen Würde und derjenigen der/des jeweils anderen.

Oben klang bereits an, dass das Ziel auch hier ein *gutes* Leben, ein gelungenes
Leben in durchaus aristotelischer Tradition der Tugendethik ist. Dabei ist Würde
dann selbst jedoch keine Tugend an sich, sondern kann eher als Voraussetzung
für Tugenden im Handeln betrachtet werden. Im Sinne eines ethischen Ansatzes
geben der Einklang des Menschen mit seinem Selbstbild und die damit verbundene Würde als Haltung Orientierung bezüglich der Ansprüche des Menschen an
sich selbst und im Verhältnis zu anderen. Dabei bleibt es offen, inwieweit jede:r
dem eigenen Selbstbild entspricht oder (grundsätzlich und in Einzelfällen) auch
tatsächlich entsprechen möchte. Die Ausrichtung an der Würde gibt eben Orientierung. Die Einhaltung moralischer Standards im eigenen Verhalten und im
Bewusstsein, Teil einer Gemeinschaft zu sein, setzt dann jedoch jeder selbst für
sich. Das ist die Aufgabe für jeden Menschen, gleichzeitig hat die Menschen-
gemeinschaft dafür Sorge zu tragen, dass die Freiheit für diese und im Rahmen
dieser Aufgabe für den Einzelnen auch gewährleistet ist und bleibt. Diese Freiheit
drückt sich unter anderem in einer Freiheit von Zwang, von extremer materieller
Not oder von Diskriminierung aus.

Die Motivation, ethisch und damit moralisch gut zu handeln, gewinnt der
Mensch nach dieser Theorie also im Rahmen der Tatsache, seinem Selbstbild aus
einer Haltung im Leben heraus entsprechen zu *wollen*. Eine würdevolle Haltung
kann die Grundlage für zu entwickelnde Tugenden bilden, die dann mit zum Ziel
eines guten Lebens beitragen. Wir benötigen das Bewusstsein, dass jeder von uns
eingebettet in die ihn umgebende Gemeinschaft und in die Gesellschaft lebt und
handelt. Darauf aufbauend besteht die individuelle Aufgabe in der Entwicklung
und Schärfung des Selbstbilds sowie in der Bemühung, sich dann auch konkret
und alltäglich danach zu richten. Die kollektive Aufgabe liegt in der Schaffung
und Aufrechterhaltung der Grundbedingung für dieses Vorhaben – nämlich in der
Garantie der Freiheit.

2.3 Interkulturelle Perspektiven

Somit haben wir uns in den vorangegangenen Abschnitten die drei klassischen
und großen Paradigmen (Strömungen) der Ethik in Form der Tugendlehre, der
Pflichtethik sowie des Utilitarismus erarbeitet. Zudem haben wir auf neuere und,
wie ich finde, praktisch eingängigere Konzepte geblickt: die Fürsorge-/*Care*-Ethik
sowie den Ansatz der Würde als Haltung.

Ein Aspekt, der hier zum Abschluss nicht fehlen darf, ist die Beschäftigung mit der interkulturellen Perspektive auf Ethik und Moral und auf Methoden und Konzepte ethischen Handelns. Dabei werden wir den Blick nachstehend auf kulturelle Unterschiede in ethischen Fragestellungen richten. Durch die Tatsache bedingt, dass wir uns in Mitteleuropa befinden, liegt der Fokus unserer Betrachtung auf unserer abendländischen Philosophie, die durch die Antike und vielfach in jüdisch-christlicher Tradition geprägt ist. Gleichzeitig begegnen wir fortlaufend Menschen aus anderen Kulturkreisen, Kulturen stehen zueinander in einem Wechselverhältnis gegenseitiger Bezugnahme und jede Kultur verändert sich auch dadurch stetig.

Um einen historischen Blick einzunehmen, lohnt nochmals die kurze Rückschau auf die großen Paradigmen der Ethik, die wir weiter oben kennengelernt haben. Aus dem Verständnis seiner Zeit heraus konnte Aristoteles nicht allen Menschen gleichermaßen die Möglichkeit tugendhaften Lebens zuschreiben. Eingebunden in Stadtstaaten gab es damals Menschen erster und zweiter Klasse, nämlich Staatsbürger auf der einen Seite mit allen Rechten und Pflichten und Sklaven auf der anderen Seite. Sklaven an sich sind immer dadurch gekennzeichnet, dass sie über keine nennenswerten Rechte verfügen. Aristoteles selbst hielt Sklaven und hat die Sklaverei durchaus auch verteidigt. Ein universaler Gedanke, also ein Gedanke, dass alle Menschen über die gleichen Rechte, Möglichkeiten und Fähigkeiten verfügen können oder sollten, war Aristoteles fremd. Für Immanuel Kant in aufgeklärter Zeit – wir machen einen zeitlichen Sprung – war ein solches Modell selbstverständlich undenkbar. Seine Pflichtethik stellt ein universales Konzept dar, das *jedem* Menschen ein autonomes Leben in Freiheit zugesteht. Doch auch Kant wird wiederkehrend der Vorwurf gemacht, seinen eigenen Universalismus nicht für alle Ethnien gedacht und die weibliche Perspektive auf Moral außer Acht gelassen zu haben. Der Utilitarismus als dritte der oben untersuchten großen Strömungen ist insofern allgemeingültig, als das erstrebenswerte Ziel jedes einzelnen Menschen sowie der Gesellschaft in Gänze die Lust-, Nutzen- oder Glücksmaximierung darstellt. Insofern Menschen jedoch nur ihren eigenen Nutzen und ihre eigene Lustbefriedigung maximieren, stößt dieses Konzept wiederum an ethische Grenzen. Gerade die eigene Nutzenmaximierung zu Lasten fremder Kulturen oder anderer Länder muss auf Basis der Frage nach der Zahl derer, denen utilitaristisch geprägte Entscheidungen zugutekommen oder diese eben belasten, hinterfragt werden. Dürfen wir also zu unserem Wohl handeln, auch wenn durch diese Handlungen Menschen in anderen Ländern geschädigt werden?

Interessant wird es daher, wenn wir uns nochmals mit dem Begriff der Würde aus interkultureller Sicht beschäftigen. In der abendländisch-christlichen Tradition gab es diesen Begriff zwar bereits in der Antike. Erst mit dem oben schon erwähnten Cicero wurde dann ausdrücklich von *Menschen*würde gesprochen, die für jeden Menschen zu erreichen ist bzw. gilt – damit beispielsweise dann auch für Sklaven. Vernunft und die Fähigkeit des Menschen zur moralischen Einsicht sowie, in jüdisch-christlicher Tradition, die Gleichheit der Menschen vor Gott stellten Entwicklungsschritte bis zu einem heute von uns verstandenen Begriff der Menschenwürde dar. Bevor die Würde des Menschen in das Deutsche Grundgesetz geschrieben wurde, fand der Begriff bereits Eingang in die Präambel der Charta der *Vereinten Nationen* (UN) sowie auch mehrfach in die Erklärung der Menschenrechte. Dabei gestehen wir aus unserem Verständnis heraus allen Menschen weltweit diese Würde und den Anspruch auf Würde zu. Im Gegensatz dazu ist jedoch in muslimischer, buddhistischer oder hinduistischer Tradition ein solches Konzept der Menschenwürde nicht ausdrücklich zu identifizieren![14] Der deutsche Philosoph Otfried Höffe (*1943) weist nach, dass die Suche nach Ethik und nach moralischen Handlungs- und Lebensweisen an sich dennoch universal und kulturunabhängig ist.

Im interkulturellen Diskurs ist im Zuge dessen mehreren Anforderungen an Ethik gerecht zu werden: Einmal ist der Tatsache Rechnung zu tragen, dass es sowohl im Positiven (Werte), als auch im Negativen (im Verständnis von Verfehlungen dieser Werte) Übereinstimmungen zwischen verschiedenen Kulturen gibt. Gleichzeitig darf man nicht in die Gefahr verfallen, die eigene Kultur und das eigene Werteverständnis pauschal *über* andere Kulturen und unter Umständen abweichende Werteverständnisse zu setzen. Konflikthafte Tendenzen und Krisen im interkulturellen Verständnis sind auszuhalten und zu moderieren. Vernunftaspekte sowie ein Verständnis dessen, dass wir alle, auch historisch zwar unterschiedlich schnell, aber dennoch immer noch dazulernen, sind hier einzubeziehen.[15]

Das Konzept der Fürsorgeethik ist das beste Beispiel für eine kulturübergreifende Möglichkeit, sich ethisch-moralisch quasi „einig" zu werden. Bereits Lawrence Kohlberg (vgl. Abschn. 2.2.1) hatte im Rahmen seiner Forschungen zum Stufenmodell moralischer Entwicklung nachgewiesen, dass eine solche individuelle Entwicklung religions- und kulturunabhängig möglich ist und auch tatsächlich vonstattengeht. Zumindest die Möglichkeit der Erklimmung höherer

---

[14] Vgl. Brandhorst und Weber-Guskar (2017, 18–20).
[15] Vgl. Höffe (2018, 24 f.).

Stufen der Moralbegründung hat nahezu jeder Mensch weltweit inne.[16] Abgesehen davon gibt es jedoch weltweit Unterschiede in der Moralentwicklung im Rahmen sekundärer Merkmale, wie beispielsweise der Geschwindigkeit und abhängig des Wertesystems der den Einzelnen umgebenden Gemeinschaft und kulturellen Gesellschaft.

Ein umfassender Begriff der Fürsorge, wie wir ihn uns weiter oben erarbeitet haben und der auf biologischen, tugendhaften, pflichtethischen Implikationen sowie (religiöser) Nächstenliebe basiert, ist ein Konzept, auf das sich wohl alle Menschen weltweit einigen können. Die konkreten gesellschaftlichen, politischen und praktischen Schwerpunktsetzungen, nach denen die Fürsorge dann jeweils gelebt wird, bleiben je Kultur verschieden. Die Basis bleibt die Tatsache unseres gemeinsamen Menschseins. Wenn damit ein Weg verbunden sein kann, uns einem gewünschten moralischen Selbstbild in Würde anzunähern, wäre ein gewichtiger Schritt in Richtung eines Verständnisses individuellen und kollektiv ethischen Handelns und damit einer Verbesserung der Welt gegangen.

2.4   Aktuelle Bezüge zu Fragen menschlicher Praxis

Die Vorstellung, ein vollkommen moralisches, also ein unter ethischen Gesichtspunkten einwandfreies Leben zu führen, ist utopisch. Weder gibt es den ohne Einschränkung tugendhaften Menschen, noch kann etwa jede Entscheidung dem Ideal pflichtethischer Maximenprüfung im Voraus unterzogen werden. Ein Leben, das an reiner individueller Lustbefriedigung ausgerichtet ist, kann man vielleicht als im weitesten utilitaristisch in einem frühen oder einem eingeschränkten Sinne begreifen. Hier haben sich die Theorien jedoch auch weiterentwickelt und es gilt die Tatsache anzuerkennen, dass gesellschaftliches Zusammenleben nicht funktionieren kann, insofern jeder Mensch ausschließlich *individuelle* Lustmaximierung betreibt.

Als Menschen sehen wir uns Zwängen des Lebens gegenübergestellt und gleichzeitig in die globalisierte Wirklichkeit eingebunden, in der wir leben. Bedenken wir ein beispielhaftes Dilemma, das sich im Zuge dessen und bezogen auf unser Leben darstellt: So ist es uns auf Grundlage der weltweiten Müllproduktion zwar bewusst, dass es notwendig ist, die Herstellung von Kunststoffen und

---

[16] Als einzige Ausnahmen hatte Kohlberg seinerzeit Stammesgruppen und bäuerliche Dorfpopulationen identifiziert – dort erreichen Menschen nie die höchste, letzte Stufe moralischer Handlungsbegründung.

Kunststoffverpackungen aus diversen Gründen (Ressourcenverbrauch, Umwelt-verschmutzung usw.) mindestens zu reduzieren. Ein Leben ohne Kunststoff ist in unserer konkreten aktuellen Wirklichkeit, also in einer industrialisierten Nation in Mitteleuropa, andererseits jedoch kaum vorstellbar, gleichzeitig aktuell wohl nicht zu realisieren. Diverse Berichte von Selbstversuchen in diese Richtung zeugen stets wiederkehrend vom Scheitern des kompletten Verzichts auf Kunststoffe. Was wir aber tun können, ist auf immer weiter zunehmende Reduzierung zu setzen, die technologischen Möglichkeiten der Alternativenentwicklung zu nutzen, in Recycling zu investieren und die Kreislaufwirtschaft zu stärken, um den Plastikmüll zu reduzieren.

Um trotz vermüllter Meere und dem fortschreitenden Verbrauch der natür-lichen Ressourcen nicht zu verzweifeln, bleibt uns wohl nichts anderes übrig, als uns gemeinsam auf einen Weg in Richtung des Ziels nachhaltigen, damit zukunftsfähigen und moralischen Handelns zu begeben. Die *Lebensdienlich-keit,* also ein unbedingt jedem Leben dienliches Verhalten, ist der Begriff, den der Schweizer Ethiker Peter Ulrich (*1948) im Zusammenhang wirtschaftlicher Bezüge ausführlich begründet.[17] Mit Peter Ulrich werden wir uns weiter unten (Abschn. 4.4) noch ausführlich beschäftigen. Ich bin der festen Überzeugung, dass ein Leben im Bewusstsein des Aspekts der Lebensdienlichkeit unter Ori-entierung am Fürsorgegedanken in all seinen Facetten einen vielversprechenden Weg einer immer weiteren Annäherung an dieses Ziel darstellt. Unbedingte Sorge um den anderen muss handlungsleitendes Element sein, um unseren moralischen Ansprüchen, aber auch Verpflichtungen gerecht zu werden. Und dann ist es im täglichen Leben erst einmal unerheblich, ob das aus tugendhaften Gedanken her-aus in Richtung eines guten Lebens oder aus Vernunft- oder Nutzenaspekten heraus passiert. Wir leben als Menschen eingebunden mit und von der Natur, dar-über kann kein technologischer Fortschritt hinwegtäuschen. Nur mit dem Ziel der Erhaltung einer lebenswerten Umwelt können wir uns unserer Erde und unserem Erbe an kommende Generationen als würdig erweisen.

Im Folgenden werden wir uns jetzt, jeweils aufbauend auf die bisherigen Untersuchungen zur allgemeinen Ethik, mit drei großen sog. *Bereichsethiken* befassen. Bereichsethiken deshalb, weil diese jeweils einen Teilbereich unseres menschlichen Daseins und Handelns in den Fokus nehmen und spezielle Anfor-derungen an moralisches Handeln unter eben diesem Gesichtspunkt beleuchten. Starten werden wir mit der Technikethik (Kap. 3), im Anschluss betrachten wir

---

[17] Vgl. Ulrich (2016). Ulrich übernimmt den Begriff selbst aus der sozialethischen Debatte. Für eine umfassendere Sicht, die über Ulrichs Theorie noch hinausgeht, plädiere ich hier: Braml (2021).

den Bereich der Wirtschaftsethik (Kap. 4) und daran anschließend widmen wir uns vertieft der Medienethik (Kap. 5). Dabei werden wir die großen ethischen Strömungen an sich selbstverständlich nicht aus den Augen verlieren und immer wieder darauf zurückkommen, um Querverbindungen zu bestimmen und weitere Erkenntnisse zu gewinnen.

2.5   Anregungen zur Vertiefung

In den *Anregungen zur Vertiefung* findet sich hier wiederum Zweierlei: Fragen, die zur Reflexion sowie zur Diskussion anregen können sowie Literaturempfehlungen zum Weiterlesen bei vertieftem Interesse für einzelne Themen. Dabei habe ich bewusst auf mögliche „Musterlösungen" im Anschluss an die Fragen verzichtet, aus dem einfachen Grund, weil es solche nicht geben kann. Im eigenständigen Nachdenken, im Weiterforschen und im Rahmen von Diskussionen beispielsweise in Seminaren besteht immer die Möglichkeit, sich den Fragen zu nähern und allein oder in der Gruppe über mögliche Lösungen nachzudenken und zu debattieren. Die jedes Kapitel abschließenden Literaturempfehlungen stellen einen Ausschnitt dessen dar, was sich in Gänze im Literaturverzeichnis am Ende des Buchs wiederfindet.

Lesen Sie, denken Sie, diskutieren Sie!

Fragen zur Reflexion und Diskussion:

- Welche Tugenden halten Sie persönlich für besonders wichtig, um ein gutes Zusammenleben mit anderen Menschen zu gestalten? Erklären Sie Ihre Wahl
- Immanuel Kant selbst beschreibt im Zuge der Maximenfindung das Beispiel der Lüge. Versuchen Sie zu erläutern, warum es niemals vernünftig sein kann, zu lügen bzw. warum das Lügen als Verhaltensweise keinen universalen, allgemeingültigen Anspruch im Zusammenleben erheben kann
- In welchen Situationen haben Sie im Rückblick das Gefühl gehabt, nicht moralisch und damit nicht gut gehandelt zu haben? Versuchen Sie, mithilfe der diskutierten ethischen Konzepte dieses praktische Gefühl jetzt auch theoretisch zu begründen

- Was hat Sie Ihrer Meinung mehr geprägt, wenn es um moralisches Handeln im Leben geht: Ihr Elternhaus oder die Bildungseinrichtungen, damit die Lehrer:innen, die Sie bisher erlebt haben? Überlegen Sie sich, wo die konkreten Unterschiede in der Beeinflussung auf Ihr persönliches moralisches Bewusstsein lagen und liegen
- Welche Vorbilder kennen oder haben Sie persönlich, wenn es um konkret moralisches menschliches Handeln geht? Reflektieren und diskutieren Sie, was genau Ihre Vorbilder zu Vorbildern macht

Zum Weiterlesen

Ein Klassiker, der zudem gut zu lesen ist: Aristoteles: Nikomachische Ethik. (Übers. von Ursula Wolf). Hamburg 2013.

Mills herausragende Monographie zur Auseinandersetzung mit Fragen der Freiheit der/des Einzelnen im Gemeinwesen: Mill, John Stuart: Über die Freiheit. Hamburg 2011.

Eine hervorragende allgemeine Einführung in die Ethik bietet: Höffe, Otmar: Ethik. Ein Einführung. München 2018.

Für die weitere Beschäftigung mit dem Thema der Fürsorgeethik empfehle ich: Conradi, Elisabeth und Vosman, Frans (Hrsg.): Praxis der Achtsamkeit, Schlüsselbegriffe der Care-Ethik. Sammelband. Frankfurt am Main 2016.

Für die weitere Beschäftigung mit dem Thema der Würde empfehle ich: Brandhorst, Mario und Weber-Guskar, Eva: Menschenwürde. Sammelband. Berlin 2017.

Literatur

Aristoteles. 1989. *Metaphysik.* Hamburg: Felix Meiner Verlag.

Aristoteles. 2013. Nikomachische Ethik. Reinbek bei Hamburg: Rowohlt.

Bentham, Jeremy. 2013. *Eine Einführung in die Prinzipien der Moral und Gesetzgebung.* Saldenburg: Verlag Senging.

Braml, Alexander. 2021. *Das Prinzip der Lebensdienlichkeit. Perspektiven auf eine umfassende Forderung an nachhaltiges Wirtschaften in Unternehmen.* Marburg: Metropolis Verlag.

Brandhorst, Mario, und Eva Weber-Guskar, Hrsg. 2017. *Menschenwürde. Eine philosophische Debatte über Dimensionen ihrer Kontingenz.* Berlin: Suhrkamp.

Conradi, Elisabeth, und Frans Vosman, Hrsg. 2016. *Praxis der Achtsamkeit. Schlüsselbegriffe der Care-Ethik.* Frankfurt/New York: Campus.

Engster, Daniel, und Hamington, Maurice. 2015. *Care ethics and political theory*. Sammelband. Oxford: Oxford University Press.

Gilligan, Carol. 1996. *Die andere Stimme. Lebenskonflikte und Moral der Frau*. München: Deutscher Taschenbuch-Verlag.

Halbig, Christoph. 2013. *Der Begriff der Tugend und die Grenzen der Tugendethik*. Berlin: Suhrkamp.

Höffe, Otfried. 2018. *Ethik. Eine Einführung*. München: Verlag C.H. Beck.

Hoffmann, Thomas Sören. 2013. *Einführung in die Praktische Philosophie. Kurseinheit 1: Einführung in die Ethik*. Hagen.

Jonas, Hans. 1987. *Das Prinzip Verantwortung. Versuch einer Ethik für die technologische Zivilisation*. Frankfurt a. M.: Insel-Verlag.

Kant, Immanuel. 2008. *Grundlegung zur Metaphysik der Sitten*. Stuttgart: Reclam.

Kohlberg, Lawrence. 2014. *Die Psychologie der Moralentwicklung*. Unter Mitarbeit von Gil G. Noam und Fritz Oser. Frankfurt a. M.: Suhrkamp.

Levinas, Emmanuel. 2022. *Ethik als Erste Philosophie*. Wien: Sonderzahl.

Meadows, Dennis L. 2000. *Die Grenzen des Wachstums. Bericht des Club of Rome zur Lage der Menschheit*. Stuttgart: Deutsche Verlags-Anstalt.

Mill, John Stuart. 2011. *Über die Freiheit*. Hamburg: Felix Meiner Verlag.

Nida-Rümelin, Julian. 2011. *Verantwortung*. Stuttgart: Reclam.

Platon. 2000. *Politeia. Der Staat*. Stuttgart: Reclam.

Schnabl, Christa. 2005. *Gerecht sorgen. Grundlagen einer sozialethischen Theorie der Fürsorge*. Freiburg, Schweiz, Wien: Academic Press, Fribourg: Herder.

Ulrich, Peter. 2016. *Integrative Wirtschaftsethik. Grundlagen einer lebensdienlichen Ökonomie*. Bern: Haupt Verlag.

van Aaken, Dominik, und Philipp Schreck, Hrsg. 2015. *Theorien der Wirtschafts- und Unternehmensethik*. Berlin: Suhrkamp.

Weber-Guskar, Eva. 2016. *Würde als Haltung. Eine philosophische Untersuchung zum Begriff der Menschenwürde*. Münster: mentis Verlag.

Einführung in die Technikethik 3

Bereits weiter oben hatten wir uns mit dem Thema der Verantwortung auseinandergesetzt. Gerade dieser Begriff bietet einen hervorragenden Ansatzpunkt, um auf die Fragestellungen überzuleiten, die mit einer Ethik der Technik bzw. einer Technikethik einhergehen. Wir erinnern uns an den Abschn. 1.3: In der Grundform bedeutet Verantwortung, dass jemand für etwas (sein Handeln) Verantwortung übernimmt und sich dafür vor einer Instanz (einem Dritten und/ oder seinem Gewissen) rechtfertigen kann – oder gar muss. Wenn wir diesen Grundgedanken speziell auf die Technik, und damit auf technisches Handeln oder technische Innovationen anwenden, stehen folgende Aspekte im Fokus: die des *Könnens* (was kann der Mensch aufgrund der Technik?), des *Wollens* (was will der Mensch auch?), des *Dürfens* (was darf er, beispielsweise in der Rechtfertigung vor sich oder vor anderen?) und des *Sollens* (was soll der Mensch, vor allem moralisch betrachtet?).

Im Jahr 1979 erschien der erste Bericht des *Club of Rome* zu den *Grenzen des Wachstums*[1] und im Jahre 1979 veröffentlichte der Philosoph Hans Jonas (1903–1993) sein bahnbrechendes Buch *Das Prinzip Verantwortung – Versuch einer Ethik für die technologische Zivilisation*[2]. Spätestens seitdem stehen die Themen der

---

[1] Vgl. Meadows (1972). Im Mittelpunkt der Untersuchung standen schon damals die drohende irreparable Zerstörung unserer Erde im Zuge der Ausbeutung der Bodenschätze, die fortschreitende Globalisierung des Handels und auch der technische Fortschritt, der das alles beschleunigt.

[2] Vgl. Jonas (1987). Die Vermeidung nicht abschätzbarer Risiken, die Achtung der Natur um ihrer selbst willen sowie der Fortbestand der Menschheit im Sinne eines Verantwortungsgedankens auch für kommende Generationen stellen wesentliche Kernpunkte des Werks dar.

© Der/die Autor(en), exklusiv lizenziert an Springer Fachmedien Wiesbaden GmbH, ein Teil von Springer Nature 2025
A. Braml, *Angewandte Ethik der Wissenschaft – Technik – Wirtschaft – Medien*, https://doi.org/10.1007/978-3-658-48770-6_3

Verantwortung und damit auch der technischen Verantwortung des Menschen unweigerlich im Fokus und müssen Reflexionsgrundlage jedes (technischen) Handelns und Fortschritts sein.

Im Rahmen dieser Ausführungen werden wir uns mit einigen Denkern und Theorien der Technikethik auseinandersetzen, bevor wir uns dann ganz praktischen Herausforderungen unserer heutigen Zeit zuwenden: Zuerst blicken wir auf den Gründungsmythos des sog. *technischen Zeitalters* in Form des Bilds des Prometheus (Abschn. 3.1). Diese Sagengestalt wird immer wieder als Symbol bemüht für den technischen Fortschritt einerseits, wie gleichermaßen für die Bedrohungen und Risiken für den Menschen, die mit diesem Fortschritt einhergehen.

Daran anschließend wenden wir uns Ernst Kapp (1808–1896) zu, der als der Begründer der modernen Technikphilosophie gilt (Abschn. 3.2). Seine Philosophie der Technik[3], die vor allem eine Analogie zwischen dem Menschen und dessen Körper sowie technischen Hervorbringungen zieht, gilt seit damals als bahnbrechend. Mit dem Philosophen Günther Anders (1902–1992) kommt im Anschluss daran ein Technikskeptiker oder besser Technikkritiker zu Wort (Abschn. 3.3). Am Beispiel der Atombombe macht Anders deutlich, dass wir Menschen es mit technischer Forschung so weit gebracht haben, dass wir Gefahr laufen, uns selbst komplett auszulöschen.

Zwei weitere Technikphilosophen werden uns im Anschluss daran in den Abschn. 3.4 und 3.5 begegnen: Einmal Günter Ropohl (1939–2017) und zum zweiten Klaus Kornwachs (*1947). Diese beiden habe ich exemplarisch aus der Riege der modernen Denker, die sich mit Technik und Ethik beschäftigen, herausgegriffen. Ropohl propagiert einen umfassenden Ansatz technologischer Aufklärung als Basis für ethisches Handeln. Kornwachs entwickelt sehr anschaulich eine Forderung nach einer sog. *organisatorischen Hülle* um die Technik, um verantwortungsvolles Handeln in diesem Bereich unseres Lebens zu fördern oder gar zu gewährleisten.[4]

Bevor wir uns dann aktuellen Fragestellungen unseres modernen Lebens zuwenden, steht noch der Begriff der Technikfolgenabschätzung im Fokus (Abschn. 3.6). Mit diesen Grundlagen und diesem Wissen ausgestattet, werden

---

[3] Ob man die Begriffe Technikphilosophie und Philosophie der Technik synonym setzen kann, ist umstritten. Wahrscheinlich sollte man es nicht, diese Frage ist allerdings nicht Gegenstand dieser Ausführungen.

[4] Anzumerken bleibt: Konkrete Handlungsweisen, wie wir als Menschen mit Technik umzugehen haben sowie ethische und moralische Fragen im Zuge der Forschung, der Produktion und der Nutzung von und mit Technik allgemein bleiben gesamtgesellschaftlich und wissenschaftlich zu diskutieren. Können, Wollen, Dürfen und Sollen hängen untrennbar zusammen!

wir daran anschließend einige aktuelle Bereiche unter den erarbeiteten Aspekten beleuchten: das Thema der Künstlichen Intelligenz (KI) in Abschn. 3.6.1 sowie den großen Begriff der *Big Data* und deren Dimensionen aus ethischer Sicht in Abschn. 3.6.2. Anschließend werfen wir im Abschn. 3.6.3 noch einen Blick auf Technik und *Science Fiction,* beginnend mit der Frage, warum uns die technischen Entwicklungen, die seit jeher in der *Science Fiction*-Literatur oder im Film vorhergesagt werden, so faszinieren.

Zum Abschluss des Kapitels zur Technikethik finden sich in Abschn. 3.7 dann wieder Leitfragen, die zur Diskussion und zum weiteren Nachdenken und Diskutieren einladen sowie Anregungen zur Vertiefung des Erarbeiteten in Form von Literaturempfehlungen.

Bevor wir nun aber endgültig in die historische und systematische Betrachtung der Technikethik einsteigen, stellen wir dem noch Begriffsklärungen voran, nämlich die Klärung des Technikbegriffs an sich und die Abgrenzung zwischen *Technik* und *Technologie.*

Im Griechischen steht der Begriff *technê* für Kunst und Kultur, Wissenschaft und Technik gleichermaßen. Eng ließe sich der Begriff der Technik in beispielsweise die Technik eines Dichters, Musikers oder Sportlers fassen. Weiter gefasst wäre er als allgemein zielgerichtetes Handeln von Menschen zu definieren, das auf Erkenntnis beruht und bestimmte Artefakte, also künstlich hergestellte Dinge hervorbringt. Diese Unterscheidung kann man als den einerseits formalen gegenüber dem andererseits materialen Technikbegriff bezeichnen.[5]

Bei dem Vorschlag eines systemorientierten Begriffs der Technik, so wie ihn auch Günter Ropohl vertritt und auf den wir weiter unten zurückkommen, sind folgende Merkmale anzusetzen: Technik ist die Menge nutzenorientierter, künstlicher und gegenständlicher Artefakte und Sachsysteme. Zudem ist Technik die Menge der menschlichen Handlungen und Einrichtungen, in denen solche Sachsysteme entstehen und die menschlichen Handlungen, bei denen solche Sachsysteme verwendet werden.[6] Dabei führen diese Handlungen zu einer unaufhörlich wachsenden Summe von Artefakten und Verfahrensweisen, was den (technischen) Fortschritt mit sich bringt, wie wir ihn alle kennen.

In Abgrenzung zur Technik wäre dann von Technologie zu sprechen, wenn es darum geht, wissenschaftlich über Technik nachzudenken. Diese Abgrenzung ist – in der Praxis und auch in der Literatur – allerdings unscharf, die Begriffe werden meist synonym gesetzt und gebraucht. So wird im universitären Bereich beispielsweise vom Studium der Elektro*technik* gesprochen, auf der

---

[5] Vgl. Kornwachs (2013, 18).

[6] Vgl. Ropohl (1999, 30 f.).

anderen Seite im öffentlichen Diskurs ganz allgemein und praktisch über einen *Technologie*wandel.

Klaus Kornwachs schlägt vor, den Technologiebegriff, dessen Verwendung auch er als uneinheitlich definiert, im Wesentlichen beiseitezulassen. Dieser wäre allenfalls „im Sinne einer Klasse von Produkten, Verfahrensweisen und damit zusammenhängenden Systemen"[7] zu verwenden. Diesem Vorschlag schließe ich mich im Rahmen dieser Ausführungen an.

3.1   Prometheus, das Feuer und die Menschen

Die Figur des sagenhaften *Prometheus,* der den Menschen das Feuer gebracht hat, sowie die sprichwörtliche *Büchse der Pandora* werden wiederkehrend als Symbole beginnenden und voranschreitenden Fortschritts sowie dessen Vor- aber auch Nachteilen verwendet. Die antike Sage des Prometheus[8] geht so: Entgegen der biblischen Tradition wird hier die *antike* Schöpfungsgeschichte erzählt. *Prometheus* erschuf den Menschen aus Ton und Erde. Er wies ihm gute und böse Eigenschaften zu, dabei war der Mensch aber ahnungslos und unwissend. Da nahm sich *Prometheus* seiner an und lehrte ihn Vielfältiges, wie das Bestellen des Bodens oder die Heilkunst. Nachdem nun auch die Götter um *Zeus* auf die Menschen aufmerksam geworden waren, wurde eine Versammlung abgehalten, die über die Zukunft des Menschenvolks entscheiden sollte. *Prometheus* trat als Befürworter auf und fand durchaus Gehör, Zeus versagte den Menschen als letzte Gabe jedoch das Feuer. *Prometheus* ersann daraufhin einen Plan: Er nahm einen langen Stab, entzündete diesen am Sonnenwagen des *Helios* und brachte das Feuer auf die Erde. Erzürnt aufgrund dieser List erschuf *Zeus* das Wesen der *Pandora.* Jeder der Götter wies der *Pandora* ein Unheil für die Menschheit zu. Pandora öffnete ihre Büchse und entließ alle seitens der Götter zugewiesenen Übel in die Welt. Krankheiten verbreiteten sich, Elend erfüllte die Erde. Zuunterst aber lag auch die Hoffnung, welche die Pandora erst später aus ihrer Büchse entließ. Und seitdem es auch Hoffnung in der Welt gibt, lassen sich alle Übel für die Menschen erdulden. *Zeus* rächte sich an *Prometheus,* indem er ihn zur Strafe an einen Felsen im Kaukasus schmieden ließ. Die Qual durch die Art der Fesselung sowie durch den Adler, der jeden Tag die immer wieder nachwachsende Leber des Unsterblichen fraß, war unermesslich.

---

[7] Kornwachs (2013, 20).

[8] Vgl. Schwab und Blunck (1993, 21–26).

In der Jahrtausende langen Entwicklungsgeschichte des Menschen sind wir
von der ehemals dezentralen Nutzung des Feuers als Wärme- und Schutzquelle
und als Kochstation zu den modernsten Nutzungen des „Feuers" (Energieerzeugung beispielsweise, Licht, Kraftmaschinen usw.) gelangt. Diese Entwicklung
beruht auf dem Erfindungsgeist des Menschen, der sich das Feuer in immer
größerem Ausmaße zunutze machte und, im Rahmen bzw. als Symbol stetigen
Fortschritts, nach wie vor macht. Im Rahmen der Elektrifizierung unseres Lebens
wurde das Bild des *Prometheus* dann nochmals als Fortschrittsgarant benutzt. Der
elektrifizierte Haushalt, aber auch die Elektrifizierung des ganzen Lebens werden auf den Feuermythos zurückgeführt. Nachdem die Elektrifizierung jedoch
ihre Faszination und das Neue verloren hatte, kann spätestens mit dem Ende
des Zweiten Weltkriegs ein beginnender Paradigmenwechsel in Bezug auf allzu
fortschrittsgläubige Technikbegeisterung festgemacht werden.

Prometheus also führte den Menschen bildhaft gesprochen über das Feuer zum
Erfindungsreichtum und zur Erkenntnis. Wiederkehrend wird dieses Bild aber
auch zur Kritik an dieser Entwicklung herangezogen, es gehen Folgen und Lasten
damit einher, die unseren Planeten gefährden. Man denke hier exemplarisch an
die auf der Nutzung des „Feuers" basierende Erderwärmung, die, bedingt durch
unsere Lebensweise, unablässig voranschreitet und ganz konkrete und vielfach
irreversible Gefahren für Mensch und Natur birgt.

Gleichzeitig bringt der Fortschritt in vielen Bereichen aber Erleichterungen
im weitesten Sinne mit sich: Krankheiten und Seuchen sind besiegt oder können
ausgerottet werden, die Arbeit wird vielfach erleichtert, das Leben wird stetig
komfortabler. Sicherheit, Gesundheitsversorgung, Nahrungsmittelsicherheit, Vernetzung, Mobilität sowie der globale Wohlstand insgesamt steigen. Fortschritt ist
somit nicht nur ein stetiger Begleiter des Menschen, er ist auch unabdingbar und
notwendig. Steigende Lebenserwartung führt zu steigender Globalbevölkerung,
die jedoch ernährt werden will. Unsere aktuelle Lebensweise, die weltweit auf der
Nutzung fossiler Energieträger beruht und vielfach zu Wachstum und Reichtum
beigetragen hat, führt parallel jedoch ebenso zur bereits genannten klimatischen
Erderwärmung. Der Kreislauf befeuert sich im wahrsten Sinne des Wortes also
selbst. Viele Länder dieser Erde haben zudem eine Industrialisierung, wie sie bei
uns Mitte des 19. Jahrhunderts eingesetzt hat, noch gar nicht durchlaufen. Der
Wunsch und das Recht auf steigenden Wohlstand sind aber auch dort vorhanden.

Es muss somit um einen handlungs- und zukunftsethischen Ansatz gehen, eingebettet in ein Verständnis individueller und kollektiver Verantwortung. Nur so
können wir den Nachteilen und Herausforderungen, die mit allen auch positiven Entwicklungen einhergehen, Herr werden. Die bereits angeklungenen Fragen
des Könnens, Wollens, Dürfens und Sollens spielen hier die wesentliche Rolle:

einerseits in der individuellen Betrachtung der Abwägung von Maximen und Handlungsfolgen unter moralischen Aspekten, andererseits gleichzeitig in der gesamtgesellschaftlichen Diskussion und Abwägung von Chancen und Risiken. Wir werden uns konkreten Anknüpfungen und Bezügen sowie aktuellen Herausforderungen zu diesen Themen weiter unten noch widmen. Zuvor jedoch diskutieren wir, wie bereits erwähnt und in Vorbereitung dazu die Theorien und Ideen der Denker Ernst Kapp, Günther Anders und Günter Ropohl. Eine historische sowie methodische Darstellung und Entwicklung moderner technikphilosophischer und technikethischer Fragen geht damit einher. Klaus Kornwachs kommt abschließend dieser Sequenz dann noch zu Wort; wir werden uns, in Anknüpfung an das Thema individueller und gesamtgesellschaftlicher Verantwortung, mit seiner Idee einer *organisatorischen Hülle um die Technik* beschäftigen.

3.2   Ernst Kapp: Die Analogie von Faust und Hammer

Der Lehrer, Geograph und Philosoph Ernst Kapp (1808–1896) gilt bis heute als einer der (wenn nicht als *der*) Gründerväter moderner Technikphilosophie. Kapp entwickelte seine Philosophie bis in den Bereich eines Staatsverständnisses. Wie wir noch sehen werden, sind damit wiederum ethische Gedanken und Anforderungen zu verknüpfen.

Kapp lebte ein langes und durchaus aufregendes Leben: Als bekennender Liberaler sah er sich gezwungen, im Zuge der *Deutschen Revolution* 1849 mit seiner Familie in die USA zu emigrieren. Dort arbeitete er als Baumwollfarmer und trat auch als Verfechter der Sklavenbefreiung in Erscheinung – was ihm auch dort wiederum Ärger einbrachte. Zurück in Deutschland veröffentlichte er als Lehrer und Privatdozent einige wichtige und beachtete Werke, u. a. eben seine *Grundlinien einer Philosophie der Technik.*[9]

Was aber macht dieses Werk Ernst Kapps so bahnbrechend? Kapp greift die These auf, die besagt, dass der Mensch ein „Mängelwesen"[10] ist. Als ein solches Mängelwesen ist der Mensch schlecht an die ihn umgebende Umwelt angepasst. Ungleich anderer Tiere ist er demnach lange auf die Fürsorge seiner Eltern angewiesen und verfügt über keine wirklich besonderen Sinne wie etwa

---

[9] Zu biographischen Details vgl. auch die Einleitung in Kapp (2015).

[10] Der Begriff des „Mängelwesens" wurde später erst durch den anthropologischen Philosophen Arnold Gehlen (1904–1976) geprägt. Die Anthropologie ist allgemein die Lehre vom Menschen.

besondere Seh- oder Hörfähigkeit. Auch verfügt er über keine besonderen physiologischen Merkmale, die ihm das Überleben sichern könnten, wie Schnelligkeit und Ausdauer, scharfe Zähne, Krallen oder gute Kletterfähigkeit. Aus dieser Grundsituation heraus ist der Mensch gezwungen, sich anderweitig zu behelfen. Nachdem der Mensch allerdings mit Bewusstsein ausgestattet ist, *kann* er sich auch tatsächlich behelfen: mit technischen Erfindungen. Der Mensch muss sich somit technische Artefakte (Gegenstände also) erfinden, um, trotz seiner mangelhaften körperlichen Ausstattung, seine Leistungs- und Handlungsfähigkeit zu steigern und sich gegen Gefahren und Reize aus der Natur und seiner Umwelt zu schützen.

Diese Gedanken waren auch vor Ernst Kapp nicht neu. Das Besondere am Ansatz Kapps ist dann aber Zweierlei: Kapp entwickelte erstens die Theorie, dass der Mensch, anfangs unbewusst, alle technischen Erfindungen in Form und Funktion seinen körperlichen Merkmalen durch Beobachtung nachempfindet. Und zweitens wird sich der Mensch dann im *weiteren Verlauf* dieser unbewussten Nachahmung auch bewusst. Erst dieses Bewusstsein ermöglicht ihm unmittelbare Naturerkenntnis und Selbstbewusstsein (im ureigensten Sinne des Wortes) und reicht in seinen Auswirkungen bis in das Staatsverständnis und damit zusammenhängenden ethischen Fragestellungen hinein.

Doch der Reihe nach: Im Sinne seiner Theorie der „Organprojektion"[11] arbeitet Kapp heraus, dass der Mensch bei technischen Erfindungen und Artefakten noch unbewusst körperliche Merkmale nachahmt. So entspricht etwa der Hammer der menschlichen Faust, der Fuß wird als Längenmaß eingesetzt, ein Fernrohr bildet vereinfacht die Funktionsweise des Auges ab, das Stethoskop ist das verlängerte Ohr. Die Funktionsweise einer Orgel (mit Luftzug betriebene Orgelpfeifen) imitiert die Merkmale menschlicher Atmung, ein Pumpwerk die Funktionsweise des menschlichen Herzens. Im Kran finden sich Zug- und Drucklinien sowie der Aufbau einzelner Knochen wieder, der gesamte Aufbau unseres Knochenskeletts zum Beispiel in Brückenkonstruktionen, das Netz unseres Blutsystems im Schienennetz der Eisenbahn; Nerven gleichen Kabeln, unser Nervensystem ähnelt dem Fernmeldesystem. Von der einfachen Beschreibung einzelner Werkzeuge (Faust als Hammer, Arm als Axt, Zähne als Säge) entwickelt Kapp diese Idee also weiter bis zu komplexen Maschinen und Systemen. Diese werden einmal mithilfe dieser einfachen Werkzeuge hergestellt, gleichzeitig erweitern die Erfindungen das Wissen des Menschen in hohem Maße. Kapp geht damit weit über eine reine Theorie hinaus, die allein die Nachbildung und Anfertigung von Körperersatzstücken, wie einzelnen Gliedmaßen (Prothesen) oder dem ästhetischen Ausgleich

---

[11] Kapp (2015, 7).

von Körperdefekten durch beispielsweise Glas (wie ein Glasauge) oder ähnlichem (Epithesen), beschreibt.

Diese Übereinstimmungen technischer Erfindungen mit Form und Funktionsweise erfindet der Mensch nach Kapp, wie bereits erwähnt, anfangs unbewusst. Den entscheidenden Schritt in seiner Entwicklung durchläuft der Mensch dann aber, und das ist die zweite bedeutende Erkenntnis die Kapp uns präsentiert, insofern der Mensch sich dieser physiologischen Übereinstimmungen im Anschluss bewusstwerden kann. Der Mensch erschafft sich auf der einen Seite die Werkzeuge durch seine Hand und in der Nachbildung seiner Hand. Er wird durch deren Verwendung aber auch mitbestimmt, damit zu dem gemacht, was er ist. Auf diese Weise kommt er (erst) zur Selbst- sowie zur Naturerkenntnis.

Jetzt kennen wir auch Beispiele, wie sich Tiere Werkzeuge zu einfachen Hilfsmitteln machen. So lernen Seeotter Muscheln mit Steinen zu knacken, Affen nutzen Äste, um nach Honig zu angeln oder Elefanten verwenden Stöcke, um sich zu kratzen. Kultur jedoch, die man in Abgrenzung zur reinen Natur sehen kann, ist bei Kapp erst technische Entwicklung, die Gründung und Weiterentwicklung eines technischen Verständnisses zur Welt, so wie es, zumindest in dieser ausgereiften Form, nur uns Menschen möglich ist. Es kommt zu Wechselwirkungen zwischen der organischen Ausstattung des Menschen und seinen Werkzeugen, der Natur und der Technik sowie zwischen Mensch und Umwelt. In der uns umgebenden Umwelt können wir Menschen uns als Mängelwesen, die wir nun mal sind, nur so behaupten. Diese Gedanken sind unmittelbar anschlussfähig an neuere technikphilosophische Gedanken und Erkenntnisse, wie wir bei Günther Anders und Günter Ropohl weiter unten noch sehen werden.

Doch nochmals zurück zu Ernst Kapp. Wie schafft Kapp jetzt den Übergang gleichermaßen von einer Organtheorie zu Fragen des Staatsverständnisses und der Ethik? Der Mensch schafft den Sprung der Erkenntnis nach Kapp durch die Sprache. Sprache drückt sich in Finger- und Gebärdensprache, selbstverständlich im gesprochenen Wort und letztendlich in Schriftsprache aus. In und mit Sprache drückt sich die Persönlichkeit des Menschen aus, Sprache ist bewusste Formung des Wissens. Vergleichbar mit dem Organismus des Menschen ist der Staat dann als der Gesamtorganismus zu begreifen, der sich aus allen Menschen zusammensetzt. In dieser Form des sprachlich verfassten Gemeinwesens erst entsteht Kultur, der Mensch existiert als Teil des Gesamtorganismus´ Staat. Damit zusammenhängend entwickeln sich Fragen der Verantwortung, der Rechtsordnung (welche Ordnung, welche Gesetze gelten im Staat?), aber ebenso Fragen der Ethik (welche Regeln und Normen des Zusammenlebens geben wir uns als Gemeinwesen auch unabhängig der Rechtsordnung?). Um den Zusammenhalt und den Unterhalt des Staatsorgans zu gewährleisten, bedarf es, so Kapp, zudem der Berufsarbeit. Und auch innerhalb der Berufsarbeit ist der Mensch verantwortlich für seine Handlungen. Diese Verantwortlichkeit unter Aspekten der Freiheit bezieht sich sowohl auf die Gesellschaft, unterliegt gleichzeitig jedoch auch dem eigenen Gewissen. Und das sind die beiden Instanzen, wie wir weiter oben schon gesehen haben, vor denen wir uns als Menschen stets rechtfertigen sollen oder gar müssen.

Das Werk Kapps ist historisch und philosophietheoretisch ungleich komplexer und tiefer, als es diese kurze Einführung hier darzustellen vermag. Eine weitere Beschäftigung damit ist unbedingt lohnend.

3.3 Günther Anders: Zivilisationskritik I

Mehrere der bisher ausgeführten Aspekte sind unmittelbar anschlussfähig an die Gedanken Günther Anders´ (1902–1992), den nächsten Denker, mit dem wir uns im Rahmen dieser Einführung zur Technikethik beschäftigen werden. Anders hat sich als Philosoph v. a. in seinen beiden Schriften „Die Antiquiertheit des Menschen" und „Die Antiquiertheit des Menschen, Band II" sehr intensiv und kritisch mit der Technik und den Folgen von Technik auf den Menschen auseinandergesetzt. Erwähnenswert ist, dass zwischen Band I (1956) und Band II (1980) fast 25 Jahre liegen, in denen Anders u. a. auch als Mitbegründer der Anti-Atomkraft-Bewegung hervortrat. Bestimmend in beiden Monographien ist eine doch sehr pessimistische Grundhaltung. Äußerst hellsichtig kritisierte Anders gleichzeitig früh die negativen Auswirkungen nicht nur allzu großer Technik- und Fortschrittsgläubigkeit, sondern er untersuchte ausdrücklich die Auswirkungen der Technisierung unserer Welt auf den Menschen.

Wo finden sich jetzt aber die Anknüpfungspunkte zu den bisherigen Ausführungen? Festmachen möchte ich das an drei Aspekten, die ich dann kurz erläutern werde: Erstens übernimmt auch Anders das Motiv des Prometheus (vgl. Abschn. 3.1). Zweitens knüpft er darauf aufbauend an den Gesichtspunkt der (natürlichen) Mangelhaftigkeit des Menschen an (vgl. Abschn. 3.2). Und drittens setzt er sich sehr kritisch mit dem Zusammenhang zwischen Können, Dürfen und Sollen auseinander (vgl. Kap. 3). Diese genannten Anknüpfungspunkte finden sich als Hauptthesen bei Anders wieder[12]: So bestreitet Anders, dass wir als Menschen unserer produzierenden Perfektion gewachsen seien. Wir sollten demnach nicht *mehr* herstellen, als wir verantworten können, gerade weil wir oft glauben, dass wir das, was wir können, auch dürfen oder sollen.

---

[12] Vgl. Anders (1956, VII).

Abschließend zu Günther Anders werden wir uns dann noch mit seiner so benannten *dritten industriellen Revolution* beschäftigen und einen kurzen kritischen Blick auf das Werk Anders' werfen. Aber der Reihe nach. Anders greift das Motiv des Prometheus auf, also die Tatsache, dass der Mensch, bildhaft gesprochen durch das Feuer, in die Lage versetzt wurde, die Welt technisch umzuformen und zu bearbeiten. Parallel zu dieser Entwicklung fortschreitender Technisierung wird uns Menschen unsere Mangelhaftigkeit immer stärker bewusst. Im gleichen Maße wie die Technik und die Technisierung voranschreiten, die uns vielfältig das Leben erleichtern, erkennen wir Menschen also, wie wenig geeignet wir selbst eigentlich sind, letztlich ungeschützt in der Natur zu überleben. Im Rahmen dieser Erkenntnis entsteht die *„Prometheische Scham"*[13] des Menschen: Der Mensch erkennt sich in seiner Unzulänglichkeit, seiner antiquierten Herkunft, seiner Sterblichkeit und erkennt gleichzeitig die Perfektion der von ihm erschaffenen technischen Artefakte. Während wir selbst also eine biologische, fehlerhafte „Konstruktion" sind, ist uns die von uns geschaffene Technik in Fähigkeiten, Leistung und auch Denkleistung in erheblichem Maße überlegen. Die Naturbeherrschung, die mit der Nutzbarmachung des Feuers begann, wendet sich gegen uns Menschen, da sie *zu erfolgreich* wird. Die Freiheit, die wir eigentlich anstreben, indem wir uns eine technisierte Welt erschaffen, führt vielmehr zu steigender Unfreiheit, da wir ständig damit beschäftigt sind, uns an die Neuentwicklungen anpassen zu müssen. Der Stolz des Schöpfers weicht im Rahmen dieser Erkenntnis der Scham gegenüber dem Hervorgebrachten. Dabei nimmt Anders einen Perspektivwechsel vor, um diese Zusammenhänge seiner Zivilisationskritik zu verdeutlichen: Wenn die perfekte Maschine Augen hätte, wären wir in ihren Augen minderwertig.[14] Wer kennt nicht den Moment, quasi *vor* der Technik zu versagen und ein damit gleichzeitig einhergehendes Gefühl der Scham, mindestens aber der eigenen Unzulänglichkeit? Ein Gerät, dessen technische Funktionen man nicht oder nicht sofort erfasst, der PC, der sich nicht mehr starten lässt, die Kamera im Videomeeting, die sich – vor aller Augen – partout nicht einschalten lässt, der Bremsassistent im Kfz, der uns an den Abstand zum Vorausfahrenden erinnert, usw.

Den bereits diskutierten Zusammenhang zwischen dem Können, dem Wollen, dem Dürfen und dem Sollen greift Anders dann vor allem in seinem Band II der

---

[13] Anders (1956, 23).

[14] Anders selbst nimmt den Einwand auf, dass Maschinen keine Augen haben, uns selbstverständlich also nicht sehen können. Dennoch – und die Argumentation im Rahmen dieser Metapher sei hier abgekürzt – fühlt sich der Mensch als fortwährend in und von der Welt beobachtet, damit als (stetig) Gesehener.

Antiquiertheit des Menschen auf.[15] Der uns bekannten Definition der sog. *industriellen Revolutionen*, die wir seit Ende des 18. bzw. Beginn des 19. Jahrhunderts
durchlaufen haben (1), setzt Anders eine eigene Definition gegenüber (2).

(zu 1) Herkömmlich sprechen wir von der ersten industriellen Revolution,
die mit der Nutzung der Dampfkraft und der Mechanisierung der Produktion
einsetzte. Der Grundstein für die Fortschrittsgeschwindigkeit und die Möglichkeiten der Produktivitätssteigerungen, wie wir sie kennen, war gelegt. Die
zweite Revolution setzte mit der Elektrifizierung des Lebens und der Erfindung der Fließbandfertigung ein, die dritte mit der Automatisierung des Lebens
mithilfe computergesteuerter, speicherbasierter Anwendungen. Im Rahmen der
Vernetzungsmöglichkeiten sowie der Digitalisierung nahezu aller Lebensbereiche sprechen wir aktuell von der vierten industriellen Revolution (Schlagwort
Industry 4.0).

(zu 2) Nun lebte Günther Anders bis 1992, auch im historischen Kontext
konnte er eine solche vierte industrielle Revolution höchstens erahnen. Gleichzeitig setzte er den gängigen Definitionen jedoch seine eigene Sichtweise auf
drei industrielle Revolutionen entgegen und stellte die These auf, dass wir uns
aus dem Stadium der dritten nie mehr werden befreien können. Die erste Revolution definiert Anders in der grundlegenden Tatsache, dass maschinelle Teile selbst
durch Maschinen hergestellt werden. Erst am Ende der Produktionskette wird das
fertige (Konsum-)Produkt ausgeworfen. Entgegen dem Handwerker also, der alle
Arbeitsschritte selbst ausführt und so das Produkt gefertigt hat, reduziert sich das
„Handwerk" des Menschen in der industriellen Produktion auf die Bedienung
der Maschine. Die zweite Revolution macht Anders, und diese Gedanken hatte
er bereits Mitte des vergangenen Jahrhunderts, an der Werbung fest. Erst durch
Werbung werden Bedürfnisse und damit der Bedarf erzeugt, ein immer Mehr
an Produkten herzustellen. Nicht mehr das Lebensende eines Produkts markiert
den Zeitpunkt, in dem es ersetzt werden soll. Vielmehr werden Produkte ständig
durch neuere, bessere, leistungsfähigere Modelle überholt und das wird entsprechend beworben. Der Mensch verspürt also das Bedürfnis und es entsteht die
subjektive Notwendigkeit, sich das neuere Produkt zu beschaffen. Das Gekonnte
ist somit das Gesollte. Alles das, was machbar ist, ist ungefragt auch als gewollt
anzusehen. Es werden Bedürfnisse produziert, um „den Laden am Laufen zu halten". Entscheidend ist nicht, was wir mit der Technik machen, sondern das, was
die Technik mit uns macht. Hier wird die Hellsichtigkeit deutlich, mit der Anders
bereits vor vielen Jahrzehnten Mechanismen erkannt hat, zu denen die Diskussionen auch heute noch und wieder aktuell sind und an die sich unmittelbare

---

[15] Vgl. Anders (1986).

ethische und moralische Fragestellungen anschließen. Als dritte industrielle Revolution definiert Anders dann die Nutzbarmachung der Kernkraft. Diese entstand zwar aus der fortschreitenden technischen Entwicklung, bei Anders nimmt das im Rahmen seiner Revolutionen jedoch eine übergeordnete Stellung ein. Diese Stellung definiert Anders mit der Entwicklung der Atombombe, also im Rahmen der Tatsache, dass wir Menschen unseren eigenen Untergang produzieren können. Diesem Stadium, diesem Wissen, entkommen wir als Menschheit nicht mehr. Weitere industrielle Revolutionen kann es demnach nicht mehr geben; mit der Gefahr der eigenen – totalen – Auslöschung haben wir als Menschen das letzte denkbare Zeitalter erreicht. Wir betreiben somit laufend unseren eigenen Untergang. Das Gekonnte ist unhinterfragt das Gedurfte und Gesollte, das Machbare bleibt verbindlich, ungeachtet aller ethischen und moralischen Fragestellungen und wir haben es gleichzeitig selbst in der Hand, den vollkommenen Untergang auszulösen. Nach uns kommt das absolute Nichts, gleichzeitig niemand mehr, der von diesem Nichts Kenntnis nehmen kann. Die Technik ist nach Anders somit unser Schicksal.

Zusammenfassend lässt sich festhalten, dass Anders im Rahmen seiner Zivilisationskritik eine sehr pessimistische Sichtweise auf die Technik und die Menschheit einnimmt. Technik macht etwas mit uns, nicht wir „machen" nach Anders Technik, wir nehmen daher eine rein passive Rolle ein. Unbestritten hat der technische Fortschritt jedoch durchaus positive Aspekte hervorgebracht. Einer gesellschaftlichen Debatte des Umgangs mit Technik und Fortschritt (mit allen realen und denkbaren Vor- und Nachteilen) verschließt sich Anders bzw. spielt diese in seinen Überlegungen nahezu keine Rolle. Die Frage, die sich Anders meines Erachtens zudem stellen lassen muss, ist diejenige nach einer Romantisierung vergangener Epochen. Ob es vor (plakativ gesagt) der Erfindung der Atombombe einen quasi *Idealzustand* der Menschheit gegeben hat oder je gegeben haben kann, wie man es bei Anders herauslesen könnte, wage ich zu bezweifeln. Dennoch liefert uns Anders mit seinem Blick auf die Dinge wertvolle Gedankenanstöße, die exakt für die notwendigen politischen und gesellschaftlichen Debatten wichtig sind und die uns dazu den Horizont öffnen können.

Vor allem im Zuge der Einführung zur Medienethik wird uns Anders weiter unten nochmals begegnen (vgl. Abschn. 5.5). Medienethisch ist das Werk Anders´ ebenso interessant, hat er doch im Rahmen der oben ausgeführten zweiten seiner industriellen Revolutionen sehr hellsichtig die Medienlandschaft analysiert. Zwischenzeitlich verabschieden wir uns allerdings von Günther Anders und wenden uns nachstehend Günter Ropohl und seinem Blick auf die Technik sowie deren Herausforderungen für unser Leben zu.

3.4 Günter Ropohl: Der Ansatz technologischer Aufklärung

Günter Ropohl (1939–2017) gehört in die Riege deutscher Philosophen, die ein technisches oder naturwissenschaftliches *sowie* ein philosophisches Studium durchlaufen und in ihrem Wirken die Verbindungen zwischen den Disziplinen erforscht haben.[16] Günter Ropohl hat 1978 in Philosophie und Soziologie habilitiert; gerade auch der soziologische Aspekt wird, neben dem philosophischen, sichtbar durch seinen Entwurf einer *Systemtheorie der Technik.*[17]

Zwei wesentliche Aspekte der Gedanken Ropohls wollen wir uns hier vertieft erarbeiten: Einmal eben die Tatsache des systemtheoretischen Zusammenhangs und der Wechselbeziehungen zwischen Mensch und Technik. Und zum anderen den Ansatz technologischer Aufklärung, den der Autor wiederkehrend hervorhebt und der uns helfen wird, weiter auf das Kapitel der Technikfolgenabschätzung hinzuarbeiten.

Die Systemtheorie liefert uns nach Ropohl mehrere Möglichkeiten: so kann ein solcher interdisziplinärer Ansatz helfen, ein Verständnis, hier ein Technikverständnis, zu entwickeln; geistes- und sozialwissenschaftliche Erkenntnisse fließen ebenso ein wie technisch-naturwissenschaftliche. Eine solche ganzheitliche Sichtweise hilft dabei, komplexe Bereiche zu durchdringen und Zusammenhänge zu erfassen. Die Dimensionen, die Ropohl im Zuge der Untersuchung der Technik dabei verbindet, sind die natürliche (ökologische), die humane und die soziale Dimension. Es geht also um die Wechselbeziehungen zwischen Technik, Umwelt und Gesellschaft. Technik ist notwendig und aus unserem Leben nicht mehr wegzudenken, auch nicht im Rahmen der rasanten technischen Entwicklungen, die uns begleiten. Gleichzeitig muss uns Menschen bewusst sein, dass es *unser Handeln* ist, das diesen technischen Fortschritt hervorbringt. Und dieses Handeln unterliegt der ethischen Dimension, will man den gesellschaftlichen Blickwinkel nicht vernachlässigen, gerade auch bezogen auf den Aspekt der globalen Herausforderungen.

Unter der Betrachtung seiner systemtheoretischen Prämissen definiert Ropohl im Rahmen der Technik drei ineinander verwobene Aspekte: die technischen Artefakte (also die Sache), deren Entstehung sowie deren Verwendung. Eingebettet in die humane, die soziale und die natürliche Dimension sind demzufolge die *Bedingungen* zu untersuchen, denen Technik an sich und die Entstehung von

---

[16] Auch Klaus Kornwachs etwa, der uns noch begegnen wird, ist Physiker und (Technik-) Philosoph.

[17] Ropohl (1999).

Technik unterliegen; gleichzeitig gilt es die *Folgen* zu betrachten, denen diese
Bedingungen dann selbst wiederum ausgesetzt sind. Im Zuge dessen entwickelt
Ropohl seinen Gedanken eines sozio-technischen Systems[18]: Es bestehen demnach sozio-technische Wechselbeziehungen zwischen den Menschen (also dem
Individuum) und der Gesellschaft, wie ebenso zwischen technischen Sachsyste-
men und menschlichem Handeln. Dieser Begriff des Handelns ist entscheidend,
bringt der Mensch die technischen Artefakte doch *bewusst* hervor (Herstellung)
und setzt diese *bewusst und gewollt* ein (Verwendung). Nur und allein in menschlicher Hervorbringung und Verwendung erfüllen die technischen Erfindungen auch
ihren Zweck: ohne Menschen und menschliches Bewusstsein gäbe es die Technik
nicht. Was Günter Ropohl in diesem Zusammenhang postuliert, ist die sich daran
anschließende Forderung, dass die technischen Hilfsmittel in der Folge jedoch
an die Bedürfnisse des Menschen anzupassen sind. Es kann daher gerade nicht
sein, dass die Menschen sich (scheinbaren) technischen Zwängen zu unterwerfen haben. Auch wenn der Einzelne und dessen Erfindungsreichtum technische
Neuerungen hervorbringt, so sind die Folgen dieser Neuerung stets auf gesellschaftlicher Ebene zu spüren und zu diskutieren. Gedanken, die ein weites Feld
ethischer Auseinandersetzung mit unserer technischen Wirklichkeit begründen.

Wie sind Menschen jetzt aber in die Lage zu versetzen, sich dieser Zusammenhänge bewusst zu werden und sich mit diesen Zusammenhängen kritisch
auseinanderzusetzen? Hier schließt sich der zweite große Aspekt der Gedanken
Ropohls an, in Form des Gedankens der technologischen Aufklärung. Voraussetzung dieser Aufklärung ist technologische Bildung. Erst diese Bildung und das
damit verbundene Verständnis der Zusammenhänge ermöglicht Orientierungswissen. Und erst der so technologisch aufgeklärte Mensch ist in der Lage, dieses
Wissen bezogen auf die Entstehung und die Verwendung von Technik dann in die
Lebenswelt zu übertragen. Im Verständnis erst von Technik und den Zusammenhängen zwischen Technik, Umwelt und Mensch (Individuum und Gesellschaft)
können wir der Komplexität der uns umgebenden technischen Welt gerecht werden. Und mit der immer weiter fortschreitenden technischen Entwicklung und
Technisierung unseres Lebens steigt der Bedarf nach spezifisch technischem
Wissen gleichermaßen an.

Nach Ropohl hat der technologisch aufgeklärte Mensch diverse Vorteile
gegenüber dem technisch nicht aufgeklärten Menschen: So können (1) Chancen
der technischen Entwicklung erkannt, gleichzeitig aber auch Risiken abgeschätzt
werden. Der aufgeklärt-kritische Mensch kann zudem (2) die Technik sich selbst

---

[18] Vgl. u. a. Ropohl (1999, 25).

und seinen Zielen zunutze machen, ohne sich der Technik quasi hilflos ausgeliefert zu fühlen. Erst im Zustand technologischer Aufklärung besteht (3) das Bewusstsein, dass Technik vom Menschen hervorgebracht ist. Menschliche Entscheidungen sind verantwortlich für Entstehung, aber auch Verwendung der technischen Artefakte. Und mit diesem Bewusstsein ausgestattet sind wir (4) in der Lage, uns im Rahmen der gesellschaftlichen Diskussion kritisch mit den Vor-, aber auch Nachteilen der immer weiter zunehmenden Technisierung auseinanderzusetzen, ohne uns dieser Entwicklung hilflos ausgesetzt zu fühlen.

Im Rahmen des Kapitels zur Technikfolgenabschätzung werden wir auf diese Gedanken und die speziell ethischen Dimensionen dazu zurückkommen. Zuvor aber wollen wir uns noch mit Klaus Kornwachs und seinem Verständnis der Technikethik beschäftigen. Die sog. *organisatorische Hülle* wird dabei, auch im Sinne der gesellschaftlichen Beschäftigung mit der Technik, im Vordergrund stehen.

3.5 Klaus Kornwachs: Die organisatorische Hülle um die Technik

Als weiterer interessanten Ansatz einer philosophischen Auseinandersetzung mit der Technik, die unabdingbar ethische Aspekte mit sich bringt, werden wir uns nachfolgend noch mit dem deutschen Physiker und Technikphilosophen Klaus Kornwachs (*1947) beschäftigen. Klaus Kornwachs habe ich aus der Riege der potentiellen Denker, die man hier ebenso hätte anführen und diskutieren können, aus zwei Gründen ausgewählt: Einmal stellt auch Kornwachs seine Auseinandersetzung mit technikphilosophischen Fragen in den Kontext zwischen Technik und Kultur. Hier bieten sich interessante Anknüpfungspunkte an, insofern Kornwachs Technikkritik als grundsätzliche Kultur- oder Gesellschaftskritik verortet. Und zweitens entwickelt Kornwachs seine Theorie der „organisatorischen Hülle"[19]; so beeinflusst die Technik nach Kornwachs ihre eigenen Organisationsformen. Gleichzeitig wird eine Hülle benötigt, ein Rahmen also, innerhalb dessen Technik zur Anwendung kommt und kommen kann und dann auch funktioniert bzw. ihren Zweck erfüllt. Diese Hülle setzt sich aus politischen, strukturellen und wirtschaftlichen Rahmenbedingungen zusammen, aber auch aus kulturellen Gegebenheiten und Besonderheiten. Alles das, was man somit Gesellschaft bzw. den gesellschaftlichen Rahmen nennen kann, fällt damit unter diesen Begriff der Hülle. Daran schließen sich, das sollte uns allen bewusst sein, unmittelbar ethische Fragestellungen an. Einer Neutralität der Technik, die oftmals postuliert wird,

---

[19] Kornwachs (2013, 23).

widerspricht Kornwachs somit ausdrücklich. Hier können wir nochmals an die Gedanken zur Wissenschaftsethik und zur Verantwortung aus den Abschn. 1.1 und 1.3 zurückdenken.

Technik und Kultur sind unabdingbar verbunden und verknüpft. Diese Verbindungen und Verknüpfungen zwischen diesen beiden ineinander verwobenen Sphären unseres menschlichen Daseins untersucht Kornwachs in mehreren Dimensionen: So stellt er einmal die historische Bedeutung in den Mittelpunkt, also die Frage, wie sich die Technik und das Nachdenken über Technik mit der Zeit entwickelt haben. Gleichzeitig betrachtet er damit zusammenhängend die Frage, inwieweit Technik und technische Entwicklung auch Kritik und Misstrauen hergebracht haben und hervorbringen. Dabei vertritt Kornwachs die These, dass jeder Widerstand gegen technische Entwicklungen (ob gegen die Nutzung der Kernkraft oder gegen Gentechnologie, um nur zwei der bekanntesten und markantesten Beispiele zu nennen) in erster Linie immer Kritik an und Widerstand gegen die Veränderungen ist, die gesellschaftlich, politisch, kulturell und wirtschaftlich mit den technologischen Entwicklungen einhergehen *können*. Mit diesem Blickwinkel werden wir uns unter anderem im folgenden Abschn. 3.6 zum Thema der Technikfolgenabschätzung noch weiter beschäftigen. Und schließlich untersucht Kornwachs die mit allen diesen Fragestellungen zusammenhängende Dimension des Ethischen. Gerade auch bezogen auf den Zusammenhang zwischen technischer und ökonomischer Entwicklung ergeben sich demnach unabdingbar ethische Fragestellungen: Technische Entwicklungen entstehen im Rahmen ökonomischer, damit wirtschaftlicher Rationalisierungsbestrebungen bzw. bedingen diese. Entwickelt wird also das, was sich „rentiert". Das Nachdenken wiederum darüber, also damit zusammenhängende Fragen der Verantwortung, aber auch über das Sollen, das Wollen, das Können und das Dürfen, sind die (oben bereits mehrfach) thematisierten Fragestellungen, die damit einhergehen müssen. Nicht nur im Rahmen der Diskussionen zwischen Ökonomie und Ökologie, also den Fragen nach den ökologischen Auswirkungen unserer ökonomischen Entscheidungen, sehen wir uns alltäglich diesen ethischen Fragestellungen ausgesetzt. Diese Diskussionen und Auseinandersetzungen mit ethischen Fragestellungen finden im gesamtgesellschaftlichen Rahmen statt. Und daran schließt sich der zweite oben bereits angedeutete wichtige Gesichtspunkt in den Untersuchungen Kornwachs' an, der hier noch eine Rolle spielen soll, nämlich der Begriff der organisatorischen Hülle.[20]

---

[20] Vgl. Kornwachs (2013, 22–25).

Technik „funktioniert" aufgrund etwa physikalischer Eigenschaften: der Hebel, der Flaschenzug, der Schaltkreis, das Modem, der Motor usw. Dieses Funktionieren nennt Kornwachs die Funktionalität erster Art und auf dieser Ebene ist Technik unabhängig jeder Kultur oder organisatorischen Notwendigkeit zu sehen. Gleichzeitig benötigt Technik aber gewisse Rahmenbedingungen, um zu funktionieren. Diese zweite Ebene der Funktionalität umfasst dann organisatorische Gesichtspunkte, die es überhaupt ermöglichen, dass die Technik „läuft". Ein Beispiel dazu: So werde ich auf Dauer diese Zeilen hier nicht mittels meines Laptops schreiben können, wenn ich die Stromrechnung nicht bezahle. Für die Stromversorgung überhaupt benötigt es Stromerzeugung und -verteilung; im Rahmen dieser Erzeugung und Verteilung erlässt der (bei uns demokratisch verfasste) Staat Gesetze und Verordnungen, beispielsweise auch zur Frage des Anteils des Ökostroms am Energiemix. Gleichzeitig sind staatliche, aber auch private Maßnahmen zu ergreifen, um die Versorgung zu sichern, also zum Beispiel der Schutz vor Anschlägen auf Anlagen der Stromerzeugung oder auch der Schutz vor virtuellen Hackerangriffen. Energieerzeugende Unternehmen betreiben ihr Geschäftsmodell mittels der Tatsache, dass ich Energie benötige, machen sich meine Nachfrage also wirtschaftlich zunutze. Dieser ökonomische Nutzen unterliegt dann weiteren staatlich organisierten Rahmenbedingungen, indem etwa Steuern auf die aus dem Stromverkauf erzielten Gewinne zu bezahlen sind. Diese Steuergelder werden wiederum für die Erfüllung staatlich-hoheitlicher Aufgaben eingesetzt, die (bestenfalls) der Gesellschaft insgesamt zugutekommen.

Es werden somit umfassende und untereinander verknüpfte organisatorische Rahmenbedingungen benötigt, die eine Nutzung und Verwertung „der Technik" überhaupt erst ermöglichen. Diese Rahmenbedingungen sind nicht zuletzt kulturell beeinflusst und wandeln sich mit der Zeit. Die Ausgestaltung und der Wandel unterliegen gesellschaftlichen (lokalen und globalen) Abstimmungsprozessen und Diskussionen, wobei die ethische Dimension wiederum entscheidend ins Spiel kommt.

Als Grundlage dieser gesellschaftlichen Diskussionen, von Fragen der Ethik und den Fragen nach dem Sollen und Wollen, dem Können und dem Dürfen ist ein Aspekt ganz entscheidend, nämlich der Aspekt der Technikfolgenabschätzung. Wir müssen uns mit den unmittelbaren und künftigen, den lokalen und globalen, den tatsächlichen und denkbaren oder zu erwartenden Folgen von Technik und der technischen Entwicklungen beschäftigen. Nur so können wir als Menschheit ausloten, was wir wollen, unabhängig davon, was wir können.

In den folgenden Kapiteln stehen aktuelle Fragen und Anknüpfungen an das bisher Erarbeitete im Rahmen der ethischen Auseinandersetzung mit der Technik

im Fokus. Starten wird der Abschnitt mit eben dem Thema der Technikfolgenabschätzung. Daran anknüpfend werden wir uns vertieft mit Fragen der KI
(Künstliche Intelligenz) bzw. englisch AI *(Artificial Intelligence)* beschäftigen
sowie mit Fragen, die mit dem einhergehen, was wir unter *Big Data* oder der
Digitalisierung ganz allgemein verstehen. Den Abschluss unseres großen Kapitels
zur Technikethik bildet dann ein Abstecher zum Thema der *Science Fiction*. Darin
werden wir gemeinsam darüber nachdenken, was *Science Fiction* im Wesentlichen
von unserer Realität unterscheidet: im *Science Fiction*-Genre (ob Literatur, Comic
oder Film) sind Erfindungen meist nicht an die naturgesetzlichen Gegebenheiten
gebunden, so wie wir diese kennen und wie sie uns im realen Leben begrenzen.
Gleichzeitig denken die meisten *Science Fiction*-Autor:innen immer auch über
ethische Fragestellungen des Zusammenlebens in der Zukunft nach.

3.6   Aktuelle Bezüge zu Fragen menschlicher Praxis: Technikfolgenabschätzung

In den vorangegangenen Kapiteln haben wir uns mit wichtigen Denkern und
auch historischen Entwicklungen einer modernen Technikphilosophie beschäftigt. Gleichzeitig haben wir auch bereits ethische Fragen betrachtet, die mit
technischen Entwicklungen einhergehen. Nachstehend wollen wir einige Aspekte
vertiefen, aber auch weitere Gesichtspunkte beleuchten, die sich mit dem Begriff
der Technikfolgenabschätzung beschäftigen. Wie alle in diesem Buch behandelten Themen ist auch das der Technikfolgenabschätzung ein umfassendes. Um
dem Anspruch einer Einführung, die zum Weiterdenken und Weiterlesen einladen soll, aber auch hier gerecht zu werden, beschränke ich mich im Folgenden
auf einige wichtige Punkte. Diese Punkte leiten uns dann direkt zu den aktuellen
Bezügen und Herausforderungen der uns umgebenden Welt (KI sowie *Big Data*)
über.

Wie wir bereits mehrfach diskutiert haben, gehen mit unserer technisierten
Lebensweise nicht nur unbestreitbare Vorteile, sondern ebenso Nachteile und eine
unabdingbare Verantwortung einher. Als Ausgangspunkt unserer Beschäftigung
mit dem Komplex der Technikfolgenabschätzung soll nochmals Günter Ropohl
zu Wort kommen. Ropohl definiert vier Kernthemen, die mit dem Verantwor-
tungsproblem der Technik verknüpft sind:[21] so führen (1) nicht jede technische
Neuerung und damit also nicht jeder technische Fortschritt zwangsweise auch
zu *sozialem* Fortschritt. Daneben erfolgen (2) Entwicklung und Einführung

---

[21] Nach Ropohl in Lenk und Ropohl (1993, 154).

technischer Neuerungen oft genug, ohne dass die ökologischen und auch die psychosozialen Effekte und Nebenfolgen ausreichend bedacht und berücksichtigt werden. Als Beispiel könnte man hier die exzessive Nutzung mobiler Geräte wie Smartphones und Tablets nennen, die das Sozialverhalten von Menschen gerade auch in der Öffentlichkeit massiv verändert haben. Neben ökologischen Fragen bezüglich der Fabrikation dieser Geräte, für die beispielsweise sog. *Seltene Erden* benötigt werden oder auch Fragen mangelnder Recyclingquoten, stellen sich ebenso psychosoziale Fragen, also Fragen, die die Psyche und das Sozialleben gleichermaßen beeinflussen. Was „macht" es beispielsweise mit Kindern und wie wirkt es sich auf deren Entwicklung aus, wenn die Eltern dauerabwesend in ihre mobilen Geräte starren? Derartige Nebenfolgen technischer Veränderungen werden (3) dann meist erst erkannt, wenn sich die Technik bereits durchgesetzt und aus dem Gebrauch nicht mehr wegzudenken oder schlicht nicht mehr „abzuschaffen" ist. Einmal erreichter technischer Fortschritt wird (4) in den seltensten Fällen rückgängig gemacht.[22] Und gleichzeitig berufen sich die Erfinder und Entwickler neuer Technik stets auf die Tatsache, nach bestem Wissen und im Rahmen ihrer jeweiligen Kompetenzen gehandelt zu haben, sodass nachträgliche Schuldzuweisungen nicht nur ohnehin fruchtlos, sondern auch sinnlos sind.

Eine Technikfolgenabschätzung, die sich im Vorfeld auch kritisch mit möglichen und denkbaren Entwicklungen beschäftigt, ist daher unumgänglich. Wir alle sind gefordert, uns mit Kriterien auseinanderzusetzen, die die Erforschung, Entwicklung, Produktion und Verwendung technischer Artefakte und Errungenschaften quasi steuern. Relevante und zivilgesellschaftlich sowie politisch zu diskutierende Fragestellungen sind dann folgende: Auf welche Werte können wir uns im Zusammenhang mit der fortschreitenden technischen Entwicklung einigen?[23] Welche Nachteile wollen wir in Kauf nehmen, um gewisse Vorteile zu erreichen und wie lassen sich diese Nachteile, zum Beispiel sozial oder auch räumlich und zeitlich global betrachtet, ausgleichen?

Festzuhalten bleibt, dass der Mensch nicht alles, was er kann auch darf oder soll. Die Ethik und damit auch eine zukunftsfähige Verantwortungsethik, hat dann das Potential und die Aufgabe, diese gesellschaftlichen Diskussionen und Debatten zu leiten. Mit Günther Anders gesprochen tun wir gut daran, einen zumindest

---

[22] Wobei das an sich falsch ausgedrückt ist, da der Fortschritt selbst ja nicht rückgängig gemacht werden kann. Es kann nur eine bestimmte Technik in Teilen gesellschaftlich geächtet (wie zum Beispiel das sog. *Fracking*) werden und/oder politisch verboten werden (wie zum Beispiel die Nutzung der Kernenergie zu Gunsten regenerativer Energiegewinnung in Deutschland).

[23] Vgl. Hubig in Lenk und Ropohl (1993, 290).

kritischen (wenngleich nicht ausschließlich pessimistischen) Blickwinkel einzunehmen. Mit Günter Ropohl ist es eine wesentliche Aufgabe, sich selbst und
andere (weiter) zu bilden, um mit Wissen über Wechselwirkungen ausgestattet in
diese Diskussionen zu gehen. Und mit Klaus Kornwachs liegt es an uns allen,
die organisatorische Hülle um die Technik herum mitzugestalten – zum Wohle
der Menschheit, aber auch unter der Achtung des Lebens an sich.

Technikfolgenabschätzung bleibt dabei ein Blick in die Zukunft. Einerseits
verfügen wir über einen Wissensschatz, ein Informationsangebot und auch globale Kommunikationsmöglichkeiten, wie noch nie zuvor. Dabei gilt es, ein
zweifaches Risiko in Form des Analyserisikos und des Prognoserisikos zu beachten: Einerseits besteht die Gefahr, dass wir bestehende Daten falsch, unzureichend
oder unvollständig auswerten und auf Basis dieser falschen Ergebnisse zukünftige
Entwicklungen planen. Und selbst bei umfassender Datenauswertung laufen wir
Gefahr, falsche Prognosen für die Zukunft zu treffen. Drei wesentliche Prognose-
arten lassen sich dabei unterscheiden[24]: *Prospektion* (Vorausschau, Möglichkeiten
und Wahrscheinlichkeiten), *Produktion* (Voraussage, modellhafte Annahmen zur
vereinfachten Abbildung der Wirklichkeit) und *Projektion* (Entwurf, das zu errei-
chende Ziel gibt den Weg vor). Die letzte der drei genannten Methoden bietet
dabei die beste Möglichkeit, auch ethische Normen und Werte einfließen zu lassen. Welches Ziel *wollen* wir als Gesellschaft erreichen und wie kann der Weg
dorthin aussehen, den wir dann auch technisch umsetzen *sollten?* Manche Entwicklungen und Nebenfolgen technischer Entwicklungen, Chancen, vor allem
aber auch Risiken, sind jedoch schlicht nicht vorhersehbar. Daher gilt es, im
Bewusstsein unserer Verantwortung dann auch mit den Folgen umzugehen.

Verabschieden sollten wir uns nach meinem Dafürhalten von dem Gedanken,
Technik sei wertfrei und erst in menschlicher Anwendung, in *Ge*brauch oder
*Miss*brauch also, bezüglich unterschiedlicher Folgen abzuschätzen und zu bewerten. Es ist richtig, dass erst menschliche Handlungen zu bestimmten Effekten und
Auswirkungen führen, beispielsweise auch im unter Umständen missbräuchli-
chen, bösartigen oder zerstörerischen Gebrauch technischer Artefakte. Aber auch
die Erforschung, der Entwurf und die Fabrikation dieser Artefakte sind durch
menschliche Handlungen bestimmt! Und diese Vorstufen, die eine Anwendung
und den Gebrauch dann erst ermöglichen, unterliegen somit ebenso unabdingbar
ethischen Maßstäben.[25] Als Gesellschaft sind wir gefordert, ungleich stärker als
bisher in die Verständigung über unsere Werte einzusteigen, in die Diskussion

---

[24] Vgl. Sachsse in Lenk und Ropohl (1993, 57).

[25] Als Beispiel haben sich die im Verein Deutscher Ingenieure (VDI) organisierten Mitglieder ein Positionspapier gegeben *(Ethische Grundsätze des Ingenieursberufs)*. In diesem

dessen, was wir tun sollen, wie wir leben wollen und wohin wir uns entwickeln können. Die Kriterien, über die wir uns verständigen und die sich mit der Zeit auch verändern können, sind dann geeignet, auch die technische Entwicklung zu leiten. Das Gekonnte ist eben nicht *unbedingt* das Gewollte, das Gedurfte oder das Gesollte.

Im Anschluss an diese einführenden Gedanken in den Komplex der Technikfolgenabschätzung werden wir uns nachfolgend nun mit zwei wichtigen Entwicklungen beschäftigen, die unmittelbar Einfluss auf unser Leben, unsere Arbeit, unsere Gesellschaft und somit auf unsere Lebensform an sich haben: die *Künstliche Intelligenz* und Fragen zum Themenbereich des *Big Data*. Im Anschluss daran werfen wir noch einen Blick auf das, was unter dem Begriff der *Science Fiction* firmiert. Welche ehemals utopischen Ideen aus der Literatur, dem Film oder der Kunst allgemein haben sich realisiert und welche aus heutiger Sicht utopischen Ideen warten vielleicht noch auf ihre Realisierung?

3.6.1 Künstliche Intelligenz (KI) in Wissenschaft, Wirtschaft, Politik, Gesellschaft und Bildung

Vorbemerkung: Die Ausführungen zu diesem, wie auch zu den nachfolgenden Abschnitten dieses Kapitels bergen ein Problem. Die Entwicklungen im Bereich der Digitalisierung oder die Entwicklungssprünge innerhalb der Anwendungen *Künstlicher Intelligenz* (KI) gehen aktuell unglaublich rasant vonstatten. Es ist nicht absehbar, wann und wie schnell alles das, was wir uns nachstehend erarbeiten, schon wieder veraltet ist. Daher gehe ich folgendermaßen vor: Einleitend stelle ich die historischen Entwicklungen dessen dar, was wir in unserem heutigen Verständnis unter der KI verstehen. Anschließend beleuchte ich den derzeitigen Stand der Entwicklungen anhand aktueller Beispiele. Abschließend werfe ich einen Blick auf das, was künftige Bestrebungen innerhalb der KI sind oder sein können – auch wenn sich das heute (vielleicht) noch nach *Science Fiction* (vgl. Abschn. 3.6.3) anhört.

Der Begriff der Digitalisierung meint allgemein die Überführung bisher analog gelebter Sphären unseres Lebens in digitale Formen und damit die fortschreitende Nutzung technischer Möglichkeiten. Stichworte dazu sind etwa *New Media, Industry 4.0,* das sog. *Internet der Dinge (Internet of Things) Smart Homes und die Smart City, Cyber-Physical Systems* (wie intelligente Stromnetze), *Ubiquitous*

Papier bekennen sich die Mitglieder ausdrücklich zu ihrer Verantwortung und verpflichten sich, ihr Handeln an ethischen Grundsätzen und Kriterien auszurichten.

Computing (die Allgegenwärtigkeit rechnergestützter Anwendungen) oder eben die Möglichkeiten der KI. Im Zuge dieser Entwicklungen werden viele durchaus existenzielle Fragen diskutiert: Werden die technischen Entwicklungssprünge den Menschen bald überflüssig machen? Wird die KI den Menschen dabei jemals (wirklich) ersetzen können? Kann die KI kognitive Fähigkeiten ausbilden, wie beispielsweise auch die Lernfähigkeit in Richtung komplexer Zusammenhänge, die die neuronalen Netze menschlicher Gehirne gar übertreffen?

Grundsätzliche Anwendungsbereiche der KI liegen beispielsweise im Bereich der Datenanalyse, der Bild- und Gesichts- oder auch der Spracherkennung. Unternehmen setzen die KI zur Produktentwicklung ein, zu Marketingzwecken, im Rechnungswesen oder zur Versandsteuerung. Wir alle nutzen die KI aber auch bereits, beispielsweise auf unseren Rechnern und mittels unserer Smartphones. Die KI beschäftigt uns also in vielen Bereichen und Anwendungsfeldern. Die KI hat praktisch in nahezu alle Lebensbereiche Einzug gehalten, denken wir etwa an digitalisierte Prozesse im Privaten oder in Unternehmen, aber auch in Verwaltungen, im Gesundheitsbereich, in den Medien oder dem Mobilitätssektor im weitesten Sinne, in der Justiz, im Finanzbereich oder auch, als ein absolut negatives Beispiel, in der Kriegsführung.[26]

Die Menschheit denkt bereits lange über Intelligenz außerhalb unserer Gehirne nach. Als Begründer unseres heutigen Verständnisses von KI gilt dabei der britische Mathematiker Alan Turing. Turing stellte 1937 in einem Aufsatz erstmals sein Konzept des sog. *Turing-Automaten* vor[27]. Diese Maschinen konnte, nach Turings Entwurf, vorgegebene Felder lesen, schreiben oder löschen und befand sich dazu in unterschiedlichen *Zuständen*. Das können wir in der heutigen IT mit den binären Zustandsoperatoren 0 und 1 vergleichen und das kommt damit dem, was wir also als Computerprogramm oder Software kennen, schon sehr nahe. Den Begriff der KI (bzw. englisch der AI, der *Artificial Intelligence*) selbst geprägt hat der US-Amerikaner John McCarthy im Jahr 1955.[28] Seit dieser Zeit forschen und arbeiten Menschen an dem, was uns bis heute in diesem Bereich beschäftigt. Dabei bezeichnet der Begriff einerseits eben das Forschungsfeld, gleichzeitig ebenso bestimmte technische Systeme in menschlicher Anwendung. Verdeutlichen lässt sich das gut am plakativen Beispiel des Schachcomputers. Dieser wurde erforscht, konzipiert und weiterentwickelt und ist schon lange in der Lage, Menschen in diesem komplexen Spiel tatsächlich zu besiegen.

---

[26] Einen guten Überblick über Anwendungsfelder der KI gibt etwa der Sammelband Feiten/ Stahlschmidt (2024).

[27] Vgl. Turing (1937).

[28] Vgl. McCarthy et al. (1955).

Einen wesentlichen Bereich in der Weiterentwicklung der KI stellt dabei das maschinelle Lernen *(machine learning)* via sog. *deep learning*-Algorithmen nach dem Vorbild neuronaler Netzwerke dar. Die Systeme verbessern durch Interaktion mit der Außenwelt fortlaufend ihre Fähigkeiten. Drei Unterscheidungen im maschinellen Lernen können wir festmachen[29]: *supervised learning* (überwachtes Lernen), *unsupervised learning* (unüberwachtes Lernen) und *reinforcement learning* (sog. verstärktes Lernen). Erst beim verstärkten Lernen kann das System durch vielfache Wiederholungen dazu gelangen, Muster zu erkennen und Aktionen quasi eigenständig zu optimieren. Zur Verdeutlichung kann uns auch hier wieder der Schachcomputer als Beispiel dienen. Die zulässigen Züge je Schachfigur (die Regeln also), mögliche Spieleröffnungen im Schach oder bekannte Schachpartien als Beispiele werden vorab programmiert. Die unzähligen möglichen Spielzüge, für die sich das System nach und nach in den gespielten Schachpartien entscheidet, werden systemimmanent zunehmend kategorisiert. Trifft das System in diesem Sinne erfolgreiche Entscheidungen, wird es seitens der Programmierer:innen quasi belohnt und durch Lernalgorithmen weiter in Richtung dieser Strategie optimiert. Das erst fällt unter das *reinforcement learning,* also das verstärkte Lernen.

Als ein markantes Beispiel der rasant fortschreitenden Entwicklung im Digitalen können uns weitentwickelte Chatbot-Systeme dienen, auch wenn umstritten ist, inwieweit Chatbots, also textbasierte Dialogsysteme, überhaupt (schon) der echten KI zuzurechnen sind. Beispiele dazu sind hier Deepmind von *Google* oder ChatGPT der US-amerikanischen Firma namens *OpenAI.* Diese Anwendungen sind so programmiert, dass sie aus aggregierten Datenmengen und Informationen basierende Antworten auf Fragen aller Art generieren. Diese Systeme werden beispielsweise im Kundenservice vieler Unternehmen eingesetzt, wobei einfache und wiederkehrende Kundenanfragen seitens des Chatbots erkannt und beantwortet werden können. Erst bei komplexeren Themen und Problemen wird dann an eine:n menschlichen Kundenberater:in weitergeschaltet. Durch den freien Zugang zur Basisversion von ChatGPT etwa kann aber heute jede:r von uns bereits Texte über diese Anwendung erstellen lassen und sich Fragen beantworten lassen.

Neben der praktischen Weiterentwicklung und dem Einsatz von Chatbots in der freien Wirtschaft wird an Universitäten und Hochschulen weiter an der KI im weitesten Sinne geforscht. Gleichzeitig müssen sich diese Bildungsträger ebenso den Herausforderungen stellen, die mit der KI und der Digitalität in der Lehre einhergehen.[30] Dabei stellt sich etwa die Frage, wie Texte von Studierenden oder

---

[29] Vgl. Heinrichs et al. (2022, 20 f.).

[30] Vgl. ausführlich Schmohl et al. (2023).

auch Lehrenden von mittels ChatGPT (als ein Beispiel in konkreter Anwendung) erstellten Inhalten erkannt, bewertet und behandelt werden.

Sog. *LLMs (Large Language Models)* werden verwendet, um die KI mittels großer Daten- und Textmengen auf die Zusammenführung und Erstellung neuer Texte hin zu trainieren. Die neueste Generation aktuell (2024) kann im Zusammenspiel von Text- und Bildsystemen Bilder und sogar Videos generieren, die auf bestimmte Befehle hin erstellt werden (Eingabe im Befehlsfeld: „Ich benötige ein Video, das zeigt, wie Donald Trump nackt am Pokertisch betrügt") – und spätestens jetzt ist die Schwelle vom bloßen Chatbot zur echten KI überschritten. Damit einher gehen einerseits Fragen der Verletzung von Persönlichkeitsrechten, gleichzeitig der geistigen Urheberschaft und des Copyrights (die KI generiert Bilder ja aus bestehenden Datensätzen) sowie ebenso der Manipulationsgefahr. Wie lassen sich täuschend echte von tatsächlich echten Bildern oder Videosequenzen unterscheiden? Welche rechtlichen und strafrechtlichen Folgen kann die Erstellung und Verwendung von maschinell generierten Inhalten haben?

Damit sind wir auch wieder mitten in der Diskussion um ethische Grundsätze und Fragen angelangt. Als Gesellschaft sind wir gefordert, uns diesen Themen zu stellen und uns zu überlegen, wie wir damit umgehen wollen. Hierzu ist in unserer Demokratie ein wirksames Zusammenspiel aus Politik, Gesetzgebung und Rechtsstaat, Wissenschaft und Bildung sowie der Zivilgesellschaft gefragt. Konkrete Anwendungsfragen, notwendige Regelungen und gesellschaftliche Verabredungen im Rahmen der zunehmenden Digitalisierung und der KI lassen sich in den oben bereits genannten Feldern unseres Lebens ausmachen: wie wollen wir autonomes Fahren gestalten, wie den Robotereinsatz in der Pflege, wie Bildungsprozesse, wie den Bereich medizinischer Diagnostik und Therapie, wie Verbrechensbekämpfung, wie demokratische Meinungsbildung, wie digitale Kriegsführung usw. Hiermit gehen unmittelbar Fragen der Verantwortung und Verantwortlichkeiten einher. Und dabei sind wir eben alle gefordert. Wie stellen wir uns künftiges Zusammenleben vor, das einerseits die unbestreitbaren Vorteile und Erleichterungen zunehmender Digitalisierung der Lebenswelt und der KI nutzt, sich aber gleichzeitig der (moralischen) Gefahren und Herausforderungen bewusst bleibt, die damit verbunden sind?

Dieses kritische Hinterfragen vor dem Hintergrund sozialer und ethischer Gesichtspunkte bleibt aller Voraussicht nach ein Monopol des Menschen, das eine Maschine nicht eigenständig übernehmen kann. Allerdings: Der US-amerikanische Philosoph John Searle führte bereits 1980 die Unterscheidung zwischen „starker" und „schwacher" KI in die Debatte ein.[31] Schwache KI kann

---

[31] Vgl. Searle (1980, 417).

demnach spezifische Aufgaben erledigen, für die sie programmiert wurde. Starke KI dagegen kommt dem nahe, was ein menschliches Gehirn leisten kann, etwa eigenständig Sachverhalte zu verstehen und dazuzulernen. Die tatsächliche Möglichkeit starker KI wird vielfach bestritten und im Bereich der *Science Fiction* verortet. Eine Maschine kann demnach niemals die Komplexität eines menschlichen Gehirns mit allen auch sozialen und ethischen Einflüssen erreichen oder ein Bewusstsein entwickeln – alles das, was uns bei der Entscheidungsfindung leitet. Künstlerische Kreativität, die Möglichkeit körperlicher Erfahrungen, Erfindungskraft oder moralisches Urteilsvermögen sind Attribute, die wir nach wie vor uns als Menschen zuschreiben.

Dennoch bleibt im Zuge dessen ein Aspekt unterbelichtet in der Frage, ob die Schaffung einer künstlichen Superintelligenz[32] zukünftig nicht doch möglich ist. Eine solche Superintelligenz, die heute noch Utopie ist, würde die spezifisch menschlichen Fähigkeiten – so die Theorie – sogar noch übertreffen. Dabei beziehen sich die Annahmen dessen, was eine Superintelligenz ausmacht, auf die Befürchtungen, dass sich die Lerneffekte der KI eigenständig beschleunigen und verstärken, was gleichzeitig durch den Menschen nicht mehr kontrollierbar bleibt. Letztlich könnte die KI dann sogar danach streben, die „Weltherrschaft" zu übernehmen. Als Gegenargument dazu wird infrage gestellt bzw. bestritten, dass die KI tatsächlich ein Bewusstsein oder einen Verstand entwickeln kann. Ebenso bleibt es unrealistisch, dass die KI selbst überhaupt den Tatbeständen der Motivation, psychologisch begründeter Verhaltensmuster, Wünsche, sozialer und ethischer Bezüge und Beziehungen oder gar von Gefühlen unterliegt oder unterliegen kann. Welche Motivation sollte eine Maschine (also) haben, die Weltherrschaft zu übernehmen? Eine Gefahr wird im Zuge dessen in der Debatte unter Umständen allerdings vernachlässigt, auch wenn wir selbstlernende Prozesse in diese extreme Richtung heute noch ausschließen: die Gefahr, dass Menschen die KI exakt daraufhin trainieren. Die Idee eines sog. *Master Algorithmus* zumindest wird bereits gedacht, eines Algorithmus, der *eigenständig* alles lernen kann, was Menschen auch lernen können.[33]

Als Ausblick und Abschluss des Kapitels zur KI gehen wir noch auf ein Thema ein, das im weitesten unter dem Schlagwort des sog. *Transhumanismus* diskutiert wird. Für den Transhumanismus gilt:

> „Der Transhumanismus hat die Verbesserung des Menschen durch [...] Technologien im Fokus. Durch die Verbindung des biologischen Körpers mit Maschinen sollen die

---

[32] Vgl. im Folgenden Heinrichs et al. (2022, 175–187).

[33] Vgl. Domingos (2015).

natürlichen Grenzen seiner physischen und mentalen Leistungsfähigkeit überwunden werden. Der Mensch soll seine Evolution aktiv gestalten können, um sich letztendlich zu einem posthumanen Wesen zu entwickeln. Der Fortschritt ist dabei notwendig, um in der heutigen Welt den Maschinen gegenüber relevant zu bleiben."[34]

Eine Art des Transhumanismus finden wir bereits im Bereich dessen, was wir unter der Hybridisierung des Menschen verstehen. Dabei geht es um einen konkret physischen Eingriff in der Kreuzung von Mensch und Maschine. Darunter fällt schon jede Prothese, wie ein Hörgerät, eine Beinprothese oder ein Herzschrittmacher.[35] Die Steigerung dessen ist dann der Cyborg *(Cybernetic Organism)* als Mischwesen und damit wirkliche hybride Kreuzung von Mensch und Maschine, und das nicht nur auf körperlicher Ebene. Der Transhumanismus geht aber noch mindestens einen Schritt weiter im Wunsch der Überwindung der körperlichen Existenz des Menschen mittels der Maschinen. Die Kritik an diesem Konzept und an einem Weltbild, das, so wird angenommen, von vielen Branchenvertreter:innen der Tech- und KI-Giganten gerade des sog. *Silicon Valleys* verfolgt wird, hat sich unter dem Akronym *TESCREAL* etabliert.[36] Die Buchstaben dessen, was im Anschluss daran als *Tescrealism* bezeichnet wird, stehen für **T**ranshumanism – **E**xtropianism – **S**ingularism – **C**osmism – **R**ationalism – **E**ffective **A**ltruism sowie **L**ongtermism. Damit geht ein quasi-religiöses und doch abstrus anmutendes Weltbild einher, das die Überwindung der irdischen Existenz und der Sterblichkeit des Menschen propagiert. Wir werden als Existenzen, so der (angebliche?) Plan dahinter, irgendwann real in den Cyberspace oder in die Cloud und damit ins Universum „hochgeladen", verschmelzen somit mit der Technik. Damit wird ein Glücksversprechen an künftige Generationen verfolgt, die dann schrankenlos und virtuell unsterblich existieren können, was einen posthumanistischen Gedanken darstellt. Einen Vorgeschmack oder eine Vorstufe dazu liefern sog. *Metaverses* als digitale Räume, in denen Realität und Virtualität verschmelzen. Bereits 2003 ist das damals erste Metaversum „Second Life" online gegangen, in dem die Spieler:innen mittels virtueller Avatare in einer digitalen Welt interagieren und sich dort ein wörtlich „Zweites Leben" aufbauen.[37]

---

[34] Spiegel (2022, 2).

[35] Unterscheiden können wir dabei Prothesen am und Prothesen im Körper sowie Prothesen bzw. Technologie ohne Verbindung zum Körper, sondern nur zum Geist (vgl. Spiegel 2022, 85–118). Darunter fallen etwa schon Chatbots oder beispielsweise auch das Smartphone als quasi ausgelagertes Gehirn.

[36] Das Akronym geht zurück auf Émile Torres und Timnit Gebru, vgl. https://www.truthdig. com/articles/the-acronym-behind-our-wildest-ai-dreams-and-nightmares/.

[37] Zum Thema der virtuellen Welten vgl. ausführlich Chalmers (2023).

Branchenvertreter wie die Chefs der Firmen *Google Deepmind* und *Open AI* selbst hatten 2023 in einem offenen Brief vor den Gefahren der KI und der damit einhergehenden Gefährdung der Menschheit gewarnt, was auch öffentlichkeitswirksam durch die Medien ging.[38] Daran entzündete und entzündet sich allerdings scharfe Kritik. Diese Kritik bezieht sich einerseits auf die Tatsache, dass es ja exakt das Geschäftsmodell der Techfirmen ist, mit der KI und den rasanten Weiterentwicklungen in diesem Bereich Gewinne zu erwirtschaften. Gleichzeitig bleibt der Verdacht im Raum stehen, dass eben jene Branchenvertreter:innen das doch eher beunruhigende Weltbild des *Tescrealism* verfolgen und daher mit und in ihren Geschäftsmodellen exakt das Gegenteil dessen umsetzen, was sie in dem offenen Brief gefordert hatten. Die ethischen Anfragen an solche Handlungsweisen liegen auf der Hand. Hier können wir schon ganz grundlegend an die großen ethischen Paradigmen aus Kap. 2 zurückdenken. Welche Tugend sollte mit diesen Handlungen einhergehen, welche ethischen Maximen setzen sich diese Menschen? Wird das Wohlergehen der Mehrheit damit gefördert, kann eine solche Vorgehensweise als fürsorglich einzuordnen sein und achtet diese die Menschenwürde?

3.6.2 Big Data

Die KI sammelt und kategorisiert unendlich anmutende Datenmengen. Im Rahmen des *machine learnings* werden fortlaufend weitere Datensätze benötigt, um Anwendungen immer weiter zu optimieren. Aus diesem Grund ist das Thema eng mit dem verknüpft, was wir unter dem Schlagwort *Big Data* erfassen. *Big Data* sammelt, erfasst und kategorisiert Daten, im Rahmen der KI werden diese Daten dann wissenschaftlich und ökonomisch genutzt.

Was verstehen wir aber unter Daten und im nächsten Schritt unter großen Datenmengen? Der Versuch einer umfassenden Definition des Datenbegriffs lautet:

„Data are marks on a physical medium (such as a piece of paper, a hard drive, or an electromagnetic wave) that are meaningfully (e.g., causally or definitionally) related

---

[38] Vgl. dazu etwa die Süddeutsche Zeitung vom 31.05.2023, Artikel „Was hinter der lauten Warnung vor der KI-Apokalypse steckt". https://www.sueddeutsche.de/wirtschaft/ki-kuenstliche-intelligenz-ausloeschung-menschen-open-ai-1.5892228.

with certain singular facts belonging to a phenomenon of interest. If the data are correctly interpreted in terms of the relationship that they have with those facts, then the data constitute evidence for those facts and thus the phenomenon of interest."[39]

Daten sind demzufolge auf einem Medium zu finden, damit gespeichert und sind daher selbst keine realen Dinge, Tatsachen und Sachverhalte. Daten repräsentieren aber – korrekt interpretiert – reale Dinge, Tatsachen und Sachverhalte und gewinnen dadurch eine Bedeutung für uns. Big (also groß) werden Datenmengen dann, wenn drei Bedingungen erfüllt sind: (1) der technologische Aspekt: rechnergestützte Maximierung der Datenmengen, die nicht mehr mittels einfacher Programme oder Datenbanktechnologien erfasst und verarbeitet werden können; (2) der analytische Aspekt: diese Datenmengen werden dann für im weitesten Sinne ökonomische, gesellschaftliche, technische oder rechtliche Ansprüche, Tätigkeiten usw. kategorisiert und eingesetzt; der (3) „mythologische" Aspekt: die verbreitete Ansicht, diese so gespeicherten verarbeiteten Datenmengen würden eine Art höhere Form der Intelligenz und des Wissens hervorbringen, denen wir als Menschen dann Genauigkeit, Fehlerfreiheit und Objektivität zuschreiben, denen wir also glauben und vertrauen (können).[40] Während dem einzelnen Menschen nur eine geringe Menge an Daten zugänglich ist und erinnerlich bleibt, können auf Datenträgern unbegrenzt Daten gesammelt und gesichert werden. Im Rahmen des sog. *Data Minings* werden Beziehungen, Übereinstimmungen, Muster, Regeln oder auch unerwartete Zusammenhänge dieser Daten erfasst und gespeichert.

Während der (einzelne) Mensch nur eine vergleichsweise geringe Menge an Daten im Rahmen seiner Lebensspanne verarbeiten kann, können *machine-learning*-Prozesse in kurzer Zeit größte Datenmengen verarbeiten, kategorisieren, verknüpfen, speichern und wiedergeben. Dabei sollten wir jedoch einen entscheidenden Aspekt im Bewusstsein behalten. Unser menschliches Denken und unsere Erfahrung bleiben notwendig, um den Einsatz der „geschürften" Datenmengen zweckmäßig, sinnvoll, aber auch moralisch vertretbar zu steuern. *Big Data* liefert eine schier unendliche Masse an Daten, die sich auch ständig (exponentiell) vervielfacht[41]; gleichzeitig besitzen nur wir Menschen (noch?) das Verständnis, wie diese Daten dann eingesetzt werden können – und vor allem auch sollten.

---

[39] Pietsch (2021, 18).

[40] Vgl. boyd and Crawford (2012, 663). Die vier „Vs", die *Big Data* kennzeichnen, sind Volume (Größe bzw. Menge), Velocity (Geschwindigkeit), Variety (Vielfalt bzw. Heterogenität) und Veracity (Richtigkeit).

[41] Vgl. hierzu das sog. Mooresche Gesetz, das allerdings umstritten ist.

Gewonnene Daten werden auf Basis wissenschaftlicher Methoden erhoben und vielfach im Anschluss dann auf Basis ökonomischer Geschäftsmodelle genutzt, so beispielsweise zu Marketingzwecken. Jedem Menschen, der sich in der digitalen Welt bewegt, ist ein sog. *Datenschatten* zuzuordnen. Dieser Datenschatten ist eine Sammlung der Spuren, die wir in der digitalen Welt hinterlassen. So werden unsere Nutzerdaten aus Browserverläufen, Suchanfragen in Datenbanken, GPS-Daten, Schrittzählern oder Gesundheitsapps in Smartwatches, Informationen, die wir unseren digitalen Sprachassistenzsystemen preisgeben, Up- und Downloads im Netz, E-Mails, Kreditkartenkäufen, Telefonkontakten, „Freunden" in Social-Media-Kanälen usw. gesammelt und erfasst. Aus allen diesen Daten, die wir meist freiwillig zur Verfügung stellen, beispielsweise auf Social-Media-Kanälen oder in Musik-Streamingdiensten, wird ein:e virtuelle:r Doppelgänger:in von uns erstellt. Dieses aggregierte Datenwissen kann dann wieder algorithmenbasiert im Rahmen von Marketingzwecken verwendet werden. Aus den Auswertungen ergeben sich Vorhersagen zu Vorlieben, Wünschen, Bedürfnissen und so erklärt sich, warum wir beim Onlinesurfen plötzlich Werbung für eine neue Matratze, einen Urlaub in Italien oder eine bestimmte Kleidermarke angezeigt bekommen. Die Gefahr der Manipulation und des Missbrauchs der so „geschürften" Daten ist selbstverständlich real. So gibt es wiederkehrend Vorwürfe an Social-Media-Plattformen, die Nutzerdaten beispielsweise zur Manipulation des Konsumverhaltens oder auch der Meinungsbildung vor demokratischen Wahlen einzusetzen. Daher sind zwei Aspekte besonders in den Blick zu nehmen, sprechen wir über die Erfassung, Verknüpfung und Speicherung von Daten: (1) die Legitimation, Legitimität sowie das Einverständnis der Nutzer:innen zur Datenerfassung sowie (2) das Wissen der Menschen um die Gefahren allzu freigiebiger Bekanntgabe individueller Informationen.

(zu 1) Im Bereich der Legitimation können gesetzliche Vorgaben dazu dienen, Datenschutz in und für Unternehmen ernst zu nehmen. So gibt es in Deutschland die DSGVO (die Datenschutzgrundverordnung). Diese verlangt unter anderem die Zweckbindung und Minimierung gesammelter Daten, gleichzeitig eine Aufklärung und das ausdrücklich einzuholende Einverständnis der Kund:innen oder Nutzer:innen zur Erhebung und Speicherung von personenbezogenen Informationen. Werfen wir einen Blick auf den Punkt der Legitimität der Datensammlung, -speicherung und -nutzung: Ein Verständnis dessen im engeren Sinn meint die Einhaltung der nationalen und auch internationalen Gesetze und Vorschriften. Ein Verständnis im weiteren Sinn geht aber noch darüber hinaus: legitim kann ergänzend dazu auch nur das sein, was moralisch noch vertretbar bleibt, unabhängig der bloßen gesetzlichen Vorschriften. Staatliche Regulierung ist hier unumgänglich, dennoch bleibt festzuhalten, dass nicht alles, was rechtlich (noch) erlaubt ist, moralisch (auch) geboten ist. Die Machtfülle der wenigen großen Datenkonzerne, die wesentlich auf unser Leben wirken, gilt es staatlich zu begrenzen. Staatliche Aufgaben müssen auch weiterhin der staatlichen Aufsicht unterliegen, öffentlichkeitswirksame Diskussionen innerhalb der Gesellschaft müssen dazu geführt werden. Auf diese Diskussionen werden wir auch im Rahmen der Kap. 4 und 5 zur Wirtschafts- und zur Medienethik wieder zurückkommen.

(zu 2) Parallel bleibt es unumgänglich, dass wir uns als Menschheit den Gefahren der schrankenlosen Sammlung, Speicherung und Nutzung unserer Daten bewusst bleiben. Wissenschaft und Forschung, Erziehung und Bildung, öffentliche Aufklärung oder eine freie und unabhängige Presse sind, neben staatlich-hoheitlichen Institutionen, unabdingbar. Nur so sind viele Menschen auf kritisches Denken und Hinterfragen sowie auf den sorgsamen Umgang mit den sie betreffenden Daten hin zu sensibilisieren. Dabei sind globale Unterschiede in demokratisch verfassten Staaten festzustellen: während bei uns in Deutschland die oben genannte DSGVO schon prophylaktisch und vorbauend anzuwenden ist, werden in anderen Staaten Verstöße gegen den Datenschutz oder auf Basis von Geheimnisverrat erst nachträglich geahndet (vgl. etwa das Verständnis dessen in den USA).

Zum Abschluss des Kapitels schauen wir noch auf ein Negativbeispiel, was die unbeschränkte Nutzung großer Datenmengen betrifft. Negativ meint hier die fehlende Legitimation und Legitimität, fehlende demokratische Grundwerte, eine fehlende freie und unabhängige Berichterstattung, fehlende unabhängige Forschung und auch eine fehlende öffentliche Sensibilisierung der Bevölkerung zu den Gefahren unbeschränkter Datensammlung und -nutzung. In der Volksrepublik China wurde (vorab testweise) ein sog. *Social-Scoring-System* auf Punktebasis eingeführt, um die Menschen zu überwachen und sozial zu kontrollieren. Wer sich in der Öffentlichkeit, aber auch im nicht-öffentlichen Bereich staatskonform verhält, wird mit Zugang zu Privilegien belohnt. Wer im Sinne des Machtapparats negativ auffällt, wird hingegen bestraft. Dazu wird die KI (vgl. Abschn. 3.6.1) eingesetzt, etwa im Rahmen von Social-Media Apps oder der Gesichtserkennung auf öffentlichen Wegen und Plätzen, um Störungen und Störer:innen der öffentlichen Ordnung zu identifizieren. Je mehr Pluspunkte die Menschen bei staatlich definiertem Wohlverhalten dann sammeln, umso leichter und komfortabler wird das Leben bezogen auf die Wohnungs- oder Arbeitsplatzsuche, den Zugang zu öffentlichen Einrichtungen wie Bibliotheken, Erleichterungen bei der Reisefreiheit oder den Erhalt von Konsumentenkrediten. Bei Abzügen im Sozialverhalten und damit verbunden weniger Punkten wird das Leben schwieriger. Das Ziel dabei ist es, die Ehrlichkeit der Menschen zu fördern und ein System zu etablieren, das auf Vertrauen basiert. Dieses Ziel und vor allem die

Mittel zu dessen Erreichung lassen sich für uns, die wir in einer freiheitlichen Demokratie leben dürfen, eingedenk des Überwachungsgedankens kaum nachvollziehen. Die Menschen in China stehen diesen Gedanken aber durchaus offen gegenüber. So versprechen sich viele Chines:innen durch ein solches System der Sozialpunkte etwa Schutz vor der allgegenwärtigen Korruption im politischen und gesellschaftlichen System. Allerdings färbt (vermeintlich) eigenes unsoziales Verhalten auch auf die Menschen der engeren Umgebung negativ mit ab, also auf Freund:innen, ob im echten Leben oder auch im virtuellen Bereich der Social-Media-Plattformen. Das führt zu sozialer Kontrolle, die sich nicht mehr allein auf staatliche Organisation beschränkt, sondern unmittelbar im Bereich des eigenen Lebens und sozialen Umfelds wirkt. Damit ist der Weg in den totalitären Überwachungs- und Denunziationsstaat endgültig geebnet und die Menschen in China verlieren so ihre Selbstbestimmung und damit letztlich ihre Freiheit.[42]

Das *Social-Scoring-System,* das in Teilen Chinas also schon Alltag ist, hört sich für uns nach *Science Fiction* an. Genau diese Frage macht das Genre der *Science Fiction* aber ja so interessant. Welche tatsächlichen Entwicklungen der Vergangenheit wurden in früheren Zeiten vorhergesehen, welche heute noch utopisch anmutenden Ideen erwarten uns in der Zukunft?

3.6.3   Technik und *Science Fiction*

Anknüpfend an die oben beschriebenen Theorien und Szenarien werfen wir noch einen Blick auf das, was wir unter *Science Fiction* verstehen, die wir in der Literatur, aus Comics oder Filmen kennen. Das Genre der *Science Fiction* erschreckt und fasziniert die meisten Menschen gleichermaßen, denken wir etwa an Themen in Büchern oder Filmen, wie[43]

...die totale staatliche Überwachung in *1984* (1984), *Schöne neue Welt* (1980) oder *Minority Report* (2002)

...geklonte Riesenechsen in der *Jurassic Park*-Reihe (Start 1993)

...den Mensch-Maschine-Hybriden in *Robocop* (1987/2014)

...den Wunsch der Menschwerdung von Robotern in *Blade Runner* (1982/ 2017) oder *AI – Künstliche Intelligenz* (2001)

... *Skynet* in der *Terminator*-Reihe (ab 1984) oder *V.I.K.I.* in *I, Robot* (2004), die als Computerprogramme bzw. Software die Weltherrschaft anstreben

---

[42] Das EU-Parlament dagegen hat 2024 den sog. *AI-Act* verabschiedet, der u. a. Systeme des *Social-Scorings* verbietet.

[43] Ich beschränke mich hier bei der Angabe der Daten auf das jeweilige Jahr der Verfilmung.

…Menschen als lebende Batterien, denen in der virtuellen *Matrix* (ab 1999) Realität vorgegaukelt wird

…die Technik der Teleportation (Beamen) in *Star Trek* (ab 1966) oder andere technische Utopien, die Realität werden, wie etwa in *Avatar* (2009 und 2022), die *Zurück in die Zukunft*-Reihe (ab 1985) *oder Edge of Tomorrow* (2014).

Allen diesen Werken ist gemeinsam, dass dort eine zukünftige Welt, künftige Gesellschaften und technische Möglichkeiten aus heutiger Sicht imaginiert werden. Dabei gibt es keine einheitliche Definition des Begriffs, der allen Facetten gerecht wird und das Genre der *Science Fiction* gleichzeitig trennscharf zu Utopien oder zur Fantasy abgrenzt. Eine mögliche Definition lautet:

> „In der Science Fiction findet der Glaube des abendländischen Menschentums an den faktischen technischen Fortschritt ihre fiktive Erweiterung. In ihr findet die Sehnsucht dieses Menschentums nach seinem Griff nach den Sternen, nach der Errichtung einer idealen Gesellschaft oder nach der Begegnung mit Außerirdischen ihren angemessenen Ausdruck."[44]

Im Rahmen der heutigen Möglichkeiten, aber auch bezogen auf die Erwartungen an kommende technische Möglichkeiten, stehen viele ethische und moralische Fragen im Fokus, wie zum Beispiel:

- Gelten Menschenrechte auch für Außerirdische oder Cyborgs?
- Kommen Außerirdischen menschliche Attribute wie Würde oder Freiheit zu?
- Wo liegen die ethischen Grenzen der Gentechnik oder der Pränataldiagnostik, unabhängig der technischen Möglichkeiten?
- Wo liegen die Grenzen des Klonens, unabhängig der technischen Möglichkeiten?
- Wo liegen der Grenzen der Transplantationsmedizin, zum Beispiel auch bezogen auf die Vermischung von Menschen und anderen Tieren, unabhängig der technischen Möglichkeiten?
- Wie können wir eine künftige Gesellschaft aufbauen, sollte es beispielsweise doch zu einem die Menschheit nahezu vernichtenden Atomkrieg kommen?
- Wie wollen wir auf künftige Herausforderungen reagieren, wenn die Vorhersagen der negativen Folgen der Klimakrise weltweit voll durchschlagen?

Die *Science Fiction* ist mehrheitlich durch wissenschaftliche Erkenntnisse und Erklärungsversuche gekennzeichnet. Die Handlungen spielen nicht etwa in einem

---

[44] Nielen (2020a, 23).

Zauberland oder in *Mittelerde* aus der Herr der Ringe-Saga, sondern in einer denkbaren empirischen Welt, in der es, entgegen dem Genre der Fantasy, keine Vampire, Trolle, Elfen oder Einhörner gibt. Die Grenzen bleiben dabei zwar durchaus fließend. Als ein wesentliches und wichtiges Merkmal der *Science Fiction* können wir jedoch die Tatsache des Weiterdenkens technischer Entwicklungen erkennen, wenngleich naturgesetzliche Schranken und Grenzen wie wir sie heute kennen oftmals überschritten werden.

Dabei können wir unsere Wertvorstellungen reflektieren und darüber nachdenken, welche mögliche Szenarien in der Zukunft auf uns warten. Unser moderner Fortschrittsglaube ermöglich es, uns eine weiterentwickelte Technik vorzustellen. *Science Fiction* kann uns dann bei den Überlegungen unterstützen, welche Zukunft wünschenswert erscheint – und welche gerade nicht. Dabei stehen nicht nur die technischen Errungenschaften und damit einhergehende Gefahren im Fokus, vielmehr betrachtet die *Science Fiction* meist die Fragen des Zusammenlebens der Menschen in der Zukunft und bindet diese auf unsere heutige Gesellschaft und deren Entwicklungen zurück.

Im Rahmen der auch literarischen *Science Fiction* wurden viele technische Entwicklungen, die sich in der Realität später bewahrheitet haben, gedanklich vorweggenommen. So schrieb Jules Verne bereits über ein U-Boot[45] und beschrieb einige technische Neuerungen dazu, noch bevor U-Boote endgültig einsatzbereit waren. Oder er schrieb über eine wissenschaftliche Expedition, der Reise zum Mittelpunkt der Erde[46]. Diese können wir als Menschen leiblich zwar (noch) nicht antreten, Tiefenbohrungen haben uns jedoch erhebliche Erkenntnisse über den Mittelpunkt der Erde gewinnen lassen. Flugtaxis, die wir beispielsweise aus den Filmen *Blade Runner* oder *Das fünfte Element* kennen, werden aktuell als Lösung der Verkehrsprobleme ernsthaft in Erwägung gezogen und erste Prototypen haben bereits abgehoben. Ob es dagegen technisch jemals möglich sein wird, uns oder andere Organismen durch den Raum von Ort zu Ort zu beamen (Teleportation), wie wir es aus *Star Trek* kennen, scheint aus heutiger Sicht utopisch und biologisch sowie physikalisch unmöglich zu sein. Planungen zum sog. *Hyperloop* gehen aber zumindest in diese Richtung: Mittels eines Röhrensystems, ähnlich der Rohrpost, soll es für Organismen möglich werden, große räumliche Distanzen in Überschallgeschwindigkeit und damit in kurzer Zeit zu überwinden. Die Überwindung der zeitlichen Dimension mittels Zeitmaschinen dagegen bleibt wohl Utopie – nach heutigem Erkenntnisstand!

---

[45] Vgl. Verne (1997) (französische Erstausgabe 1869/70).
[46] Vgl. Verne (2012) (französische Erstausgabe 1864).

Werfen wir gemeinsam noch einen Blick auf ein Beispiel technischer Entwicklung, das in der *Science Fiction* schon lange existiert und aktuell real wird:
das autonome Fahren. Und kommen wir dazu auch hier nochmals zurück auf
die KI und auf *Big Data* aus den vorangegangenen Abschnitten, mittels derer
wir Maschinen auf autonomes Fahren hin trainieren können. Die KI kann,
so nehmen wir heute an, niemals ethisch handeln und entscheiden. Wenn wir
Maschinen aber dennoch mit einer Art *moralischem Bewusstsein* programmieren wollen, wie zum Beispiel ein Fahrzeug verantwortlich zu lenken, gibt es
grundsätzlich drei Möglichkeiten, das zu tun: *Top-down* (eindeutige Programmierung nach festen Regeln, nach denen auch in moralischen Fragen entschieden
wird); *bottom-up* (Lernalgorithmen, mittels derer die KI mit der Zeit und in
der zunehmenden „Erfahrung" mit moralischen Dilemmasituationen dazulernen
kann) oder *hybrid* (Programmierung fester Regeln, von denen im Kontext abge-
wichen werden kann). Letztendlich läuft eine moralische Programmierung meist
auf utilitaristisch-konsequentialistische Positionen hinaus, denken wir an den
Abschn. 2.1.3 zurück. Verdeutlichen lässt sich das anhand eines markanten Beispiels, des sog. *Trolley-Problems*. Über dieses Problem wird schon sehr lange
nachgedacht. Damit zusammenhängende Fragestellungen gewinnen aktuell hohe
Relevanz im Rahmen aller Entwicklungen des autonomen Fahrens und damit also
einer technischen Möglichkeit, die in der *Science Fiction* schon lange existiert.

Ursprünglich untersucht das Trolley- (oder Weichensteller-)Problem die straf-
rechtliche Frage[47], wie ein menschlicher Weichensteller mit folgender Dilemma-
situation umgehen sollte: durch Umleitung eines Zuges an einer Weiche werden
Menschenleben auf der einen Seite des Schienenstrangs gerettet, auf der anderen
Seite dagegen Menschenleben gefährdet. Philippa Foot hat das Problem 1967[48]
so umformuliert, wie es bis heute im Rahmen der Ethik diskutiert wird. Demnach muss der Weichensteller in folgendem Szenario entscheiden: Ein Zug droht,
fünf Menschen zu überfahren. Indem die Weiche umgestellt wird, kann der Zug
zwar auf ein Nebengleis geleitet werden, auf dem dann aber ein Mensch durch
den Zug überfahren wird. Die Frage, die sich hier also moralisch stellt, ist diejenige, ob der Tod eines Menschen aktiv in Kauf genommen werden darf, um fünf
Menschenleben im Gegenzug zu retten oder nicht. In der Diskussion kann das
Beispiel beliebig erweitert werden; was also, wenn die fünf Menschen todkrank
und sehr alt wären, der eine Mensch auf dem Nebengleis dagegen ein gesunder
Säugling? Oder eine fünfköpfige Familie aus wirtschaftlich prekären Verhältnis-
sen auf der einen Seite steht einem Milliardär gegenüber, der gerade auf dem

---

[47] Vgl. Engisch (1930).
[48] Vgl. Foot (1967).

Weg ist, sein Vermögen in eine Stiftung zur Besserstellung armer Menschen einzubringen? Oder fünf Politiker:innen einer Regierung stehen auf der einen Seite und der erste auf der Erde gesichtete und in friedlicher Absicht als Späher einer fremden Spezies ausgeschickte Außerirdische steht auf der anderen Seite? Zeitgenössisch umgesetzt hat dieses Problem der Autor Ferdinand von Schirach in seinem Theaterstück „Terror", in dem ein Terrorist ein Flugzeug kapert und auf ein vollbesetztes Fußballstadion umleitet. Ein Kampfpilot schießt das Flugzeug ab, wodurch er zwar die Menschen im Fußballstadion rettet, alle Passagiere des Flugzeugs aber sterben. Der Kampfpilot muss sich vor Gericht verantworten, wobei die Theaterzuschauer als Richter:innen fungieren.[49] Die Situation bleibt ein unlösbares Dilemma, den theoretisch zu konstruierenden und damit moralisch zu diskutierenden Fällen sind dabei kaum Grenzen gesetzt.

Es gibt Probleme, die können schon wir Menschen mit unserem Verstand und Verständnis für die Problemsituation moralisch nicht zufriedenstellend lösen. Dennoch müssen wir eine Lösung finden und im Zweifel Verantwortung übernehmen. Wie steht es aber jetzt damit, wenn wir eine KI programmieren? Selbstverständlich muss es das Ziel sein, selbstfahrende Züge oder Automobile so zu programmieren, dass es zu Situationen, wie sie im Trolley-Problem geschildert werden, erst gar nicht kommt. Dennoch: Was tun, falls doch? Die Entscheidungen, die damit einhergehen, werden, wie schon erwähnt, meist unter utilitaristischen Gesichtspunkten diskutiert; welches ist also der geringstmögliche Schaden, der mit der einen oder der anderen Entscheidung verbunden ist? Und welche Kriterien sind zugrunde zu legen, um den geringstmöglichen Schaden zu identifizieren? Ob die Entscheidungen und Kriterien, die wir ansetzen und auf die hin wir die KI programmieren, dann auch tugendhaft, vernünftig, allgemeingültig oder fürsorglich sein können, wird dabei offen bleiben müssen. Im Trolley-Problem wird sich die Einstellung und das Problembewusstsein derer wiederfinden, die die KI programmieren. Und das verdeutlicht uns die Tatsache, dass Maschinen eben nicht wirklich autonom denken können, über kein Bewusstsein und über keinen freien Willen verfügen. Maschinen führen lediglich Befehle aus, auch wenn diese dann den Anschein eigenständigen, in diesem Sinne also autonomen Entscheidens, suggerieren können. Die Verantwortung können wir als Menschen daher nicht an Maschinen delegieren. Die Technikfolgenabschätzung gerade unter ethischen Aspekten, die wir oben bereits diskutiert haben, bleibt gefordert und ist unumgänglich. Die *organisatorische Hülle* (vgl. Abschn. 3.5) um die Technik bleibt demzufolge originär menschliche Aufgabe der Gesellschaft, der Politik und der Bildung.

---

[49] Vgl. von Schirach (2016).

Zusammenfassend bleibt festzuhalten: Anhand der Auseinandersetzung mit der Zukunft, literarisch und filmisch gefasst im Rahmen des Genres der *Science Fiction,* können wir imaginieren, wie künftiges Leben unter fortschreitender technischer Entwicklung und künftiges Zusammenleben rechtlich, gesellschaftlich, politisch und moralisch gestaltet werden kann und sollte. Diese Gedanken werfen uns dabei aber immer auf uns selbst zurück in der Frage, wie wir künftig zu erwartende Entwicklungen bereits heute steuern und beeinflussen wollen. Damit hängen ein unbedingter Lerneffekt und wiederum der Aspekt der Verantwortung zusammen, für die wir uns die phantastischen, faszinierenden, bild- und wortgewaltigen sowie utopischen Welten der *Science Fiction* zunutze machen können.

3.7   Anregungen zur Vertiefung

In den *Anregungen zur Vertiefung* findet sich hier wiederum Zweierlei: Fragen, die zur Reflexion sowie zur Diskussion anregen können sowie Literaturempfehlungen zum Weiterlesen bei vertieftem Interesse für einzelne Themen. Dabei habe ich bewusst auf mögliche „Musterlösungen" im Anschluss an die Fragen verzichtet, aus dem einfachen Grund, weil es solche nicht geben kann. Im eigenständigen Nachdenken, im Weiterforschen und im Rahmen von Diskussionen beispielsweise in Seminaren besteht immer die Möglichkeit, sich den Fragen zu nähern und allein oder in der Gruppe über mögliche Lösungen nachzudenken und zu debattieren. Die jedes Kapitel abschließenden Literaturempfehlungen stellen einen Ausschnitt dessen dar, was sich in Gänze im Literaturverzeichnis am Ende des Buchs wiederfindet.

Lesen Sie, denken Sie, diskutieren Sie!

Fragen zur Reflexion und Diskussion

- Wenn Sie an die Analogien von menschlicher Ausstattung und Werkzeugen zurückdenken, die Ernst Kapp entwickelt hat: Überlegen Sie, welche Werkzeuge oder Systeme Ihnen einfallen und welche Bezüge der Funktionsweise des menschlichen Körpers Sie herstellen können.
- Denken Sie an Günther Anders zurück. Kennen Sie das Gefühl der Scham vor der Technik, also eigener Unzulänglichkeit, wenn etwas nicht

funktioniert? Denken Sie an eigene erlebte Situationen zurück und wie es Ihnen dabei innerlich ergangen ist.

- Erinnern wir uns an Klaus Kornwachs. Versuchen Sie, alle Einflussfaktoren der *organisatorischen Hülle* auf einen beliebigen Bereich Ihres Leben umfassend zu durchdenken und anzuwenden.
- Im *Turing-Test* diskutieren ein KI-System oder ein Mensch mit einem weiteren verborgenen Menschen. Dieser muss herausfinden, ob es sich beim Gesprächspartner um das KI-System oder um einen anderen Menschen handelt. Die Erfolgsquote der KI bei der Täuschung gilt als Maß für das Erreichen nächster Stufen der Intelligenz. Diskutieren Sie, welche ethischen Aspekte Ihrer Meinung nach damit einhergehen.
- Welche Erfindung aus einem *Science Fiction*-Buch oder Film, die später Realität wurde, hat Sie am meisten beeindruckt? Reflektieren Sie, warum gerade diese Erfindung wichtig für Sie war oder ist.
- Welche Erfindung, die bspw. literarisch oder im Film bereits verarbeitet wurde, die aber noch keine Realität geworden ist, wünschen Sie sich dringend? Reflektieren Sie, warum gerade diese Erfindung für Sie wichtig ist.
- Denken Sie zurück an das Trolley-Problem: Wie würden Sie entscheiden im Falle des Luftwaffenpiloten, der entweder das vollbesetzte Passagierflugzeug abschießt oder das Leben aller Menschen eines vollbesetzten Fußballstadions gefährdet? Begründen Sie Ihre Entscheidung ethisch.

Zum Weiterlesen

Ein guter Sammelband, der einen umfassenden Blick auf das Thema der Technikethik eröffnet: Lenk, Hans und Ropohl, Günter (Hrsg.): Technik und Ethik. Stuttgart 1993.

Die Bedeutung Ernst Kapps auf die Entstehung und Entwicklung unserer modernen Technikphilosophie kann gar nicht hoch genug eingeschätzt werden. Zu empfehlen ist die Ausgabe im Meiner-Verlag, die die Bilddarstellungen der Originalausgabe übernimmt und der eine hervorragende Einleitung und Einordnung der Gedanken Kapps von Harun Maye und Leander Scholz vorangestellt ist: Kapp, Ernst: Grundlinien einer Philosophie der Technik. Zur Entstehungsgeschichte der Kultur aus neuen Gesichtspunkten. Hamburg 2015.

Zu den Chancen und Risiken der KI bezogen auf gesellschaftliche und demokratische Prozesse und damit auf das menschliche Zusammenleben empfiehlt sich: Bauberger, Stefan: Welche KI? Künstliche Intelligenz demokratisch gestalten. München 2020.

Für einen aktuellen Überblick über die Einsatzfelder der KI im Hochschulbereich bietet sich folgender Sammelband an, der auch die Grenzen des Einsatzes in den Blick nimmt: Schmohl, Tobias; Watanabe, Alice; Schelling, Kathrin (Hrsg.): Künstliche Intelligenz in der Hochschulbildung. Chancen und Grenzen des KI-gestützten Lernens und Lehrens. Bielefeld 2023.

Literatur

Anders, Günther. 1956. *Die Antiquiertheit des Menschen. Über die Seele im Zeitalter der zweiten industriellen Revolution.* Bd. I. München: Beck.

Anders, Günther. 1986. *Die Antiquiertheit des Menschen. Über die Zerstörung des Lebens im Zeitalter der dritten industriellen Revolution.* Bd. II. München: Beck.

Bauberger, Stefan. 2020. *Welche KI? Künstliche Intelligenz demokratisch gestalten.* München: Hanser.

Boyd, Danah, und Crawford, Kate. 2012. Critical questions for big data. Provocations for a cultural, technological, and scholarly phenomenon. *Information, Communication & Society,* 15(5):662–679. https://doi.org/10.1080/1369118X.2012.678878.

Chalmers, David J. 2023. *Realität +. Virtuelle Welten und die Probleme der Philosophie.* Berlin: Suhrkamp Verlag.

Domingos, Pedro. 2015. *The Master Algorithm. How the Quest for the Ultimate Learning Machine Will Remake our World.* London: Penguin Books.

Engisch, Karl. 1930. *Untersuchungen über Vorsatz und Fahrlässigkeit im Strafrecht.* Berlin: Liebermann.

Feiten, Michael, und Henning Stahlschmidt, Hrsg. 2024. *Digitalisierung und Digitalität. Interdisziplinäre Einblicke in technische Möglichkeiten und gesellschaftliche Phänomene.* Berlin: Frank & Timme.

Foot, Philippa. 1967. The problem of abortion and the doctrine of the double effect. *Oxford Review,* 5/1967. Oxford: Oxford University Press.

Gehlen, Arnold. 1950. *Der Mensch – seine Natur und seine Stellung in der Welt.* Bonn: Athenäum-Verlag.

Heinrichs, Bert, Heinrichs, Jan-Hendrik, und Rüther, Markus. 2022. *Künstliche Intelligenz.* Berlin/Boston: de Gruyter.

Jonas, Hans. 1987 (1979): Das Prinzip Verantwortung. Versuch einer Ethik für die technologische Zivilisation. Frankfurt a. M.: Insel-Verlag.

Kapp, Ernst. 2015. *Grundlinien einer Philosophie der Technik. Zur Entstehungsgeschichte der Kultur aus neuen Gesichtspunkten.* Hamburg: Felix Meiner Verlag.

Kornwachs, Klaus. 2013. *Philosophie der Technik*. München: C.H. Beck.

Kovács, Lázló, Hrsg. 2023. *Künstliche Intelligenz und menschliche Gesellschaft*. Berlin/ Boston: de Gruyter. https://doi.org/10.1515/9783111034706.

Lenk, Hans, und Günter. Ropohl, Hrsg. 1993. *Technik und Ethik*. Stuttgart: Reclam.

Lenzen, Manuela. 2023. *Künstliche Intelligenz. Was sie kann und was uns erwartet*. München: C.H. Beck.

Lesch, Harald, und Klaus Kamphausen. 2019. *Wenn nicht jetzt, wann dann? Handeln für eine Welt, in der wir leben wollen*. München: Penguin.

Meadows, Dennis L. 1972. *Die Grenzen des Wachstums: Bericht des Club of Rome zur Lage der Menschheit*. Stuttgart: Deutscher Taschenbuch-Verlag.

McCarthy, John, Minsky, Marvin, Rochester, Nathaniel, und Shannon, Claude. 1955. *A Proposal for the Dartmouth Summer Research Project on Artificial Intelligence*. http://raysol omonoff.com/dartmouth/boxa/dart564props.pdf. Zugegriffen: 20. Febr. 2025.

Mitscherlich-Schönherr, Olivia, Hrsg. 2021. *Das Gelingen der künstlichen Natürlichkeit. Mensch-Sein an den Grenzen des Lebens mit disruptiven Biotechnologien*. Berlin/Boston: de Gruyter.

Nielen, Holger. 2020a. *Philosophische Grundprobleme in der Science Fiction I – Prolegomena, Geschichtsphilosophie, Metaphysik*. Berlin: Logos Verlag.

Nielen, Holger. 2020b. *Philosophische Grundprobleme in der Science Fiction II – Erkenntnistheorie, Anthropologie, Ethik*. Berlin: Logos Verlag.

Pietsch, Wolfgang. 2021. *Big Data. Elements in the Philosophy of Science*. Cambridge: Cambridge University Press.

Rathgeber, Benjamin, und Maier, Markus, Hrsg. 2025. *Grenzen Künstlicher Intelligenz*. Stuttgart: Kohlhammer.

Ropohl, Günter. 1999: *Allgemeine Technologie. Eine Systemtheorie der Technik*. München: Hanser.

Schmohl, Tobias, Watanabe, Alice, und Schelling, Kathrin, Hrsg. 2023. *Künstliche Intelligenz in der Hochschulbildung. Chancen und Grenzen des KI-gestützten Lernens und Lehrens*. Bielefeld: transcript Verlag.

Searle, John R. 1980. Minds, Brains, and Programs. In *Behavioral and Brain Sciences*, 3:417–425. Cambridge: Loewe.

Schwab, Gustav, und Hans Friedrich Blunck. 1993. *Die schönsten Sagen des klassischen Altertums*. Stuttgart: Liesching.

Spiegel, Mirco. 2022. *Hyperrealität und Transhumanismus. Der Mensch in der simulierten Gesellschaft*. Wiesbaden: Springer VS.

Süddeutsche Zeitung. 2023. https://www.sueddeutsche.de/wirtschaft/ki-kuenstliche-intell igenz-ausloeschung-menschen-open-ai-1.5892228. Zugegriffen: 21. Juni 2024.

Torres, Émile P. 2023. *The Acronym Behind Our Wildest AI Dreams and Nightmares*. Truthdig. https://www.truthdig.com/articles/the-acronym-behind-our-wildest-ai-dreams-and-nightmares/. Zugegriffen: 20. Febr. 2025.

Turing, Alan M. 1937. On computable numbers, with an application to the ‚entscheidungsproblem'. *Proceedings of the London Mathematical Society*, 2(42):230–265. In *The Essential Turing*, Hrsg. B. Jack Copeland, 58–90. Oxford: Clarendon Press.

VDI e.V. für Ingenieur*innen und Naturwissenschaftler*innen. Positionspapier „Ethische Grundsätze des Ingenieursberufs". https://www.vdi.de/themen/ethische-grundsaetze#:~: text=Das%20Grundsatzpapier%20stellt%20diese%20in%20drei%20Kapiteln%20vor% 3A,Wie%20k%C3%B6nnen%20sie%20diese%20in%20die%20Praxis%20umsetze n%3F. Zugegriffen: 21. Juni 2024.

Verne, Jules. 2012. *Die Reise zum Mittelpunkt der Erde.* Köln: Anaconda Verlag.
Verne, Jules. 1997. *20.000 Meilen unter den Meeren.* Frankfurt a. M.: Fischer Taschenbuch
      Verlag.
von Schirach, Ferdinand. 2016: *Terror. Ein Theaterstück und eine Rede.* München: btb.
Wiegerling, Klaus, Michael Nerurkar, und Christian Wadephul, Hrsg. 2020. *Datafizierung
      und Big Data. Ethische, anthropologische und wissenschaftstheoretische Perspektiven.*
      Wiesbaden: Springer VS.

Einführung in die Wirtschafts- und Unternehmensethik

4

Technische Neuerungen werden überwiegend an Hochschulen und Universitäten sowie in und durch privatwirtschaftlich organisierte Unternehmen erforscht und entwickelt. Dazu gründen sich oftmals *Start-ups* aus der Hochschullandschaft aus, um Neuerungen marktfähig zu produzieren, bestehende Unternehmen kaufen sich Akademiker:innen mit dem entsprechenden Fachwissen ein oder es kommt zu Kooperationen zwischen Unternehmen und Hochschulen bzw. Universitäten.

In der marktmäßigen, d. h. betriebswirtschaftlichen Erstellung, also der Produktion, und der Verwertung, damit des Verkaufs von Sachgütern (Konsum- und Investitionsgütern) sowie Dienstleistungen, treffen zwei wesentliche Aspekte aufeinander: Unternehmen entwickeln neue Techniken (Verfahren, Artefakte, Dinge, Güter) und nutzen gleichzeitig die Technik, um zu produzieren. Daneben erwachsen Dienstleistungsangebote, die sich (1) entweder um Leistungen rund um die Erstellung dieser Artefakte drehen, (2) der Aufrechterhaltung der Gebrauchsfähigkeit und dem Servicegedanken der verkauften Sachgüter dienen oder (3) direkt auf diejenigen wirken, die diese nachfragen, wie etwa ein Haarschnitt oder eine U-Bahn-Fahrt.

Das Ziel all dessen im Rahmen der Sachgüter- und Dienstleistungsproduktion ist es, vor allem insofern diese privatwirtschaftlich organisiert ist, *unternehmerischen Erfolg* zu erzielen. Finanzwirtschaftliche Unternehmensziele, wie etwa Rentabilität, Sicherheit, Liquidität oder Wachstum sollen oder müssen erreicht und möglichst maximiert werden. Diese Erreichung bzw. Maximierung wird den Unternehmen von den sog. *Stakeholdern* (Anspruchsgruppen) abverlangt – ein Begriff, auf den wir weiter unten noch vertieft zurückkommen werden. Aber neben der Erreichung der finanzwirtschaftlichen steht ebenso die Forderung nach

A. Braml, *Angewandte Ethik der Wissenschaft – Technik – Wirtschaft – Medien*, https://doi.org/10.1007/978-3-658-48770-6_4

Erreichung nicht-finanzwirtschaftlicher Ziele. Darunter fallen etwa die Nachhaltigkeit, die Kunden- und Mitarbeiterzufriedenheit, die Qualität oder soziale Ziele. Alle bzw. die meisten dieser einzelnen Ziele stehen in unmittelbarem Zusammenhang miteinander. Das können wir uns gut an einem markanten Beispiel verdeutlichen: Steigende Kundenzufriedenheit führt meist zu steigenden Umsätzen von Unternehmen, was sich etwa positiv auf das Ziel des Wachstums auswirkt. Daher sind die Entscheidungsträger in Unternehmen gefordert, alle Ziele in Hierarchiesysteme zu bringen sowie kurz-, mittel- und langfristige Zielvorgaben zu planen.

Diese Zusammenhänge und Tätigkeiten, die wir allgemein als *Wirtschaften* bezeichnen, werden wir nachstehend anhand übergeordnet ethischer sowie konkret moralischer Gesichtspunkte untersuchen. Mit einer Einführung in den Themenkomplex zur Wirtschafts- und Unternehmensethik inklusive eines historischen Abrisses wirtschaftlicher und wirtschaftsethischer Theorien von der Antike bis heute werden wir uns dem Thema annähern (Abschn. 4.1). Im Zuge der modernen Auseinandersetzung mit wirtschaftsethischen Fragen werfen wir im Anschluss daran einen vertieften Blick auf den schottischen Moralphilosophen Adam Smith (1723–1790). Smith, dem die Metapher der *unsichtbaren Hand* der Marktsteuerung zugeschrieben wird, hat unser modernes Verständnis arbeitsteiliger Produktion stark beeinflusst (Abschn. 4.2).

Im Rahmen der zeitgenössischen deutschsprachigen Wirtschafts- und Unternehmensethik werden wir anschließend daran vertieft auf die Gedanken der beiden Wirtschaftsethiker Karl Homann (*1943) und Peter Ulrich (*1948) eingehen, die wichtige deutschsprachige Denkschulen begründet haben. Während Homann (Abschn. 4.3) dem wirtschaftlichen Primat des Marktes verhaftet bleibt, stellt Ulrich (Abschn. 4.4) das ethische Primat des Lebens in den Vordergrund. Die wichtigen Gedanken Lisa Herzogs (*1983), die über zukunftsfähige Demokratisierungsprozesse in Unternehmen nachdenkt, werden den Abschluss dieses Teils zu den Theorien exemplarischer Denker:innen bilden (Abschn. 4.5).

Im Anschluss daran werden wir uns darauf aufbauend mit aktuellen Entwicklungen und Fragestellungen beschäftigen (Abschn. 4.6), die sehr stark wiederum den Aspekt der Verantwortung (vgl. Abschn. 1.3) in den Blick nehmen werden: Die SDG 17 (*Sustainable Development Goals*) der Vereinten Nationen (UN), Strömungen der Wachstumskritik und Postwachstumstheorien sowie die Frage, inwieweit Unternehmen sich als verantwortliche Akteure der Zivilgesellschaft verstehen sollten. Den Abschluss des Teils zur Wirtschafts- und zur Unternehmensethik bilden dann wiederum Fragen, die zum Diskutieren und Nachdenken anregen können, sowie einige Literaturhinweise, die zum Weiterlesen einladen sollen (Abschn. 4.7).

4.1 Theorien des Wirtschaftens von der Antike über das Mittelalter bis heute

Bereits seit der Antike hat es ein Nachdenken über wirtschaftliche Zusammenhänge gegeben, die wir uns weiter unten in einem kurzen Abriss und Überblick erarbeiten werden. Im Rahmen unseres heutigen Verständnisses haben sich seitdem unterschiedliche Systeme durchgesetzt. In den USA herrscht etwa ein vielfach unreguliertes kapitalistisches System des freien Marktes vor. In den Zeiten des sog. *Kalten Krieges* konkurrierten der Kapitalismus und der Sozialismus bis zum Zusammenbruch des russischen bzw. osteuropäischen Staatssozialismus mit dem Fall der *Berliner Mauer* 1989. Heute gibt es nur noch wenige Staaten mit einem ausdrücklichen sozialistischen Kommunismus als Staats- und Wirtschaftsform in einem Einparteiensystem wie etwa Kuba oder Nordkorea. Die Volksrepublik China nimmt eine hybride Sonderstellung ein, indem dort versucht wird, den Staatskommunismus als Staatsform mit kapitalistisch organisierter Marktwirtschaft in Einklang zu bringen.

In unserer Demokratie der Bundesrepublik Deutschland leben wir in, mit und von der sog. *Sozialen Marktwirtschaft,* die den freien Markt zu Gunsten einer Grundabsicherung der Menschen stärker einschränkt. Die *Soziale Marktwirtschaft* verbindet den Kapitalismus mit einer staatlich geregelten Ordnungs- und Sozialpolitik. Allgemeine Rahmenbedingungen für dieses System stellen u. a. die Unabhängigkeit der Gewalten im Staat, die Unabhängigkeit der Zentralbanken sowie die wesentliche Trennung von Staat und Kirche dar. Spezielle Rahmenbedingungen finden wir beispielsweise in der Sozialgesetzgebung, die durch die Sozialversicherungsträger im Rahmen der gesetzlichen Renten-, Kranken- und Pflege-, Unfall- sowie Arbeitslosenversicherung umgesetzt wird. Auch die Tarifautonomie, also die Tatsache, dass Arbeitgebervertreter und die Gewerkschaften als Arbeitnehmervertreter die Gehälter und Tarifverträge für Angestellte ohne staatliche Eingriffe autonom verhandeln dürfen, ist ein wesentliches Merkmal unserer Organisation des Wirtschaftslebens.

Die „Wirtschaft" und das Wirtschaftsleben sind keine abstrakten Gebilde, vielmehr die uns alle umgebende Realität und damit Teil unseres Lebens und unserer Kulturtätigkeit. Trotz aller in Teilen berechtigten Kritik an diesem System, die sich etwa auf negative Entwicklungen wie Bankenkrisen, Gehaltsexzesse in Führungsetagen, Betrug, Firmenpleiten oder die Umweltverschmutzung beziehen: Wirtschaft ist nicht *per se* „böse", sondern unabdingbare und basale Voraussetzung für unser Überleben. Jede:r von uns *wirtschaftet* schon für sich selbst, im Rahmen seines eigenen Lebens und Haushaltes. Wir müssen zumindest unsere Grundbedürfnisse befriedigen und können weitere Bedürfnisse stillen, sofern das verfügbare Einkommen und/oder das vorhandene Vermögen dafür ausreichen und ein entsprechendes Angebot an Sachgütern und Dienstleistungen vorhanden ist. Nicht zuletzt bedeutet das griechische Wort *oikonomia,* also Ökonomik oder Ökonomie, wörtlich das „Hausgesetz", damit die gesetzmäßige, rationale Führung eines Haushalts. Einen „Haushalt" führen wir aber nicht nur im Privaten. Ein solcher wird dem Begriff nach auch beispielsweise im Politischen, also bei der Planung der Verwendung der Einnahmen eines Staates und damit dem Wirtschaften mit Steuergeldern aufgestellt.

Leiten wir damit über zum Kernpunkt dieses Abschnitts, also zur Wirtschafts- und Unternehmensethik. Folgendes Zitat verdeutlicht diese Zusammenhänge vom Lebenserhalt bis zu ethischen Grundüberlegungen dazu gut:

> „Der einfache Grund für die bleibende Gültigkeit bestimmter Grundüberlegungen zum Ökonomischen besteht darin, daß das Ökonomische selbst in bestimmter Hinsicht eine bleibende Größe des menschlichen Weltverhältnisses bzw. der Kulturtätigkeit des Menschen ist. Wir stehen, wenn man so will, beim Wirtschaften vor einem Grundphänomen menschlichen Welt- und Selbstverständnisses, das in mancher Hinsicht dieses Verhältnis zu allen (geschichtlichen) Zeiten betrifft. [...] daß der Horizont des Wirtschaftens unmittelbar etwas mit unserer Beziehung auf uns, die Welt und andere, auch mit unserem konkreten Selbstbild zu tun hat, wird bereits klar, wenn wir bedenken, daß alles Wirtschaften immer etwas mit der Selbsterhaltung des Menschen (als Individuum wie besonders als Gattungswesen) im Rückgriff auf Naturressourcen, also auf eine als dem Menschen zu Gebote stehend angesehene Natur zu tun hat. [...] [und das] betrifft nicht etwa nur diesen oder jenen einzelnen, sondern auch die Gemeinschaften bis hinauf zum Staat. [...] und [...] daß es im Sinne der Frage nach der Legitimität und der Priorität der Ziele, die die Wirtschaft realisiert, immer auch um ethische (normative) Fragen geht."[1]

Verbunden sind mit wirtschaftlichen Tätigkeiten also auch ethische Fragestellungen, damit die Fragen nach dem, was wir im Wirtschaftssystem und als Bürger:innen eines Staates in verschiedenen Rollen (Unternehmer, Arbeitnehmer, usw.) zwar können und dürfen, aber ebenso, was wir wollen und sollen.

Der nachstehende historische Abriss der Entwicklung zu Gedanken der Ökonomie und des Wirtschaftslebens dient dem Verständnis dessen, warum wir in unserem Kulturkreis da angelangt sind, wo wir nun einmal stehen. Wer sich aber unmittelbar mit den konkreten und aktuellen wirtschaftsethischen Fragen beschäftigen möchte, der/dem sei freigestellt, diesen Teil des einordnenden Kapitels zu überspringen.

---

[1] Röttgers (2011, 84).

Bereits beim Vorsokratiker **Thales von Milet** (624-ca. 547 vor Christus), der in Kleinasien, also etwa dem heutigen Griechenland, lebte und der meist an den Beginn unseres heutigen Philosophieverständnisses gesetzt wird, beginnt die Auseinandersetzung mit ökonomischen Themen. Aristoteles zumindest erzählt eine Anekdote über Thales dergestalt, als Thales in seiner Funktion als Sterndeuter eine große Olivenernte vorhergesehen habe. Daher habe er sich noch im Winter in Milet alle Ölpressen recht günstig auf Kommission gemietet. Als tatsächlich eine unfassbare Menge an Oliven geerntet werden konnte, habe Thales die Ölpressen für horrendes Geld an die Olivenbauern weitervermietet. Einerseits schreibt hier Aristoteles dem Philosophen die „Erfindung" des Monopols zu. Andererseits wollte Thales demnach damit tatsächlich wohl nicht primär reich werden (das ist kein philosophisches Bestreben), sondern lediglich beweisen, dass man als Philosoph durchaus reich werden könne, wenn man wolle.[2]

Im Werk *Politeia* **Platons** (427–347 v. Chr.) finden sich, wir würden heute sagen, wirtschaftsphilosophische Einlassungen, die auf Gerechtigkeitsaspekte im sozialen Zusammenleben in einem Staat abzielen. Sein Schüler, der uns aus den vorangegangenen Kapiteln bereits bestens bekannte **Aristoteles,** untersuchte unter anderem Fragen der Haushaltsführung (eben der *oikonomia*) und der Erwerbskunst.

Die **Stoiker,** deren bekanntester Vertreter wohl **Seneca** (1–65 n. Chr.) ist, waren die ersten Denker, bei denen dann durchaus Vorbehalte gegen, nennen wir es, die Wirtschaft aufkamen. Stoiker leben gerade unter dem Aspekt der Gleichheit aller Menschen, unabhängig von Stand, Herkunft oder des äußeren Besitzes. Im stoischen Sinne soll ein Individuum autark sein, ein authentisches Leben führen und der Philosoph als „Weiser", in sich Ruhender, Innerlicher, sollte Repräsentant der Weltvernunft sein. Alle äußeren Relationen, wie vertragliche, eigentumsrechtliche oder monetäre Aspekte, stehen dagegen unter dem Verdacht, den Menschen von sich selbst zu entfremden und damit unter moralischem Vorbehalt, stehen vielleicht sogar unter Generalverdacht.

Im Mittelalter haben sich dann die sog. **Kirchenväter, wie etwa Aurelius Augustinus** (354–430), der Heilige Augustinus also, im Rahmen der Christenlehre und der Überlieferungen der Heiligen Schrift Gedanken zum Thema Wirtschaften gemacht. Besondere Bedeutung fanden diese Gedanken dann auch im Zuge der zunehmenden Verstädterung und der Gründung von Marktplätzen. An diesen kamen einerseits Händler zusammen, um Waren gegen Waren oder Waren gegen Geld zu tauschen. Andererseits ließen sich dann beispielsweise Handwerker mit ihren Familien nieder und Gasthäuser wurden eröffnet.

---

[2] Vgl. Hofmann (2009, 11).

Der Adel (der sich von den leibeigenen Bauern beliefern ließ) und der Klerus (also die Kirche) als Großrundbesitzer nahmen hier auf unterschiedliche Art und Weise Einfluss auf die Gesellschaft. Die Umstellung der Natural- auf eine Geld- wirtschaft und das Münzprivileg der Städte, was alles unser heutiges System mitbegründete, sind hier mit zu nennen. Ein Aspekt, den es kurz zu erwähnen gilt, ist das **mittelalterliche Zinsverbot,** das sich auf das biblische Zinsverbot (sowie in Anlehnung an das gerechte und tugendhafte Menschenideal des Aris- toteles) berief. Gründe für das Zinsverbot finden sich in der Tatsache, dass die Erhebung eines Zinses auf geliehenes Geld als Ausnutzung der Notlage eines Dritten angesehen wurde, wodurch die Not noch weiter vergrößert wird. Trotz allem gab es Zins und Wucher, wenn auch oftmals im Verborgenen.

Mit **Thomas von Aquin** (1225–1274), dem Heiligen Thomas, rückten Fragen wie die nach dem gerechten Preis, im Zusammenhang damit nach Ungerechtig- keit, nach Tauschgerechtigkeit, Nachteilsausgleich und dem objektiven Wert in den Fokus. Nach Thomas kann finanzieller Gewinn als Ausgleich für die Mühe betrachtet werden, darf aber nicht zum Ziel selbst werden.

Mit der **Reformation,** zu nennen wäre exemplarisch **Martin Luther** (1483– 1546), kann der Umbruch vom Mittelalter zur Neuzeit in wirtschaftsphiloso- phischer Sicht begründet werden. Dem Wirken des Menschen im Jetzt kam mit den reformatorischen Gedanken plötzlich eine andere Rolle zu. Allein mit Abbitte, Buße und Beichte der katholischen Kirche war es nicht mehr getan. Der Grundstock der Bestimmung der Arbeit als maßgebliches Kriterium des Selbstverständnisses der Person wurde in dieser Zeit gelegt. Das Ethos, also das Bewusstsein von der Arbeit und vor allem des Berufs, bei gleichzeitig persönlichem Verzicht stand im Vordergrund.

Einen kurzen Blick sollen wir in diesem Zusammenhang noch auf die These **Max Webers** (1864–1920) werfen, nach der die Reformation an sich den „moder- nen" Kapitalismus, wie wir ihn kennen, begründet habe. Reichtum auf der einen Seite und Sparen auf der anderen Seite sind demnach Merkmale einer „protes- tantischen Ethik", nach der man Gott bereits zu Lebzeiten zu Wohlgefallen sein soll. Der Beruf wird zur Pflicht, Gott zu Wohlgefallen sein heißt auch, zu arbei- ten und damit Geld zu verdienen, Müßiggang ist demnach Laster. Das nur sehr verkürzt zur Diskussion, die aber nach wie vor geführt wird. Ein Aspekt dazu: Diese Auffassung Webers wird oftmals als Erklärungsversuch dazu herangezo- gen, warum nördlichen, überwiegend protestantischen Ländern (in Europa, inkl. dann auch Deutschland) größerer wirtschaftlicher Erfolg zugeschrieben wird, als südlichen (Italien, Spanien, Portugal, Griechenland, usw.), vorwiegend katholisch geprägten Ländern. Das stellt eine sicherlich unzulässige Verkürzung der Dis- kussion dar, zumal die Theorie Webers auch nicht erklären kann, warum dann

z. B. Japan (Buddhismus und Shinto dort als Hauptreligionen) ebenfalls kapitalistisch und gewinnorientiert organisiert ist und weltweit erfolgreiche Unternehmen hervorgebracht hat.

Um den Übergang auf unser heutiges System arbeitsteiliger Produktion abschließend zu verdeutlichen, sei als Brücke in Richtung der „neuesten" Zeit der schon erwähnte **Adam Smith** genannt, dem aufgrund seiner Bedeutung allerdings ein eigenes Kapitel im Anschluss (vgl. Abschn. 4.2) gewidmet ist.

Im Zuge des Zeitalters der beginnenden Industrialisierung, damit der Umstellung der Wirtschaft auf ein höchst arbeitsteiliges Produzieren, rückte die soziale Frage stark in den Fokus. Der wirtschaftliche Boom, den die stetig weiter industrialisierte Wirtschaft ab ca. 1850 entfachte, schlug sich keineswegs positiv auf ein besseres Leben oder die finanzielle Situation vieler Menschen nieder. Die Arbeitskraft wurde durch die Kapitalisten ausgebeutet, große Teile der Bevölkerung verarmten, Kinderarbeit war an der Tagesordnung. Im Zuge dieser Fragen entstanden die Sozialdemokratie und die beginnende Sozialversicherung in Deutschland. Gleichzeitig konnten aber auch die politischen Theorien von **Karl Marx** (1818–1883) ihre Bedeutung entfalten. Was Marx unternommen hat, war es – salopp ausgedrückt – folgende Frage zu untersuchen: Gut, Ihr (die Industrie, der Staat) sagt uns, der Kapitalismus soll (angeblich) zum Vorteil aller sein. Dann schauen wir uns doch mal an, ob das stimmt. Und basierend auf seinen Untersuchungen zu dieser Fragestellung hat Marx dann die Argumente für einen ungezügelten Kapitalismus untersucht, größtenteils widerlegt und daraus seine (kommunistische) Theorie entwickelt.

Im Zuge der Diskussionen im 20. Jahrhundert, die bis heute nachwirken, möchte ich abschließend zu diesem Kapitel exemplarisch noch einige Denker nennen:

- **Georg Simmel** (1858–1918) wirft mit seiner *Philosophie des Geldes* einen kulturspezifischen Blick auf die Wirtschaft.
- Der bereits erwähnte **Max Weber** blickte in soziologischer Perspektive auf die Entwicklungen seiner Zeit.
- **John Maynard Keynes** (1883–1946), der Begründer des noch heute nachwirkenden und diskutierten Keynesianismus, vertrat eine wirtschaftspolitische Sicht und forderte eine antizyklische Investitionspolitik. Kurz gesagt: in Zeiten des Abschwungs bzw. der Rezession ist Staatsverschuldung in Kauf zu nehmen, um die Nachfrage anzukurbeln. Staaten sind dem folgend gefordert, wirtschaftspolitische Maßnahmen zu ergreifen. Ansätze, die noch heute bei uns im politischen Alltag diskutiert werden, unter anderem im Rahmen der Einhaltung des sog. *Stabilitätsgesetzes* der Bundesrepublik Deutschland. Die

Politik ist demnach verpflichtet, im Zuge der Rahmenbedingungen des Wirtschaftens für Preisstabilität, niedrige Arbeitslosigkeit, außenwirtschaftliches
Gleichgewicht und Wirtschaftswachstum zu sorgen.

Zum Abschluss und zur Überleitung auf die nächsten Abschnitte zu den
Grundlagen und Inhalten unserer heutigen Theorien der Wirtschafts- und Unternehmensethik noch kurz einige Worte zur Entstehung der Terminologie an sich.
Geld und Geist wurden lange als unvereinbar angesehen, trotz aller Gedanken,
die sich – wie wir gesehen haben – zu der Verbindung der beiden Bereiche
seit der Antike und Thales von Milet gemacht wurden. Im deutschsprachigen Raum taucht der Begriff der *Wirtschaftsethik* erstmalig im 19. Jahrhundert
auf. Die sog. *business ethics* U.S.-amerikanischer bzw. angelsächsischer Prägung dagegen unterscheiden sich von dem, was wir im deutschsprachigen Raum
unter Wirtschaftsethik verstehen. Diese Unterschiede speisen sich aus kulturellen
Unterschieden, die sich unter anderem in einem anderen Verständnis individueller
Freiheit, staatlicher Eingriffe in das Leben oder der Zuschreibung individueller
Verantwortlichkeit für die eigene Lebenssituation niederschlagen. In den USA
herrscht nach wie vor das Idealbild (und Trugbild!) des sog. *Selfmade-Millionärs*
(Schlagwort „vom Tellerwäscher zum Millionär") vor. Jeder Mensch ist demnach eigenverantwortlich für materiellen Wohlstand und kann alles im Leben
erreichen, wenn er nur hart genug dafür arbeitet. Wie schwer es sozialstaatliche
Gedanken in den USA haben, lässt sich mit den Widerständen und Schwierig-
keiten der Einführung schon einer nur basalen sozialen Krankenversicherung für
alle Menschen ablesen, die der damalige Präsident Barack Obama 2010 umgesetzt hat („Obamacare"). Gleichzeitig propagieren viele *business-ethics*-Ansätze
einen (meist ungezügelten) Kapitalismus in der Vorstellung, der Markt würde im
wahrsten Sinne alles regeln. Gedanken, die für uns in unserem System der sozialen Marktwirtschaft und der staatlich gelenkten sozialen Absicherung eher fremd
sind.

Blicken wir dazu vertieft auf einen markanten Ansatz, den des Shareholder-
Values gegenüber dem stakeholderorientierten Ansatz. Der *Shareholder-Value-
Ansatz* schiebt einseitig das Gewinninteresse eben des Shareholders, des wörtlich
Anteilseigners, also des Eigentümers eines Unternehmens, in den Vordergrund.
Diesem Ziel sind alle wirtschaftlichen Tätigkeiten des Unternehmens unterzuordnen und dieses Verständnis entspricht stark neoliberalem Gedankengut. Anders
dagegen der *Stakeholderansatz;* der englische Begriff „stake" kann mehrerlei
bedeuten: Anteil, Einfluss, Beteiligung; „to be at stake" bedeutet, dass etwas
auf dem Spiel steht, „to have a stake" bedeutet, ein Interesse, einen Anspruch

zu haben. Der Vordenker dieser Theorie ist der amerikanische Wirtschaftswissenschaftler Edward Freeman (*1951), der den Begriff ursprünglich und in unserem heutigen Verständnis prägte. Der „Shareholder", also der Eigentümer, der Anteilseigner mit einem berechtigten Gewinninteresse im Zuge der Verzinsung auf sein eingesetztes Kapital, ist dann eben nur *eine* Anspruchsgruppe! Der Begriff des oder der „Stakeholder" bezeichnet umfassende (gesellschaftliche) Ansprüche an ein Unternehmen. Dieses Anspruchsgruppenkonzept bezieht sich dann einerseits auf direkt Beteiligte, die mit dem Unternehmen in Wechselwirkung stehen, wie die Kunden, Lieferanten, Mitarbeitende, Banken, Ratingagenturen, der Staat oder die Öffentlichkeit. Diese Aufzählung beruht auf dem Verständnis von Stakeholderbeziehungen aufgrund von Verträgen (Kaufvertrag, Liefervertrag, Kreditvertrag oder Arbeitsvertrag) oder von Macht bzw. Sanktionsmacht (Eigentümer, gesetzliche Regelungen durch den Staat oder Konsumentenmacht). Im sog. *Stakeholderdialog* kommt das Unternehmen mit Vertretern dieser Anspruchsgruppen zusammen und beantwortet Fragen, die die jeweiligen Interessen unmittelbar tangieren. Heute wird der Kreis der Stakeholder unter wirtschaftsethischen Aspekten ungleich weitergedacht. Erfasst werden müssen auch Gruppen, die berechtigte Ansprüche an ein Unternehmen und dessen wirtschaftliche Tätigkeit haben, auch wenn weder eine vertragliche Beziehung noch wirkliche machtbasierte Möglichkeiten vorliegen. Noch weiter gefasst wird der Kreis, wenn wir an Anspruchsgruppen denken, die selbst über (noch) keine eigene Stimme verfügen, diese Ansprüche überhaupt auch zu artikulieren. Hierbei können wir zum Beispiel etwa an teilweise sogar noch unentdeckte indigene Völker im Amazonasgebiet denken, ebenso aber an die Natur an sich oder künftige, noch ungeborene Generationen. Diesen Gruppen ist, nimmt man ethische Gedanken ernst, im Dialog eine Stimme zu verleihen. Diesen Stimmen kann im Dialog etwa durch Stellvertreter:innen Gehör verschafft werden, die im Sinne der genannten Gruppen auftreten und argumentieren.

Wirtschaft bzw. Wirtschaften meint, wie aufgezeigt, stets bereits ein Teilsystem menschlichen Zusammenlebens. Dieses soziale Zusammenleben in der Gemeinschaft verlangt menschliche Handlungen zur Sicherung der Lebensgrundlage und Verbesserung der Lebensumstände. Diese Handlungen müssen reflektiert und normativ beurteilt werden, will man gewisse Maßstäbe an ein solches System anlegen. Die Ethik selbst behandelt als einen Teilbereich die Wirtschafts- und Unternehmensethik. Dazu untersuchen wir wirtschaftliches Handeln nach den Kriterien der Ethik auf drei Ebenen: (1) ...die Makroebene, die der Ebene der *Wirtschafts*ethik entspricht. Dabei blicken wir auf die gesamte Wirtschaft sowie auf das Verhältnis zwischen Wirtschaft, Gesellschaft und Staat. (2) ...die Mesoebene, die der Ebene der *Unternehmens*ethik entspricht. Hier stehen die

Unternehmen selbst als Teil des Wirtschaftsprozesses im Fokus. (3) …die Mikro-
ebene, die der Ebene der *Unternehmer*ethik entspricht. Hier stehen individuelle
Entscheidungen und Handlungen der einzelnen Unternehmer:innen[3] und letztlich
aller Mitarbeiter:innen in Unternehmen im Mittelpunkt.

In der auch philosophischen und wirtschaftsethischen Auseinandersetzung mit
vielen dieser Themen entstanden bei uns, zeitlich gesehen erst recht spät, auch
deutschsprachige Denkschulen. Diese sind bis heute prägend und wir kommen in
den weiteren Kapiteln darauf zurück. Zuvor klären wir, wie bereits angekündigt
und als Überleitung, Adam Smiths Gedanken eines liberalen Wirtschaftsverständnisses. Daran schließen sich die beiden doch konträren, dabei exemplarischen
zeitgenössischen deutschen Denkschulen Karl Homanns (Primat des Marktes)
und Peter Ulrichs (Primat der Ethik) an. Lisa Herzog und ihre Gedanken
einer zukunftsfähigen Arbeitswelt bilden dann den Abschluss der exemplarisch
dargestellten Denkschulen und Theorien.

4.2   Adam Smith und die *invisible hand*

Was für alle bisher dargestellten und untersuchten Theorien sowie Denker gilt,
das gilt auch hier: Dem Werk des schottischen Moralphilosophen Adam Smith
(1723–1790) im Rahmen einer solchen Einführung gerecht zu werden, ist nicht
möglich. Wir werden uns daher auf die wichtigsten Gedanken beschränken müssen, die dann auch relevant für die weiteren Ausführungen zu den heutigen
wirtschaftsethischen Denkschulen sind.

Zur zeitlichen Einordnung: Die *Französische Revolution* von 1789–1799
können wir als Wegmarke definieren, die den Übergang von einem feudal-
absolutistischen System in Richtung heutiger demokratischer Staatsformen
begründet hat. Auf den Bereich der Wirtschaftssysteme bezogen gewannen daran
anschließend nach und nach auch Konzepte marktwirtschaftlicher Prägung ihre
Bedeutung. Adam Smith selbst starb kurz nach Ausbruch der *Französischen
Revolution*. Er machte sich zu seiner Zeit jedoch bereits Gedanken zu Vertei-
lungsfragen, zu Folgen des Außenhandels oder zur Rolle des Staates in der

---

[3] Entsprechend der in anderen Kapiteln dieses Buchs diskutierten Frage zu spezifisch berufs-
bezogenen Ethikkodizes von Wissenschaftlern (wie etwa dem *Hippokratischen Eid* für Mediziner oder im Kodex der DFG für Forscher:innen in Gänze, vgl. Abschn. 1.2) oder etwa auch
in Verhaltenskodizes von Journalist:innen, vgl. Abschn. 5.7.1, gibt es keinen spezifischen
Kodex, kein Berufsethos oder keine ähnliche Selbstverpflichtung zur Einhaltung ethischer
Grundsätze für Unternehmerinnen und Unternehmer (vgl. Leibold 2024). Näherungsweise
kann die Figur des sog. *Ehrbaren Kaufmanns* auch in ethischem Kontext interpretiert werden.

Gesellschaft. Als Moralphilosoph und Wirtschaftstheoretiker gilt Adam Smith vor allem aber als Vordenker der Theorie arbeitsteilig organisierten Wirtschaftens, das zum Wohle aller und zum steigenden Wohlstand einer Gesellschaft beiträgt. Smith erläutert das Prinzip der Arbeitsteilung und schuf damit unser heutiges Verständnis spezialisierten Wirtschaftens. Indem jeder Mensch sich die berufliche Tätigkeit sucht, die ihm am ehesten liegt und damit seinen individuellen Neigungen folgt, entstehen sowohl die Arbeitsteilung als auch Spezialisierungen zu Gunsten aller. Durch den Tausch der so produzierten Güter ist die Versorgung mit allem gesichert, was die Menschen zum Leben und auch für den Fortschritt benötigen. Die Zunahme des Gemeinwohls ist nach Smith am ehesten zu erreichen, wenn jeder Mensch dabei seinen eigenen Vorteil sucht. Hierzu bemüht er das Beispiel des Bäckers, der zwar bäckt, um selbst zu überleben, aber eben auch, um damit Geld zu verdienen. Indem der Bäcker zur Erreichung seiner Ziele der Gemeinschaft Brot als Erzeugnis seiner beruflichen und handwerklichen Tätigkeit zur Verfügung stellt, trägt er dadurch gleichzeitig und quasi automatisch zum Wohl der Gesellschaft bei. Smith bedient sich zur Verdeutlichung der Marktbeziehungen dabei der Metapher, also des vergleichenden Bilds, der „unsichtbaren Hand", der *„invisible hand"*. Demnach lässt sich der Ausgleich im Markt von selbst („unsichtbar") erreichen, insofern es verschiedene Neigungen und damit Berufe, Tätigkeiten und Produkte gibt, die getauscht und gehandelt werden. Der gerechte Preis findet sich im Ausgleich zwischen Angebot und Nachfrage (also eben auf dem Markt) und dient dann letztendlich allen Menschen zum doppelten Vorteil – der eigenen Bedürfnisbefriedigung und Nutzenmaximierung *sowie* der Steigerung des Gemeinwohls für alle.

Wie lassen sich die Gedanken Adam Smiths jetzt aber einordnen? Ein wie oben beschriebenes und von Smith vertretenes Marktverständnis beruht auf *altliberalem* (versus *neoliberalem)* Gedankengut. Altliberal meint dabei die Forderung, dass der Staat für faire und einheitliche Rahmenbedingungen sowie einen sozialen Ausgleich zu sorgen hat. Das trägt dazu bei, eine im ethischen Sinn sog. *wohlgeordnete,* gute und ausgleichende Gesellschaft zu stärken. Erst wenn diese Voraussetzungen gegeben sind, kann und darf der Markt sich zu Gunsten aller (wie oben beschrieben) frei entfalten. Im sog. *neoliberalen* Gedankengut dagegen wird die *invisible hand* Adam Smiths argumentativ herangezogen und in meinem Verständnis missinterpretiert, um eine Betonung des freien Marktes mit möglichst wenig staatlichen Einschränkungen und auch zu Lasten der Sozialgesetzgebung und des sozialen Ausgleichs zu fordern. Gedanken, die uns an das Beispiel der USA im vorangegangenen Abschnitt erinnern, aber auch bei uns in Politik und Wirtschaft durchaus vertreten werden. Der Neoliberalismus dreht die Argumentation Smiths dabei um. Eine gute, sozial ausgleichende Gesellschaft ist demnach nicht mehr die Basis dafür, den Marktkräften freie Hand zu Gunsten aller zu lassen. Vielmehr wird der freie Markt *selbst* als Voraussetzung dafür gesehen, damit es (erst) zu einer wohlgeordneten Gesellschaft kommen kann.[4] Dass das weitgehend ein Trugschluss ist, zeigen uns immer dann die Beispiele, wenn der Kapitalismus sich mehr oder weniger ungezügelt entfalten darf. Soziale Folgen ungeregelten Wirtschaftens sind das lokale und globale Auseinanderdriften der sozialen Schere und der Vermögensverteilung oder die Ausbeutung von Natur und Mensch mit allen negativen Begleiterscheinungen wie Umweltzerstörung oder Kinderarbeit. Als konkretes Beispiel dazu dienen auch Wirtschaftskrisen, das Beispiel der Bankenkrise aus dem Jahr 2008 ist eindrücklich in Erinnerung geblieben. Ungenügende Aufsicht, ungezügelter Kapitalismus und fehlendes soziales Grundverständnis führten dazu, dass letztendlich Milliardenwerte vernichtet wurden, viele Menschen ihren Arbeitsplatz verloren haben und der Staat und damit alle Steuerzahler:innen für die Verluste aufgekommen sind. Somit werden neoliberale Positionen dem Werk Adam Smiths nicht gerecht, missbrauchen die Metapher der *invisible hand* vielmehr, ob wissentlich oder nicht. Dem Staat kommt ausdrücklich die Aufgabe der rechtlichen Rahmensetzung zum Wohle *aller* Menschen zu. Bei Adam Smith spielten die Voraussetzungen der Menschlichkeit und des Wohlwollens in der Gesellschaft daneben eine grundlegende Rolle. Smith bezeichnet gerade diese Voraussetzung in seinem Werk als die Sympathie der Menschen untereinander. Das Verantwortungsgefühl für andere und die Gesellschaft führen erst zur Möglichkeit der Steigerung des Gemeinwohls für möglichst viele Menschen durch die Wirtschaft, nicht umgekehrt.

Und damit verlassen wir Adam Smith und seine Philosophie. Die Bedeutung für unser heutiges Wirtschaftsverständnis ist unbestritten. Gleichzeitig wird man Smith eben nicht gerecht, wenn man ihn als ökonomische Referenz für das neoliberal verstandene marktorientierte Konzept der *invisible hand,* also des freien Spiels der Märkte, heranzieht. Nicht minder wichtig sind seine konkret *moralphilosophischen* Theorien und daher sind diese in die relevanten Überlegungen mit einzubeziehen.

---

[4] Vgl. Ulrich in van Aaken und Schreck (2015, 224).

4.3 Karl Homann: Ethik und der Vorrang des Marktes

Karl Homann (*1943) ist ein deutscher Wirtschaftsethiker, der eine volkswirtschaftlich geprägte, ökonomische Ethik vertritt. Die Theorie, die Homann im Bereich der Wirtschaftsethik aufgestellt hat, können wir als *institutionenökonomischen* oder *ordnungstheoretischen* Ansatz bezeichnen. Wettbewerb und Markt sind bei Homann entscheidende Begriffe, auch um marktethische Notwendigkeiten zu erklären und zu begründen. Ethik kann nach Homann nur unter den Funktionsbedingungen der modernen Ökonomie wirksam werden. Homann versucht, in seinem Konzept darzulegen, dass die – oftmals so benannten – zwei Welten, nämlich die Ethik und die Ökonomie „zusammenpassen". Dabei untersucht er nicht, welcher der Disziplinen im Zweifelsfall Vorrang einzuräumen wäre, sondern wie und unter welchen Bedingungen sich Wirtschaftsakteure in unserer heutigen Gesellschaft überhaupt moralisch verhalten können.

Der Ausgangspunkt, den Homann setzt, ist derjenige, dass es die *sittliche* Pflicht (!) von Unternehmen ist, Gewinn zu erwirtschaften. Die Forderung an Unternehmen, Gewinn zu erzielen und bestenfalls zu maximieren, ist also ethisch begründet, nicht bloß wirtschaftlich. Nur im Sinne monetärer Präferenzen und dabei im Sinne der Nutzen- und Gewinnmaximierung gründet sich die Effizienz des Wirtschaftssystems. Der Wettbewerb ist nach Homann alleiniger Garant für Wohlstand einer Gesellschaft. Moralische Regeln müssen wettbewerbsneutral sein. So dürfen in der Argumentation Homanns also z. B. Umweltverschmutzungsrechte durchaus etwas kosten. Hierbei können wir etwa an die CO_2-Zertifikate und den dazugehörigen Zertifikatshandel denken. Entscheidend ist dann jedoch, dass diese Kosten *alle* Unternehmen gleichermaßen betreffen, um dann wiederum wettbewerbsneutral zu wirken. Kein Unternehmen darf von solchen Abgaben befreit werden, um dann günstiger auf dem Markt anbieten zu können. Die Forderung lautet damit nach gleichen Rahmenbedingungen für alle.

Mit der Beschreibung von Handlungen aus Eigeninteresse zum daraus entstehenden Gemeinwohl befindet sich Homann durchaus im Gefolge eines Adam Smith (vgl. Abschn. 4.2). Was Homann daran anschließend verlangt, sind die Formulierung und Durchsetzung geeigneter Regeln und Rahmenbedingungen durch den Staat. Nur dadurch kann das Ziel erreicht werden, niemanden im Wettbewerb besser oder schlechter zu stellen als die Mitbewerber/Konkurrenten. Diese Regeln und Rahmenbedingungen dienen laut Homann mehreren Zwecken: (1) Zur Sicherheit und zum Schutz vor Benachteiligung einzelner Wirtschaftsakteure, da alle den gleichen Spielregeln unterliegen. (2) Zur Koordination des Handelns der Wirtschaftsakteure. (3) Und darauf aufbauend ermöglichen diese Regeln nach Homann dann erst die Moral, da unmoralisches Handeln negativ sanktioniert wird – und zwar staatlich. Einzelne Menschen oder (abstrakt) Unternehmen handeln also nicht moralisch nach ethischen Maßstäben, weil diese als sinnvoll oder notwendig erachtet werden, sondern nur, weil sich die Akteure damit innerhalb des Rechtsrahmens bewegen und andernfalls Strafe fürchten.

Homann bedient sich zur Veranschaulichung seiner Thesen des sog. *Gefangenendilemmas*. Dieses Gedankenexperiment ist Teil der Spieltheorie und untersucht modellhaft individuelle Vorteile bei Kooperationen oder Nichtkooperation.[5] Homann setzt den Wettbewerb mit dem Gefangenendilemma gleich. Um den Wettbewerb zu umgehen, besteht die Gefahr, dass Unternehmen beispielsweise illegale Kartelle bilden. Genau das versucht der Staat durch die Setzung der Spielregeln und der Rahmenbedingungen (Verbote) zu verhindern. Jedes Unternehmen ist also gezwungen, im Rahmen der bestehende Gesetze Produkte zu erwirtschaften und z. B. Innovationen anzubieten, um Kunden zu gewinnen und zu halten – ohne zu wissen, ob sich die Mitbewerber auch an die Spielregeln halten.

Nach der Theorie Homanns wird jedoch lediglich marktkonformes Verhalten belohnt oder bestraft, unabhängig davon, ob Unternehmen die Spielregeln auch aus *ethischen* Gründen moralisch für geboten halten. Unternehmen brechen die Regeln demnach nur deswegen nicht, weil sie sonst bestraft werden. Anreize, wie die Chance auf Gewinnerzielung oder eben die Tatsache, nicht bestraft zu werden, führen zu moralischem Verhalten, nicht die Einsicht in die ethische Notwendigkeit dazu.

Homann zieht als Modell das Menschenbild des sog. *homo oeconomicus* heran, also des rein am ökonomischen Nutzen orientierten Menschen. Diesem Menschen oder auch Wirtschaftsakteur (Unternehmen), geht es rein um Nutzenmaximierung.

---

[5] Etwas ausführlicher dazu: In der Ursprungsversion dieses Gedankenspiels sitzen zwei Häftlinge in getrennten Zellen und haben keine Möglichkeit, zu kommunizieren. Beiden wird eine Straftat zu Lasten gelegt und die Strafe variiert, je nachdem, wie sich die beiden Häftlinge entscheiden: kooperieren sie und schweigen beide, können sie nur wegen eines geringen Vergehens zu jeweils zwei Jahren Haft verurteilt werden. Kooperiert einer der Häftlinge nicht und gesteht, greift für ihn die Kronzeugenregelung und er kommt frei, während der andere Häftling zu 15 Jahren Gefängnis verurteilt wird. Verhalten sich beide Häftlinge unkooperativ und belasten sich gegenseitig, werden beide zu jeweils zehn Jahren Haft verurteilt. Die erfolgreichste Strategie wäre es also, zu kooperieren, da diese Strategie zur in Summe geringsten Zahl der Haftjahre (insgesamt vier) führen würde. Individuell wäre allerdings die Nicht-Kooperation erfolgreicher für einen der Häftlinge (Straffreiheit), aber eben nur, wenn der andere weiter kooperiert. Kooperieren beide nicht, kommt es zur maximalen Anzahl an Haftjahren insgesamt (20). Ein echtes Dilemma also, gerade weil eine Absprache eben unmöglich ist.

Homann schlägt daher ein Testverfahren für die Setzung staatlicher Rahmenbedingungen für die Wirtschaft vor, das am *homo oeconomicus* orientiert ist: Nur die Regeln, die auch im schlechtesten Fall und ausschließlich im Rahmen der Nutzenorientierung des *homo oeconomicus* zum gewünschten moralischen (!) Ergebnis führen, sollen beibehalten werden. Homann vergleicht das mit dem *TÜV* bei Autos. Staatliche Regelungen, die die Wirtschaft betreffen, sollen erst eingeführt werden, wenn sie den Test bestanden haben. Nur dann, also unter der Voraussetzung der Nutzenmaximierung, lassen sich auch ethische Spielregeln durchsetzen. Kritik entzündet sich an einer solchen Theorie selbstverständlich auch: Der *homo oeconomicus* bleibt ein Modell. Modelle unterstützen in Forschung und Wissenschaft, Ergebnisse unter „Laborbedingungen" zu untersuchen. Die empirische Aussagekraft auf das wirkliche Leben bleibt begrenzt, zumal es ja auch Unternehmen gibt, die zu Gunsten nachhaltiger Kriterien beispielsweise auf Gewinne verzichten. Solche verantwortungsbewusste Handlungsweisen kann das Modell nicht erklären.

Wirtschaftsethik ist nach Homann Ordnungsethik und setzt die Rahmenbedingungen des Wirtschaftens. Die (einzige) Möglichkeit der Einflussnahme auf moralisches Verhalten von Wirtschaftsakteuren besteht in der Setzung der Spielregeln, also des Rahmens. Jenseits dessen ist es die moralische Pflicht des Unternehmers, Gewinn zu erwirtschaften, da er damit den Interessen der Konsumenten (und der Gesellschaft) am besten nachkommt. Innerhalb des gesetzten Rahmens und der Spielregeln kann der Unternehmer also seine Gewinne maximieren, was ihn von der Notwendigkeit moralischen Handelns freizeichnet, insofern dieses ihm nicht staatlich (durch Gesetze) vorgeschrieben ist. Zudem kann das Unternehmen auf die Gestaltung und Entwicklung der Rahmenordnung Einfluss nehmen, was zu einer Verbesserung der eigenen ökonomischen Lage beiträgt (Stichwort: Lobby-Arbeit).

Welche Argumente sprechen aber gegen die Theorie Homanns? Was uns Homann hier anbietet, scheint nicht nur mir ein sehr seltsames Menschenbild zu sein. Der TÜV-Vergleich ist der Technik entlehnt, die Möglichkeit intrinsischer Motivation zu moralischem Handeln bleibt gleichzeitig unberücksichtigt. Menschen wird die Möglichkeit im Wesentlichen abgesprochen, altruistisch zu Gunsten anderer zu handeln. Ein rein funktionales, technisches Modell widerspricht allen Annahmen und Errungenschaften der Menschheit, die wir im Rahmen der Aufklärung und des Humanismus erkämpft haben. Das ist ein pessimistisches und letztlich sehr trauriges Menschenbild, das zudem die Wirklichkeit (warum handeln Menschen eben doch altruistisch? Warum gibt es das Ehrenamt?) nicht widerspiegelt.[6]

Das eingangs dieses Kapitels genannte Argument, Unternehmen wären moralisch verpflichtet, Gewinne zu erzielen oder zu maximieren, schließt dann ja auch diejenigen aus, die mit ihrem Unternehmen keinen Gewinn erwirtschaften. Folgen wir streng diesem Argument würde daher wirtschaftlicher Misserfolg auch moralisches Versagen bedeuten, was tatsächlich eine Perversion des Moralbegriffs darstellt. Das Gewinn*maximierungs*prinzip kann meines Erachtens niemals ethische Norm sein. Zudem entlastet Homann den Menschen und Entscheidungsträger:innen in Unternehmen vollkommen von moralischen Überlegungen, was das eigene Geschäftsmodell betrifft. Indem ja lediglich die Regeln einzuhalten sind, die der Staat als Rahmenbedingungen vorgibt, können Unternehmen ihre Gewinne maximieren, ohne über weitere Konsequenzen nachdenken zu müssen. Denken wir kurz zurück an das, was wir uns bereits in Kap. 2 erarbeitet haben: Das Erlaubte ist gerade nicht auch unbedingt das (ethisch) Gesollte!

Der wiederkehrende Vorwurf an Homann und seine Theorie ist derjenige, er betreibe eine *Ökonomisierung der Moral*. Auch moralische Prinzipien können demnach nur auf Basis marktwirtschaftlicher Anreizlogik funktionieren, ohne Anreiz besteht also keine Veranlassung zu moralischem Handeln. Homann argumentiert zwar im Gefolge Adam Smiths (Ordnungsfunktion des Staates), vertritt dabei jedoch neoliberale Gedanken. Nicht die gute und ausgleichende Gesellschaft bildet die Grundlage, auf der der Markt dann zur Verbesserung der Situation vieler beitragen kann. Nach Karl Homann wird *jeder* Nutzen ausschließlich durch den Markt maximiert.

4.4   Peter Ulrich: Ethik und der Vorrang der Lebensdienlichkeit

Der Schweizer Peter Ulrich (*1948) war der erste Inhaber eines einschlägigen Lehrstuhls für Wirtschaftsethik im deutschsprachigen Raum, und zwar an der Universität St. Gallen in der Schweiz. Die Theorie, die Ulrich im Bereich der Wirtschaftsethik aufgestellt hat, können wir als *vernunftethisches* Konzept bezeichnen. Die ethischen Forderungen an wirtschaftliches Handeln gewinnen

---

[6] Homann bestreitet zwar nicht die Tatsache, dass es individualmoralische Handlungen geben kann. Dem Gedanken, dass diese sich vorteilsbezogen „rechnen" müssen, um wirtschaftsethisch wirksam zu werden, bleibt er jedoch treu.

Menschen demzufolge unter Berücksichtigung der Notwendigkeit von Kommunikation und Diskussion in menschlichen Gemeinschaften. Der Vorrang unbedingter
Lebensdienlichkeit steht für Ulrich im Vordergrund und sollte alle wirtschaftlichen und unternehmerischen Entscheidungen leiten. Sehen wir uns die Theorie
der Reihe nach an: Dazu stelle ich drei Begriffe in den Fokus der Einführung
in das Ulrichsche Ethikkonzept, nämlich (1) die Vernunft, (2) eben die Lebensdienlichkeit und (3) das Konzept des sog. *Corporate Citizenships.* Darunter ist
der tugendhafte Wirtschaftsbürger zu verstehen, der sich seiner Verantwortung
bewusst ist.

   Untersuchen wir also zum Start vertieft den Punkt (1), das Prinzip der Vernunft
und kommen wir nochmals zurück auf Immanuel Kant. Kant schreibt in seiner
„Grundlegung zur Metaphysik der Sitten" zur Frage was ein ethischer Imperativ, also ein moralisches Gebot sein kann, folgenden Satz: „Die Vorstellung eines
objektiven Prinzips, sofern es für einen Willen nötigend ist, heißt ein Gebot (der
Vernunft), und die Formel des Gebots heißt Imperativ."[7] Der Imperativ, also ein
Gebot, verweist uns zurück auf das in Abschn. 2.1.2 Erarbeitete und Kant gilt ja
als Hauptvertreter einer deontologischen, also einer Pflichtethik. Der Kategorische
Imperativ Kants ist eines der bekanntesten ethischen Gebote – wenn nicht das
bekannteste. Kant verlangt darin von uns Menschen, dass wir andere Menschen
nie als reines Mittel zum Zweck, also zu unserer eigenen Zielerreichung missbrauchen dürfen. Zudem müssen Handlungen allgemeingültig (universalisierbar)
sein. Das bedeutet, dass wir uns bei Entscheidungen und Handlungen hinterfragen müssen, ob diese für alle Menschen gleichermaßen gelten können, um so ein
sinnvolles und vernünftiges Zusammenleben zu ermöglichen. Ein bekanntes Beispiel in diesem Zusammenhang ist die Feststellung, dass die Tatsache des Lügens
den Kriterien der Vernunft widerspricht. Insofern wir nie wissen (können), ob der/
die andere jeweils lügt oder nicht, wäre sinnvolles Zusammenleben unmöglich.

   Zur Begründung seiner Wirtschaftsethik bedient sich Peter Ulrich in der
Weiterentwicklung Kants vor allem der diskursethischen Theorie von Jürgen
Habermas (*1929). Unter einem Diskurs im ethischen Sinne verstehen wir nach
Habermas eine argumentative Diskussionsrede. Unterscheiden können wir dabei
den strategischen Diskurs (Durchsetzung bestimmter Interessen in der Politik
und vor Gericht) sowie den herrschaftsfreien Diskurs. Letzterer ist unbedingt
zu bevorzugen. In der Realität gibt es jedoch keinen bzw. kaum einen herrschaftsfreien Diskurs. In allen Rollen, in denen wir aktiv auftreten, kommt es
zu sozialem Austausch mit anderen Menschen und zu Machtgefällen irgendeiner Art innerhalb dieser Rollen. Daher soll die Diskursethik als Methode

---

[7] Kant (2008, 42).

dabei helfen, einen *möglichst* herrschaftsfreien Diskurs, damit einen gleichberechtigten Austausch (erst) zu schaffen. In diesem sprachlichen Austausch sollen wir zu geeigneten ethischen Entscheidungen gelangen. Alle Gründe und Argumente, die wir dazu anführen, müssen letztlich auf die menschliche Vernunft im sozialen Zusammenleben abzielen. Gute Gründe oder Argumente bzw. das, was moralisch als gute Gründe oder Argumente potentiell vernünftig ist, müssen begründbar sein und begründet werden. Beziehen wir diese Theorie auf das Wirtschaftsleben: Wertschöpfungsprozesse im Rahmen unternehmerischen Handelns in Unternehmen sind darauf aufbauend nur dann vernünftig und legitim, damit also zulässig, wenn sie allen von der Handlung und den vorangegangen Entscheidungen Betroffenen gegenüber auch erklärbar und *legitimierbar* sind.[8]

Damit lässt sich bestens überleiten zum hier zu betrachtenden Schwerpunkt (2) in der Wirtschaftsethik Peter Ulrichs, der Voraussetzung unbedingter Lebensdienlichkeit. Was können wir darunter verstehen? Ulrich schreibt der Lebensdienlichkeit die Orientierungsfunktion für alle (wirtschaftlichen) Verhaltensweisen zu. Was aber dient dem Leben an sich, also allen menschlichen, tierischen und pflanzlichen Lebensformen heute und morgen?

Ulrich widerspricht der einseitigen Annahme, Wertschöpfung im Rahmen unternehmerischer Prozesse bezöge sich rein auf monetär zu berechnende Aspekte. Es geht demnach eben nicht nur um die Gewinn*maximierung* um jeden Preis. Vielmehr geht es um die Lebensqualität und um Werte, wie den des Lebens an sich. Im Sinne einer ethischen Reflexion stellt sich demnach die Frage nach dem Sinn des Wirtschaftens nicht zuletzt in Richtung des (moralisch) *guten* Lebens, denken wir zurück an Aristoteles (vgl. Abschn. 2.1.1). Im Sinne dieser ethischen Reflexion stellt sich die Frage nach der Legitimation bzw. Legitimierbarkeit des Wirtschaftens in Richtung eines gerechten Zusammenlebens. Das sind Forderungen an ein System lebensdienlichen Wirtschaftens zur Sicherung der Versorgung der Menschen unter gleichzeitiger Achtung des Lebens und der Natur. Diese Forderungen, die als gesellschaftlich wünschenswert erkannt werden, gründen sich schließlich in der Vernunft, sind argumentativ zu überprüfen und im sozialen Zusammenleben zu beachten. Die Wirtschaft ist dann nur *ein* Mittel, das im Sinne dem Leben dienlicher Zwecke herangezogen und eingesetzt wird.

Für alles das benötigen wir im Wirtschaftsleben – und damit kommen wir zum Punkt (3) – sog. *Corporate Citizens,* also in einem letztlich ethischen Sinn gute und tugendhafte Wirtschaftsbürger. Als mündige Staats- und Wirtschaftsbürger

---

[8] Mit der Diskursethik nach Habermas werden wir uns im Rahmen des Kapitels zur Medienethik noch vertieft beschäftigen, vgl. v. a. Abschn. 5.1.

sind wir aufgefordert, im kommunikativen, öffentlichen Austausch gemeinschaftlich den besten Weg zu legitimer und lebensdienlicher Verantwortung zu finden. Eine solche Wirtschaftsbürgerethik finden wir im liberalen republikanischen Leitbild. Republikanisch meint hier eben die Tatsache des öffentlichen Austauschs und der gesellschaftlichen Einigung zu dem, was als gut gelten kann, im Rahmen eines Verständigungsprozesses. Hier können wir nochmals an Adam Smith anknüpfen (vgl. Abschn. 4.2). Dieses Leitbild der *Corporate Citizens* ist damit ein altliberales Bild, das die wohlgeordnete, gute und ausgleichende Gesellschaft und den Verantwortungsgedanken für die Gesellschaft als Basis versteht. Der Rechtsstaat ist gleichzeitig gefordert, den Raum dafür zu schaffen, um die genannten Punkte zu gewährleisten. Exakt das ist es, was wir als Ordnungsethik bezeichnen. Peter Ulrich macht diese Ordnungsethik, die sich an der Forderung der Lebensdienlichkeit orientiert, als Voraussetzung aus, eine integrativ verstandene Art des Wirtschaftens als soziale Norm zu begründen. Integrativ meint dabei, Wirtschaft und Ethik unter „einen Hut" zu bringen. Dazu fordert Ulrich im Rahmen der *Unternehmens*ethik nicht weniger, als dass Unternehmen ihr jeweiliges Geschäftsmodell kategorisch (damit ohne Ausnahme) auf den Prüfstand hinsichtlich der grundlegenden Fragen nach der Lebensdienlichkeit stellen.

An dieser Stelle kommen wir nochmals zurück auf den Stakeholder-Begriff (vgl. Abschn. 4.1). Peter Ulrich verwirft nun eine rein machtorientierte Auslegung und führt stattdessen sein sog. *normativ-kritisches* Stakeholder-Konzept ein. In diesem Konzept geht es nicht um tatsächliche Ansprüche an ein Unternehmen, sondern um potentielle, legitime, berechtigte Ansprüche. Die Frage ist also, wer legitime Ansprüche an ein Unternehmen haben soll, nicht, wer diese (aktuell) hat. Diese Frage müssen wir im gesellschaftlichen und politischen Dialog ausdiskutieren, und zwar immer unter den Vorbehalten der Lebensdienlichkeit in Richtung legitimen Wirtschaftens. Aspekte der Verantwortbarkeit gegenüber den von unternehmerischen Entscheidungen Betroffenen sowie die Zumutbarkeit auch gegenüber dem Unternehmen selbst sind dabei zu beachten.

Peter Ulrich hat vier Formen der Unternehmensethik für gewinnorientiert wirtschaftende Unternehmen definiert.[9] Unterscheiden können wir demnach die instrumentalistische, die korrektive, die karitative sowie die integrative Unternehmensethik. Im Sinne der instrumentalistischen Form wird ethische Gewinnerzielung als Geschäftsstrategie verfolgt. Die Gefahr dabei ist es, dass Unternehmen es mit der Ethik in allen Prozessen und Geschäftsfeldern nicht wirklich „ernst"

---

[9] Vgl. Ulrich (2016, 452).

meinen und damit zum Beispiel leicht dem Vorwurf des sog. *Greenwashings*[10] ausgesetzt sein können. Die korrektive Form erfasst die Tatsache, dass Unternehmen lediglich von Fall zu Fall entscheiden, ob Gewinnverzicht aus ethischen Gründen geübt wird. Im Zweifel gilt dann wieder das Prinzip, Gewinne zu maximieren, ohne auf die Lebensdienlichkeit der Entscheidungen zu blicken. Die karitative Form meint, dass Gewinne außerökonomisch verwendet werden. Dazu engagieren sich Unternehmen für die Gesellschaft, indem sie zum Beispiel Stiftungen ins Leben rufen, für soziale Zwecke spenden oder Ähnliches. Ob allerdings die Gewinne aus ethisch „einwandfreien" und lebensdienlichen Geschäften stammen, lässt sich daraus keineswegs ableiten: auch die *Mafia* schafft schließlich Arbeitsplätze. Zulässig im ethischen Sinn nach Peter Ulrich und nach dem, was wir uns im Rahmen dieses Kapitels erarbeitet haben, ist nur die vierte Form, die *integrative* Unternehmensethik. Alle Entscheidungen in Unternehmen zur Erwirtschaftung von Gewinnen sind demnach unter kategorischen (wir denken zurück an Kant) Legitimitätsvorbehalt zu stellen. Und legitim ist eben nur das, was dem Leben dient. Ethisches Denken und wirtschaftliches Handeln sind damit eng verzahnt.

Der Vorwurf, der an Peter Ulrich und seine Theorie wiederkehrend gemacht wird, ist derjenige, er betreibe eine *Moralisierung der Ökonomie*. Unternehmen würden schließlich, so die Kritik, externen Zwängen der Märkte unterliegen und ein idealistisches Bild, wie es Ulrich fordert, wäre utopisch. Ulrich argumentiert jedoch in der Tradition Adam Smiths und sieht sich in dessen altliberaler Tradition. Wir müssen uns demnach auch als gesellschaftlich verantwortlich im Rahmen unserer unternehmerischen Entscheidungen sehen und verstehen. Nur dann besteht die Chance, dass das Wirtschaftsleben zur Verbesserung der Situation und damit des Lebens möglichst vieler Menschen, aber auch Tiere und dem Erhalt unserer Natur (also jedem Leben insgesamt) beiträgt – individuell und kollektiv, lokal und global, heute und morgen.

---

[10] Unter *Greenwashing* können wir zum Beispiel die Täuschung von Verbraucher:innen verstehen, die mittels beschönigender Werbeaussagen zum Kauf tatsächlich nicht nachhaltig produzierter Güter veranlasst werden sollen.

4.5 Lisa Herzog: Demokratisierungsprozesse in Unternehmen

Exemplarisch für aktuelle Gedanken und Diskussionen im weiten Feld der Wirtschafts- und Unternehmensethik beschäftigen wir uns im Fortgang noch mit den Ideen Lisa Herzogs (*1983), einer deutschen Philosophin und Sozialwissenschaftlerin.

Bevor wir jedoch vertieft auf Herzogs Forderungen an die Gesellschaft und an Unternehmen blicken, stellen wir einen Begriff nochmals in den Mittelpunkt, den wir bei Peter Ulrich im vorangegangenen Kapital bereits kennengelernt haben, nämlich den Begriff des *Corporate Citizens*. Unter *Corporate Citizens* verstehen wir – zur Wiederholung – (moralisch) gut handelnde Wirtschaftsbürger, die bestimmte Tugenden an den Tag legen. Diese Tugenden sind in einem republikanischen Bürgersinn zu verstehen, damit auf ein Verständnis der gesellschaftlichen Verantwortung (vgl. Abschn. 1.3) ausgerichtet. Abstrakt sprechen wir dabei von Unternehmen als *Corporate Citizens*. Unternehmen selbst sind aber ja lediglich künstliche Gebilde, die auf Basis von Rechtsformen (extern) und organisatorischen Ausprägungen (intern) quasi einen Mantel bilden. Innerhalb dieses Mantels sind es dann immer *Menschen,* die in und für Unternehmen Entscheidungen treffen. Und daher können wir in Bezug auf jeden einzelnen Mitarbeitenden und auf allen Hierarchieebenen, von der Unternehmensleitung bis hin zu Auszubildenden, von *Corporate Citizens* sprechen. Menschen sind die Träger der Tugenden und entscheiden und handeln im Namen von Unternehmen.

Der Rechtsstaat ist im Zuge dessen gefordert, die Rahmenbedingungen festzulegen, innerhalb derer sich die Entscheidungen bewegen dürfen. Jetzt gibt es darüber hinaus aber Entscheidungen und Handlungen, die rechtlich vielleicht (gerade) noch erlaubt, moralisch aber nicht (mehr) geboten sind. Beispiele dafür werden täglich diskutiert und können wir uns an Regelungslücken verdeutlichen. Nehmen wir den russischen Angriffskrieg gegen die Ukraine ab dem Jahr 2022. Schon nach dem erfolgten völkerrechtswidrigen Angriff, aber noch vor dem Tag, an dem die politischen Konsequenzen in Form von Wirtschaftssanktionen gegen Russland beschlossen wurden, war es (weiterhin) zulässig für deutsche Firmen, mit Russland Geschäfte zu machen. War es allerdings moralisch noch geboten? Peter Ulrich und seiner Einteilung der Formen der Unternehmensethik folgend widerspricht ein solches Handeln dem integrativen Gedanken des Legitimitätsvorbehalts und ist gerade nicht ethisch (vgl. den voranstehenden Abschnitt). Damit hätten Unternehmen, die es ernst meinen mit der Unternehmensethik, Geschäfte mit dem Aggressor Russland unmittelbar einstellen müssen. Das haben viele Unternehmen getan – andere aber auch nicht. Die Diskussion zu diesen

Fragestellungen ist komplex. Unternehmen müssen Gewinn erzielen und wollen Gewinne maximieren, auch mittels des Handels mit Russland. Dabei berufen sie sich auf ihre Geschäftsmodelle. (Anmerkung: Zu diesen Geschäftsmodellen hat sie allerdings beileibe niemand gezwungen und ebenso freiwillig besteht daher die Möglichkeit, den Handel mit Russland einzustellen, will man ethisch handeln – mit der Betonung auf „will.") Der *Corporate Citizen,* der tugendhafte Wirtschaftsbürger, würde sich eben sehr genau überlegen, ob er trotz (noch) fehlender staatlicher Regulierung bestimmte Geschäfte weiter tätigt, um die eigenen Gewinne zu maximieren. Gibt es nicht eben doch Grenzen, die man nicht überschreiten sollte, selbst wenn man es rechtlich (noch) darf?[11] In diesem Sinne sind Unternehmen auch als politische Akteure zu verstehen und gefordert, staatliche Regelungslücken zu antizipieren, Verantwortung zu übernehmen und ethische Anforderungen unabhängig der rechtlichen Vorgaben in Entscheidungen einfließen zu lassen. Ausdiskutiert werden alle diese Fragen im Rahmen der fortlaufenden gesellschaftlichen, politischen und bei uns demokratisch organisierten Debatten.

Und damit kommen wir wieder zurück zu Lisa Herzog und ihren Theorien, die uns in diesem Kapitel beschäftigen. Viele aktuellen Themen wie etwa das weitere Auseinanderdriften der Einkommen- und Vermögensverteilung, der Fachkräftemangel oder die Anforderungen der *Generation Z*[12] an die Arbeitsgestaltung der Zukunft beschäftigen uns aktuell. Herzog zeigt am Beispiel der Künstlichen Intelligenz (vgl. Abschn. 3.6.1) auf, wie sich die Arbeitswelt von morgen verändern kann und verändern wird. Gerade die voranschreitende Automatisierung stellt eine der großen Herausforderungen dar, mit denen sich die Gesellschaft, die Menschen und die Unternehmen auseinandersetzen müssen. Maschinen ersetzen in immer weiter zunehmendem Maße menschliche Arbeitskraft. Die KI übernimmt

---

[11] Hier können wir uns nahezu unendlich viele weitere Beispiele überlegen: Ist es ethisch geboten, Unternehmensgewinne zu maximieren unter Verschmutzung der Umwelt, Nutzung von Kinderarbeit in Schwellenländern, Ausbeutung der eigenen Mitarbeitenden mittels Überstunden, Lobbyismus gegen die Erhöhung des Mindestlohns usw.? Zu trennen gilt es eben immer die rechtlich zulässige von der ethisch gebotenen Ebene. Um die Beantwortung dieser Fragen wird in der öffentlichen und politischen Diskussion ständig gerungen und dann müssen Entscheidungen getroffen werden, die bestenfalls (gut) begründet und begründbar sind.

[12] Unter der Generation Z (oder Gen Z) werden bei uns überwiegend alle diejenigen verstanden, die – so eine diskutierte Einteilung – zwischen 1997 und 2012 auf die Welt gekommen sind und damit aktuell im Arbeitsleben Fuß fassen. Die GenZ hat (angeblich) andere Vorstellungen an die Gestaltung ihres (Arbeits-)Lebens als noch die Generationen davor (Babyboomer, Gen X, Y). Dieses Generationenmodell ist in der Forschung zwischenzeitlich allerdings stark umstritten.

immer weitere (Routine-)Tätigkeiten. Berufsbilder und Jobmerkmale verändern sich dadurch in hohem Tempo. Wandel hat jedoch seit jeher stattgefunden und ist notwendig. Veränderungen finden auf den kulturellen, politischen, rechtlichen und wirtschaftlichen Ebenen unablässig statt. Damit gehen viele positive Effekte und Chancen einher, so entstehen auch neue Jobs im Rahmen dieser Entwicklungen, zum Beispiel im IT-Sektor. Viele Arbeiten werden zudem auch künftig nicht durch Maschinen und mittels der KI zu erledigen sein. Dennoch sind mit allen diesen Veränderungen jedoch immer Befürchtungen bei den (betroffenen) Menschen und durchaus auch Risiken verbunden – denken wir eben an die Entwicklungen im Rahmen der KI.

Herzog vertritt nun die Auffassung, dass der Markt allein (wir denken zurück an ein neoliberales Marktverständnis, vgl. Abschn. 4.2) diese Herausforderungen nicht lösen kann. Vielmehr war und ist Arbeit schon immer eine soziale Angelegenheit und nicht eine vordringlich technische. Gleichzeitig ist Arbeit eingebettet in das kulturelle Verständnis und das politisch-rechtliche Umfeld. Bei uns dominieren dabei Vorstellungen von Gerechtigkeit, Freiheit oder Gleichheit vor dem Gesetz, die ganz grundlegend im *Deutschen Grundgesetz* garantiert sind. Die rechtlichen Rahmensetzungen zu den Regelungen für das gesellschaftliche Leben und für das Wirtschaftsleben erfolgen in demokratischen Gesetzgebungsverfahren.

Herzog vertritt darauf aufbauend die These, dass demokratische Prozesse auch in Unternehmen ungleich stärker Einzug halten müssen als das in den hierarchischen Organisationsformen unserer Zeit gelebt wird. Mitarbeitende sollten an den Unternehmensprozessen, der Steuerung und Führung von Unternehmen und den Entscheidungen viel stärker beteiligt werden als bisher. Warum sollte das, was in der politischen Demokratie funktioniert, also das gemeinsame Ringen nach Lösungen, nicht auch in Unternehmen funktionieren können? Technische Effizienzsteigerungen würden damit auf soziale Gestaltungsfragen der Arbeitsteilung und neuer Berufsbilder treffen. Damit könnte – so Herzog – nicht nur ein Ausgleich durch Partizipation stattfinden, vielmehr würde der Verantwortungsgedanke in Unternehmen gestärkt werden. Den Mitarbeitenden könnten damit Sinnhorizonte eröffnet werden, was die eigene Rolle im Arbeitsleben, in der Gesellschaft und in der Demokratie betrifft. Als ein konkretes Beispiel nennt Herzog genossenschaftlich organisierte Unternehmen und Unternehmensgruppen, die seit jeher eine andere Form der Verteilung von Kapital, Teilhabe und somit auch Zielhorizonte in und von Unternehmen bieten. Damit einher geht die Notwendigkeit neuer Management- und Führungsmodelle ebenso, wie beispielsweise neuer Vergütungsformen, veränderter Fragen der Arbeitszeitgestaltung und des sozialen Miteinanders insgesamt. Nur mit der Einführung neuer Methoden, wie etwa des sog. *agilen* Projektmanagements oder angepasster Zielsysteme, ist es dabei aber nicht getan. Auch diese dienen ja vorrangig der Verbesserung der wirtschaftlichen Performance von Unternehmen, ohne den partizipativen Charakter entscheidend zu verbessern. Ein Überdenken der Parameter unseres Wirtschaftsverständnisses gewinnorientiert agierender Unternehmen insgesamt ist vielmehr notwendig. Erst so besteht die Chance, die Menschen in die Zukunft der Arbeit „mitzunehmen" und dadurch den Unternehmenserfolg langfristig zu sichern.

Die Theorie Herzogs provoziert selbstverständlich Widerspruch. Die gesellschaftlichen und rechtlichen Anforderungen an Unternehmen in Richtung der Legitimität, wie zum Beispiel der Nachhaltigkeit ihrer Geschäftsmodelle, nimmt jedoch zu. Gleichzeitig ergeben empirische Untersuchungen wiederkehrend den Wunsch von Menschen, Sinn im Job zu verspüren und das Gefühl zu haben, dass ihre Arbeit in irgendeiner Weise bedeutsam ist. Diese Anforderungen und diese Wünsche treffen auf die oben beschriebenen Herausforderungen wie den Fachkräftemangel und die geänderten Lebensziele der *Generation Z*. Daher ist es unumgänglich für Unternehmen, sich mit diesen Fragestellungen auseinanderzusetzen. Gelebte und geförderte Partizipation der Mitarbeitenden in Unternehmen kann dann sehr gut Hand in Hand mit dem Selbstverständnis als *Corporate Citizens* gehen, also mit der Teilhabe und Gestaltung der gesellschaftlichen und politischen Prozesse. Im Zuge dessen treten wir alle in unterschiedlichen Rollen auf, ob als Staatsbürger, Familienmitglieder, Mitglieder der Gesellschaft, von Vereinen oder eben Mitarbeitende in Unternehmen. Der Wunsch und die Möglichkeit der Mitgestaltung dessen, wohin wir uns entwickeln wollen, sollten meines Erachtens dann in allen Rollen gleichzeitig gedacht und (vor-)gelebt werden. Damit gehen Aspekte der Verantwortungsübernahme und Möglichkeiten als positiv empfundener Veränderungen einher. Die gesellschaftlichen, politischen, kulturellen, rechtlichen, aber eben auch unternehmensinternen Diskussionen dazu müssen wir führen, um für die Herausforderungen der Zukunft gewappnet zu sein. Dabei kommt es zu Diskussionen, konträren Meinungen und sogar Konflikten. Diese gilt es jedoch auszuhalten und das stellt ein Merkmal des demokratischen Diskurses dar. Auf diese Aspekte werden wir in Kap. 5 zur Kommunikations- und Medienethik noch vertieft eingehen.

Wirtschaft und Beruf sind Teile unseres Lebens, unserer Kultur, aber auch unseres Selbstverständnisses. Es geht daher nicht nur darum, wie wir künftig arbeiten, sondern vielmehr darum, wie wir künftig insgesamt *leben* wollen.

In den folgenden Abschnitten betrachten wir, wie bereits in den Kapiteln zuvor, wieder konkrete Herausforderungen unserer Zeit und Beispiele aktueller

Entwicklungen, jetzt unter dem Blickwinkel der Wirtschafts- und Unternehmens-ethik. Dabei werden wir immer wieder auch auf die Gedanken und Theorien Karl Homanns, Peter Ulrichs und Lisa Herzogs zurückkommen.

4.6 Aktuelle Bezüge zu Fragen menschlicher Praxis

Wie wir bereits gesehen haben, sind die Tätigkeit des Wirtschaftens bzw. „die Wirtschaft" notwendige Bestandteile unseres Lebens. Als Menschen müssen wir seit jeher haushalten, mit unseren Kräften ebenso wie mit unseren Vorräten oder unserem Einkommen. Nur so ist das eigene Überleben gesichert. In diesem Zusammenhang kommt jedoch eine weitere Dimension ins Spiel: der Wunsch, auch für unsere eigenen Nachkommen bzw. kommende Generationen ganz all-gemein das Überleben zu sichern oder gar ein gutes oder besseres Leben zu ermöglichen. Das ist der Kernaspekt dessen, wenn wir über Themen wie Nachhal-tigkeit und Generationengerechtigkeit diskutieren. Jetzt könnte man einwenden, dass es aber ja genug Menschen gibt, die entweder nicht nachhaltig leben *können* oder nicht nachhaltig leben *wollen*. Das Nicht-Können zeigt sich etwa in weltwei-ten Lebenssituationen, in denen Menschen tagtäglich um das eigene Überleben kämpfen und weder die Zeit noch die Mittel und vielfach auch nicht das Wis-sen haben, wie sich das Leben nachhaltiger gestalten lässt. Das Nicht-Wollen zeigt sich in Lebensmodellen, die sich, ob mit oder ohne eigene Kinder, aus-schließlich auf die Maximierung des *eigenen* Wohlergehens konzentrieren, wofür entweder Ignoranz und/oder auch wieder fehlendes Wissen als Erklärung dienen können. Betrachten wir die Forderung nach Nachhaltigkeit jedoch unter ethi-schen Gesichtspunkten – das ist ja der Fokus dieses Buchs – so besteht nach allen Moralkonzepten die grundlegende Forderung, insgesamt gute Lebensmög-lichkeiten heute und morgen zu erhalten. Diese Forderung können wir tugend- oder pflichtethisch, utilitaristisch, unter Fürsorgegedanken oder unter unbedingter Wahrung der Menschenwürde begründen (vgl. Kap. 2).

Welchen Dimensionen unterliegt dann aber das Thema der Nachhaltigkeit? Dem Begriff – und synonym dafür werden oft auch die Worte der Zukunftsfä-higkeit oder der Enkelgerechtigkeit verwendet – kommen dabei zwei wesentliche Dimensionen zu. Einmal die (1) räumliche Dimension und zum anderen, sehr naheliegend, die (2) zeitliche Dimension in Richtung der Zukunft.

(1) Untersuchen wir zuerst die räumliche Dimension: Im Sinne nachhal-tigen Denkens und Handelns müssen wir unsere aktuelle Lebenssituation im Blick behalten. Diese zeichnet sich etwa durch eine immer weiter steigende

Globalisierung aus. Globalisierung meint die rasante Zunahme an weltweiten Verflechtungen. Beispiele hierfür sind schnelle Geld- und Datenströme, ebenso wie die schnelle Erreichbarkeit nahezu jedes Winkels unserer Erde, für Menschen und Wirtschaftsgüter, aber vor allem und noch schneller für Informationen. Globaler Handel, internationalisierte Produktion und die Nutzung weltweit geschürfter Rohstoffe sind Kennzeichen unserer globalisierten Welt. Dazu benötigt es nicht nur nationale, sondern ebenso internationale Kooperation. Hier können wir an kooperierende Wirtschaftsräume, wie die *Europäische Union* (EU), mit vereinbarter weitgehender Freizügigkeit für Menschen und von Waren und den Verzicht auf Einfuhrzölle denken. Weltweite Freihandelsabkommen zwischen ganzen Wirtschaftsräumen oder auch bilaterale Abkommen von Staaten untereinander ergänzen das Bild.

Die Globalisierung hat unbestritten Vorteile mit sich gebracht und bringt Vorteile für Freizügigkeit (Freiheit), Wachstum, Entwicklungsmöglichkeiten für Menschen und Staaten oder auch die weltweite Gesundheitsversorgung mit sich. Dabei müssen wir allerdings bedenken, dass sich die Vorteile der Globalisierung in den beiden oben bereits genannten Dimensionen doch sehr unterschiedlich auswirken. In räumlicher Perspektive gilt es daher festzuhalten, dass das, was wir den sog. *globalen Norden* nennen, ungleich stärker von den positiven Effekten profitiert hat und profitiert als der sog. *globale Süden*. Der Reichtum, der sich mit den Vorteilen der weltweiten Produktions- und Handelsmöglichkeiten erwirtschaften lässt, kommt in ärmeren Ländern in weitaus geringerem Ausmaß an. Das führt zu steigenden Ungleichheiten: Mangelnde Versorgung mit Essen und Wasser, mangelnde hygienische Möglichkeiten oder extreme strukturelle Armut kennen wir im *globalen Norden* nicht oder kaum. Dafür gibt es verschiedene Gründe. Diese sind einerseits in der bereits erfolgreich durchlaufenen Industrialisierung der Industriestaaten zu finden. Andererseits bestehen strukturelle (auch lokale) Gründe wie etwa im Rahmen unterschiedlicher gesellschaftlicher Systeme oder der politischen Stabilität von Staaten. Gleichzeitig verlagern Unternehmen (im Sinne der Maximierung von Gewinnen) ihre Produktion vielfach in Länder mit geringeren Gehältern. So werden zwar Arbeitsplätze vor Ort geschaffen, dennoch hängen damit meistens auch geringere Umweltauflagen sowie Sozialstandards und geringere Absicherungsmöglichkeiten und Rechte für Arbeitnehmer:innen vor Ort zusammen. Kinderarbeit, schlechte Arbeitsbedingungen und die generelle Ausbeutung von Mensch und Natur sind dann die unmittelbaren Folgen, die damit einhergehen. Vor Ort wohlgemerkt – die Unternehmen, die global operieren, erhöhen damit ihren Profit, wovon jedoch vordringlich die Eigentümer profitieren. Und diese finden sich eher nicht in den Staaten, in denen die beschriebene Produktion stattfindet.

(2) Werfen wir nun einen Blick auf die zeitlichen Dimensionen der Nachhaltigkeit: Das nahezu schrankenlose Wachstum hat zur Externalisierung (also Auslagerung) vieler Kosten geführt. So konnte die Atmosphäre seit der Industrialisierung in unseren Breitengraden als kostenlose Deponie für die Verbrennung fossiler Kraftstoffe und damit zum Antrieb unseres Wirtschaftssystems genutzt werden. Erst langsam werden Instrumente zur Reduzierung schädlicher Treibhausgase installiert und beginnen zu greifen. Hierbei können wir zum Beispiel an den CO_2-Zertifikatshandel denken. Die Auswirkungen der unbeschränkten Verfeuerung fossiler Energieträger und damit das, was wir als Klimakrise bezeichnen, spüren wir weltweit bereits heute. Auch bei den Risiken und Auswirkungen unseres globalen Wirtschaftssystems findet sich allerdings die bereits thematisierte Ungleichverteilung wieder: in unseren gemäßigten Breitengraden bleiben wir von vielen Auswirkungen bisher weitgehend verschont, auch wenn Naturkatastrophen und Starkwetterereignisse auch bei uns zunehmen. Die ärmeren Länder des globalen Südens hingegen, die selbst weit weniger zur Erderwärmung beigetragen haben, sind schon heute ungleich stärker von den Folgen betroffen. Die Klimakrise mit allen erwarteten negativen Auswirkungen wird sich mit voller Wucht auch bei uns allerdings voraussichtlich erst für unsere Nachkommen entfalten.

Den Wunsch nach einem guten Leben verspüren wir nicht exklusiv, wir müssen diesen vielmehr auch unseren Nachkommen zugestehen. Eng damit verknüpft ist der Begriff der Verantwortung (vgl. Abschn. 1.3). Die *Grenzen des Wachstums* sind bereits 1972 (!) seit der gleichnamigen Veröffentlichung des *Club of Rome*[13] in unser Bewusstsein gerückt. Schon damals gab es Hochrechnungen, wie lange die Bodenschätze und Ressourcen der Erde noch reichen könnten, auch bei dem zu erwartenden weltweiten Wirtschaftswachstum und dem globalen Bevölkerungszuwachs. Der Wachstumsdruck seitdem war aber immer größer als die (politische) Einsicht in die Notwendigkeit, lokale und globale Gegenmaßnahmen zu ergreifen und Alternativen zu entwickeln. Die Ressourcen unserer Erde sind endlich und diverse Belastungsgrenzen des Planeten sind erreicht oder gar überschritten. Aus diesem Grund wurde auf der *Pariser Klimakonferenz* 2015 das *1,5-Grad-Ziel* festgelegt. Das bedeutet, dass die Erderwärmung auf „deutlich unter 2 Grad" (mit dem Zielwert von 1,5 Grad) gegenüber dem vorindustriellen Niveau der Jahre 1850–1900 begrenzt werden sollte. Auf das Pariser Klimaabkommen kommen wir später nochmals zurück.

Wenn alle Menschen auf der Welt unseren Lebensstandard in Deutschland erreicht hätten, würden wir nach heutigem Stand die Fläche und die Rohstoffe ca.

---

[13] Vgl. Meadows (1972).

dreier Erden benötigen. Auf Hans Jonas und sein Buch „Das Prinzip Verantwortung" haben wir bereits einen Blick geworfen (vgl. Kap. 3). Um den Gedanken und die Anforderungen an eine Verantwortungsethik für den Erhalt der Erde über unser eigenes Leben hinaus kommen wir spätestens seitdem nicht mehr herum. Wie können wir also verantwortlich zu Gunsten nicht nur der heute lebenden Menschen agieren und vor allem wirtschaften? Wie können wir unsere Verantwortung auch für künftige Generationen wahrnehmen, unabhängig davon, ob wir selbst Kinder haben oder nicht?

Im Zuge dieser Diskussionen werfen wir nachfolgend einen vertieften Blick auf folgende Themen: In Abschn. 4.6.1 widmen wir uns dem Begriff der Nachhaltigkeit und dessen Entwicklung bis hin zu den *Sustainable Development Goals* (SDG) im Rahmen der *Agenda 2030* der *Vereinten Nationen* (UN). In Abschn. 4.6.2 hinterfragen wir die aktuellen Messgrößen des Wachstums und beschäftigen uns mit Alternativvorschlägen, wie Wachstum anders und nachhaltiger gemessen werden könnte. Und in Abschn. 4.6.3 werfen wir einen Blick auf eine sehr aktuelle Debatte: Welchen Sinn (*Purpose*) können Unternehmen im Rahmen ihrer wirtschaftlichen Tätigkeit stiften und wie und warum wirkt sich das auch langfristig positiv auf Menschen aus?

4.6.1 Die SDG 17 als globale Forderung an nachhaltiges Leben

Unter dem Begriff der Nachhaltigkeit *(engl. sustainability)* verstehen wir grundsätzlich etwas auf Dauer Angelegtes. Ursprünglich wurde der Begriff in der Forstwirtschaft verwendet. In Wäldern sollte, um sie dauerhaft zu erhalten, nicht mehr Holz geschlagen werden, als in den natürlichen Wachstumszyklen nachwachsen kann. Heute hat der Begriff diesen vordringlich forstwirtschaftlichen Kontext verlassen und sich auf weitere Bereiche ausgedehnt. Auf der einen Seite steht Nachhaltigkeit, über den Bereich des Waldes und der Ökologie hinaus, für a viele Bereiche und Dimensionen. Zu nennen wären beispielsweise nachhaltige Politik, nachhaltige Forschung oder nachhaltige Bildung. Gleichzeitig hat der Begriff ebenso Einzug in Unternehmen gehalten und wird in weiteren Zusammenhängen verwendet: nachhaltige Produktion, nachhaltige Führung, nachhaltige Kommunikation, nachhaltige Geldanlage, nachhaltige Berichterstattung usw. Auch im Zusammenspiel zwischen der rahmengebenden Politik und den Unternehmen wurde die Notwendigkeit erkannt, sich nachhaltige (und damit also zukunftsfähige) Regeln zu geben und diese auch einzuhalten. Wie hat sich dieses Verständnis aber entwickelt und durchgesetzt? Hierzu werfen wir einen kurzen Blick auf wesentliche Meilensteine der historischen Entwicklung.

Maßgeblich für die Entstehung des Nachhaltigkeitsgedankens in unserem heute erweiterten Sinn war der *Brundtland-Bericht* 1987. Dieser wurde von der *Weltkommission für Umwelt und Entwicklung der Vereinten Nationen* (UN) als politisches Statement veröffentlicht. Benannt ist der Bericht nach der damaligen norwegischen Ministerpräsidentin, Gro Harlem Brundtland, die den Vorsitz der Kommission führte. Zwei wesentliche Merkmale zeichnen den Bericht mit dem Titel *Our Common Future* aus: einmal die Tatsache, dass sowohl der Begriff der Nachhaltigkeit verbindlich als dauerhafte und positive Entwicklung definiert wurde, zum anderen, dass Generationengerechtigkeit grundsätzlich ein bindendes Merkmal unseres (nachhaltigen) Handelns sein muss.[14]

Im Jahr 1992 fand dann die erste *Weltkonferenz über Umwelt und Entwicklung* in Rio de Janeiro statt. Ausrichter waren die UN. Neben weltweiten Vertretern aus der Politik nahmen auch Mitarbeitende von Nichtregierungsorganisationen, *Non-Government Organisations* (NGOs) also, an der Konferenz teil und diskutierten gemeinsam Fragen der Umwelt und der weltweiten nachhaltigen Entwicklung. Das sog. *Kyoto-Protokoll* von 1997 legte dann erstmals völkerrechtlich verbindliche Ziele der globalen Verminderung von Treibhausgasen fest und wurde von vielen (Industrie-)Staaten auch unterzeichnet. Der nächste wichtige Schritt auf dem Weg zu internationalen Anstrengungen in diese Richtung war der *Global Compact,* der 1999 zwischen Unternehmer:innen und dem damaligen Generalsekretär Kofi Annan als Vertreter der UN geschlossen wurde. Das Interessante an dieser Initiative ist, dass diese mit und durch weltweit agierende Unternehmen initiiert wurde und in der Folge weitere globale agierende Unternehmen als Unterstützer gewonnen werden konnten. Alle, die sich diesem Pakt anschließen, sollen sich verschiedenen nachhaltigen Zielen verpflichten und darüber auch jährlich öffentlich berichten. Diese Ziele erstrecken sich von der Achtung der Menschenrechte über die Achtung der Rechte aller Beschäftigten, die Mitwirkung bei der Abschaffung von Zwangs- und Kinderarbeit, das Umweltbewusstsein bis hin zur Bekämpfung von Korruption. Auch deutsche Unternehmen haben sich diesem Pakt angeschlossen, der bis heute besteht und aktiv ist. Wie gesagt, die Initiative wurde maßgeblich durch Unternehmen gestartet, dennoch – oder gerade deswegen – wurde und wird Kritik daran laut. So wird unter anderem bemängelt, dass es keinerlei Sanktionen gibt, sollten beteiligte Unternehmen gegen ihre eigenen Regeln verstoßen.

---

[14] Vgl. World Commission on Environment und Development (1987).

Im Jahr 2000 fand die 55. Mitgliederversammlung der UN statt; dieser Gipfel wird auch als der *Millenniums-Gipfel* bezeichnet. Das Ziel der Vertreter:innen war es, die Armut auf der Erde zu halbieren, den Hunger zu bekämpfen und ökologische Nachhaltigkeit zu sichern. Dazu wurden die sog. MDGs, die *Millennium Development Goals* vereinbart. Im Jahr 2015 schließlich wurden die MDGs abgelöst durch die *Sustainable Development Goals* (auch: *Agenda 2030,* da dieses Jahr den Zeithorizont beschreibt, bis zu dem die Maßnahmen greifen sollen). Nahezu alle Staaten dieser Welt haben dem damals zugestimmt und damit signalisiert, dass die Zielerreichung bindend sein soll. Die 17 Nachhaltigkeitsziele, die beschlossen wurden, lauten im Einzelnen:

1. Keine Armut
2. Kein Hunger
3. Gesundheit und Wohlergehen
4. Hochwertige Bildung
5. Geschlechtergleichheit
6. Sauberes Wasser und Sanitäreinrichtungen
7. Bezahlbare und saubere Energie
8. Menschenwürdige Arbeit und Wirtschaftswachstum
9. Industrie, Innovation und Infrastruktur
10. Weniger Ungleichheiten
11. Nachhaltige Städte und Gemeinden
12. Nachhaltiger Konsum und nachhaltige Produktion
13. Maßnahmen zum Klimaschutz
14. Leben unter Wasser
15. Leben an Land
16. Frieden, Gerechtigkeit und starke Institutionen
17. Partnerschaften zur Erreichung der Ziele

Diese 17 Oberziele sind weiter unterteilt in 169 einzelne Zielvorgaben und Umsetzungsmaßnahmen. Auch wenn die UN hier Gelder für die einzelnen Mitgliedsstaaten zur Verfügung stellten, obliegt die konkrete Umsetzung den nationalen Regierungen der einzelnen Länder. Daher lassen sich viele neue Gesetze und Regelungen, auch bei uns in Deutschland, auf die Einhaltung und Stärkung der Zielerreichung der SDG 17 zurückführen. Gesetzliche Vorschriften, wie etwa die sog. *Nichtfinanzielle Berichtspflicht* im *Handelsgesetzbuch* (HGB), die Anforderungen an Unternehmen, in ihrem Geschäftsmodell den

ESG-Kriterien (Environmental, Social, Governance) Genüge zu tun und jährlich darüber zu berichten oder das sog. *Lieferkettengesetz,* haben Eingang in Gesetzestexte und Regelungen gefunden. Im Mittelpunkt dessen steht der Begriff der *Corporate Social Responsibility* (CSR), also der unternehmerischen (Sozial-)Verantwortung. Im politischen Gesetzgebungsprozess gilt es, die Interessen vieler Beteiligten abzuwägen. Die nationale Bevölkerung steht dabei im Fokus, ebenso wie Auswirkungen der eigenen politischen und wirtschaftlichen Tätigkeit auf andere Länder. Dabei bleibt es notwendig, die legitimen Interessen der Unternehmen zu berücksichtigen. Im Gesetzgebungsverfahren können wir diesbezüglich immer wieder beobachten, dass Lobbygruppen versuchen, Einfluss auf die Politiker:innen im Gesetzgebungsverfahren zu nehmen. Unter Lobbyismus verstehen wir grundsätzlich den Versuch von Personen oder Vereinigungen, Einfluss auf die Gesetzgebungsverfahren zu nehmen, um eigene Interessen oder die Interessen der vertretenen Gruppen zu wahren. Jetzt ist es so, dass Politiker:innen Gesetze und Verordnungen zu vielen höchst unterschiedlichen Themen beraten und verabschieden. Dabei ist es unmöglich, jedes Thema und jeden Bereich gleichermaßen tief durchdringen zu können. In diesem Sinne ist Lobbyismus sehr geeignet, um an relevante Informationen zu gelangen. Der negative Beigeschmack, der bei diesem Thema immer wieder aufkommt, ist dann insofern zu verorten, als Lobbyarbeit oftmals als einseitig beeinflussend und intransparent wahrgenommen wird. Die Diskussionen um ein einheitlich einzuführendes Lobbyregister bei uns in Deutschland können wir uns hier exemplarisch vor Augen führen. Vorwürfe an und Skandale der Bestechlichkeit von Politiker:innen tragen dann zudem dazu bei, dass Lobbyarbeit kritisch zu hinterfragen und meines Erachtens transparenter zu machen und zu reglementieren wäre. Wenn es um legitime Interessen von Unternehmen oder Verbänden geht, steht gelebter Transparenz ja auch nichts im Wege.

Kommen wir dazu nochmals auf die wirtschafts- bzw. unternehmensethischen Ansätze zurück, die wir weiter oben diskutiert haben. Wesentliche Lobbygruppen, die wiederkehrend Gehör finden, vertreten die Wirtschaft an sich oder Verbände und Unternehmensgruppen. Sowohl Karl Homann mit seinem ökonomischen Ansatz der Wirtschaftsethik (vgl. Abschn. 4.3), als auch Peter Ulrich mit seinem integrativen Ansatz (vgl. Abschn. 4.4) sind sich einig, dass der Staat die Regeln und Gesetze vorzugeben hat. Das bezeichnen wir als Ordnungspolitik und innerhalb dieses Rahmens dürfen sich die Wirtschaftsakteure legal bewegen. Uneinigkeit in den beiden ethischen Konzepten besteht dann allerdings in der Frage, wie die Unternehmen – auch mittels ihrer Lobbyverbände – Einfluss auf diese Gestaltung der Rahmenbedingungen nehmen *sollten.* Nach Homann ist es das unabdingbare Ziel, den heutigen Nutzen für die Unternehmen zu maximieren, was am ehesten utilitaristischem Gedankengut (vgl. Abschn. 2.1.3) entspricht. Der *gute Wirtschaftsbürger* nach Peter Ulrich dagegen muss sich andere Fragen stellen: Ist das Ziel, das verfolgt wird, nicht nur legal, sondern auch ethisch legitim? Das bedeutet, dient das Ziel dem Leben an sich und ist es allgemeinverbindlich und vernünftig? Hier verbinden sich die Tugendethik des (moralisch) guten Akteurs (vgl. Abschn. 2.1.1) und die Pflichtethik, die nach *guten* und vernünftigen Gründen für Handlungen fragt (vgl. Abschn. 2.1.2). Diesen tugendhaften Vernunftgedanken können wir dann erst rückbinden an die Forderung echter Nachhaltigkeit. Sind also die vertretenen Interessen nicht nur kurzfristig gewinnmaximierend zu werten, sondern auch langfristig auf die Erhaltung der guten Lebensmöglichkeiten für heutige und künftige Generationen ausgerichtet?

Die meisten Menschen verspüren den Wunsch, zumindest ihren direkten Nachkommen ein solches gutes Leben zu ermöglichen. Unter Berücksichtigung dessen, was wir uns zu den Gedanken Lisa Herzogs erarbeitet haben (vgl. Abschn. 4.5), sollte der Blickwinkel daher erweitert werden. Im Rahmen der diskutierten Demokratisierungsprozesse in Unternehmen wäre es wünschenswert, die Mitarbeitenden stärker einzubeziehen. Welche Ziele soll Lobbyarbeit also verfolgen? Schon dadurch könnten neue Möglichkeiten erwachsen. Der rein kurzfristige Wunsch der Gewinnmaximierung zu Gunsten der Eigentümer von Unternehmen, der nach wie vor allzu oft im Vordergrund steht, sollte um langfristigere Ziele und Zielvorgaben ergänzt oder gar ersetzt werden. Und das schon deshalb, weil die Mitarbeitenden motiviert sind, mit „ihrem" Unternehmen einen Teil zu dieser Entwicklung beizutragen. Auf diesen Aspekt kommen wir im Abschn. 4.6.3 nochmals zurück.

Auch künftig werden sich viele Gesetze an der Einhaltung und aktiven Umsetzung der SDG 17 der UN orientieren müssen, wollen wir wirklich weltweit nachhaltig agieren. Die gesellschaftlichen und politischen Diskussionen dazu können wir nahezu täglich verfolgen. Hier ist nicht zuletzt an die Aktivitäten derer zu denken, die die veränderten klimatischen Bedingungen, die zunehmende Umweltverschmutzung oder die zunehmenden globalen Verwerfungen am stärksten treffen werden: die heutige Jugend (die auch wiederum an ihre eigenen Nachkommen denken sollte) und damit alle künftigen Generationen. Teils globale Bewegungen wie *Fridays for Future,* die von Schüler:innen und Studierenden ausging, oder die linke und radikale Gruppe *Extinction Rebellion* begehren auf. Zwar haben sich die Ängste und Befürchtungen die Zukunft betreffend mit dem Angriff Russlands auf die Ukraine und dem seitdem andauernden Krieg verschoben. Mit Demonstrationen und Akten zivilen Ungehorsams (wie die sog. *Klimakleber* mit öffentlichkeitswirksamen Aktionen) versuchen bzw. versuchten diese Menschen dennoch auf ihre Sorgen, Ängste sowie ihre Bedürfnisse einer lebenswerten Zukunft aufmerksam zu machen.

2021 fällte das Bundesverfassungsgericht ein bahnbrechendes Urteil, indem es erstmals die Regierung der Bundesrepublik Deutschland verpflichtete, die eigenen Klimaschutzgesetze im Sinne nachfolgender Generationen stärker einzuhalten. Schweizer Senior:innen gewannen zudem 2024 vor dem Menschengerichtshof in Straßburg gegen ihren Staat, der nach Ansicht der Richter:innen nicht genug für den Klimaschutz unternimmt. Auch Klagen gegen einzelne Unternehmen laufen derzeit, beispielsweise initiiert durch die *Deutsche Umwelthilfe*. Betroffen sind Unternehmen, die aus der Sicht der Anklage für Klimaschäden verantwortlich sind und auch aktuell Nachhaltigkeitskriterien außer Acht lassen. Hier bleibt abzuwarten, wie sich das Verständnis in Politik, Gesellschaft und Wirtschaft weiterentwickelt. Wünschenswert wäre die Verfolgung eines gemeinsamen Ziels, nämlich das der Nachhaltigkeit, ohne dass Gerichte hier eingreifen müssen. In einer Demokratie bleibt alles ein Abwägungsprozess, in dem wir versuchen müssen, viele verschiedene Interessen „unter einen Hut" zu bringen. In freien und geheimen Wahlen schließlich stellen sich Vertreter:innen verschiedener politischer Richtungen mit unterschiedlichen Programmen zur Wahl. Es liegt an uns, zu entscheiden. Ethische Gedanken und das Wissen um Gründe, Begründungen und Zusammenhänge können uns dabei unbedingt unterstützen.

2023 und 2024 fanden weitere weltweite Klimakonferenzen in Dubai und Baku statt. In deren Vorfeld hatte etwa auch der damalige Papst Franziskus zur Einhaltung der Klimavorgaben aufgerufen. Die Kirchen melden sich in der Debatte um Klimagerechtigkeit und Zukunftsfähigkeit unserer Erde also ebenso zu Wort. Allen diesen Bemühungen zum Trotz: Die Begrenzung des Temperaturanstiegs auf 1,5 Grad im Vergleich zum vorindustriellen Niveau wird nicht mehr einzuhalten sein, diese Marke haben wir wohl spätestens im Jahr 2025 überschritten. Aktuell laufen daher die Bemühungen darauf hinaus, zumindest die Steigerung um 2,0 Grad nicht zu erreichen. Viele Auswirkungen der zunehmenden Globalerwärmung und der Annäherung an physikalische Kipppunkte spüren wir bereits heute, wie zum Beispiel zunehmende Starkwetterereignisse. Andere Auswirkungen, wie die dauerhafte Überschwemmung von Küstenregionen und weitere massive negative Auswirkungen auf unsere globalen Lebensbedingungen, lassen sich aus heutiger Sicht nur prognostizieren. Wann und in welcher Intensität diese dann eintreten werden, ist vielfach noch offen. Wir sind daher bereits heute auch moralisch gefordert, die Weichen so zu stellen, dass wir vermeidbare Entwicklungen auch tatsächlich vermeiden. Gleichzeitig sind wir gefordert, alles

dafür zu tun, dass wir und künftige Generationen mit den nicht mehr zu ver-
meidenden Auswirkungen in einer lebensdienlichen Art und Weise umzugehen
lernen. Und dazu scheint weltweite Kooperation unumgänglich zu sein.

4.6.2 Wachstumskritik und Postwachstumstheorien

Im Begriff des Wirtschaftswachstums steckt der Wortbestandteil „Wachstum".
Ein solches ist notwendig, teilweise sogar unabdingbar und birgt positive sowie
negative Effekte. So wächst die Weltbevölkerung insgesamt stetig weiter an. Das
bringt steigende Nachfrage sowie Anforderungen an die Versorgung dieser Menschen im Rahmen von Sachgütern und Dienstleistungen mit sich. Gleichzeitig
kommen neue technische Entwicklungen, neue Produkte oder neue Verfahren auf
den Markt. Diese ersetzen teilweise zwar ältere Produkte oder Verfahren und
sind vielfach auch leistungsstärker oder verbrauchen weniger Energie. Herstel-
lungsprozesse werden dadurch oftmals aber auch aufwendiger und es entstehen
Artefakte, die schlicht neu hinzukommen, ohne alte zu ersetzen. Ein einprägsa-
mes Beispiel sind sog. *Flugdrohnen,* die vor einigen Jahren zur Marktreife auch
für den Privatbereich gelangten. Hier entstand ein gänzlich neuer Markt, ohne
dass irgendein anderes, altes Produkt dadurch ersetzt wurde.

Zur Verdeutlichung der Zusammenhänge können wir beispielhaft zwei weitere
Bereiche heranziehen: den Automobilsektor und den Medizinbereich. Im Automobilsektor können wir aktuell feststellen, dass PKWs tendenziell größer und
schwerer werden. Das ist einmal der in neuen Baureihen zusätzlich verbauten
Technik zuzuschreiben. Gleichzeitig sind die Gewinnmargen der Automobil-
hersteller bei größeren Autos höher. Daher lohnt es sich finanziell weniger,
kleinere und damit absolut betrachtet sparsamere Autos zu bauen. Die weltweite Nachfrage nach individueller Mobilität steigt zudem an, da viele Staaten
aktuell dabei sind, „ihre" Industrialisierung zu durchlaufen. Gleichzeitig bleiben
alte Autos oftmals in Betrieb. Diese werden als Gebrauchtwagen national oder
weltweit weiterverkauft. Oder die Autos werden nach und nach zu Young- und
dann zu Oldtimern, die als Liebhaberstücke oder zur Geldanlage weiterbetrie-
ben werden. Die Anzahl an PKWs weltweit steigt somit stetig an. Ergänzend
dazu bleibt die Frage bevorzugter Antriebe aktuell in der Schwebe. Es gibt
zwar die Absichtserklärung der Politik, die Elektromobilität zu fördern, was
nicht zuletzt durch internationale Entwicklungen verstärkt wird, setzen beispielsweise vor allem chinesische Hersteller mittlerweile doch sehr erfolgreich auf die
Elektromobilität. Gleichzeitig sind die politischen und gesetzlichen Rahmenbedingungen (staatliche Förderung beim Kauf, Versorgungsfragen mit Rohstoffen,

Fragen zur Stromversorgung und zur Stromspeicherung, Bau eines Ladeinfra-
strukturnetzes, Entsorgungsfragen der Batteriespeicher) weitgehend ungeklärt und
wiederum global verflochten. Das führt zu Unsicherheiten, die sich negativ
auf die Unternehmen (Investitionsbereitschaft in die Technologie) und die Ver-
braucher:innen (Konsumbereitschaft von E-Mobilen) auswirken. Somit bleibt es
aktuell (noch) dabei: mehr und größere Verbrenner in Verbindung mit weltweit
steigender Nachfrage führen zu steigendem Energiebedarf nach Rohstoffen in der
Produktion sowie nach fossilen Brennstoffen. Positiven Effekten, wie dem Erhalt
oder gar der Schaffung von Arbeitsplätzen und dem wirtschaftlichen Erfolg von
nationalen und internationalen Unternehmen, stehen somit kurz- und langfristig
negative ökologische Auswirkungen entgegen.

Im Medizinbereich – unser anderes kurzes Beispiel – wird unablässig
geforscht. Patentschutz auf neu zugelassene Arzneimittel garantiert den Pharma-
unternehmen über einige Jahre hinweg bestimmte Gewinnmargen. Das System an
sich ist auch sinnvoll, denn ohne die Aussicht auf Gewinne aus neuen Entwicklungen zur Bekämpfung (auch seltener) Krankheiten würden private Unternehmen
vielfach das Risiko nicht eingehen, für viel Geld Forschung und Entwicklung zu
betreiben. Durch bessere medizinische Versorgung, bessere Gerätschaften und
pharmazeutische Innovationen können Leben gerettet und Krankheiten bekämpft,
vielfach auch besiegt werden. Gleichzeitig geht damit jedoch die Entwicklung
einher, dass wir Menschen an sich tendenziell immer älter werden. Das ist individuell schön und zu begrüßen. Aus den komplexen kollektiven Folgen, die diese
Entwicklung jedoch auch weltweit mit sich bringt, möchte ich nur einen Aspekt
herausgreifen: Das System verstärkt sich dadurch selbst immer weiter. Je mehr
alte Menschen es gibt, umso höher sind die Ausgaben für den Gesundheitssek-
tor (Arznei, lebenserhaltende Geräte, Krankenhäuser und Pflege) und desto mehr
lohnt es sich für Unternehmen, zu forschen, um das menschliche Leben noch
weiter zu verlängern. Gerade bei uns zumindest geht damit eine Überalterung der
Gesellschaft, der sog. *demographische Wandel,* einher, da gleichzeitig nicht genug
Kinder auf die Welt kommen. Den positiven Aspekten der Gesundheitsförderung,
der Krankheitsbekämpfung und der steigenden Lebenserwartung stehen damit
große gesellschaftliche Herausforderungen entgegen. Diese Herausforderungen
beziehen sich auf die Finanzierung der Sozialsysteme ebenso, wie beispielsweise
auf den Fachkräftemangel. Wer soll die alternde Bevölkerung künftig betreuen
und pflegen, wenn der Nachwuchs fehlt?

Diese beiden Beispiele, die ich nur kurz und bei weitem nicht in allen Facetten
der komplexen Zusammenhänge angerissen habe, mögen ausreichen, einige Vor-
und Nachteile des Wirtschaftswachstums zu illustrieren.

Gemessen wird Wirtschaftswachstum nach wie vor über Indikatoren, überwiegend kommt das sog. *Bruttoinlandsprodukt* (BIP) zum Einsatz. Im Rahmen des nominalen BIPs werden alle innerhalb eines Jahres und innerhalb eines Landes durch die Unternehmen zusätzlich bereitgestellten Sachgüter und Dienstleistungen erfasst.[15] Preissteigerungen müssen dann herausgerechnet werden, um den wirklichen Wohlstand messen und vergleichen zu können. Bereinigt um Preissteigerungen ergibt sich somit das reale BIP. Das BIP dient uns als Indikator für die Ermittlung vieler Messgrößen: Welche Entwicklung hat die Wirtschaftsleistung genommen? Wie wirkt sich das auf das Bruttonationaleinkommen (BNE) und damit das Pro-Kopf-Einkommen oder auf die Schaffung und den Erhalt von Arbeitsplätzen aus? Ein weiterer wichtiger Aspekt ist die internationale Vergleichbarkeit. Wenn dieselben Indikatoren von allen Ländern ermittelt werden, lassen sich daraus internationale Zusammenhänge und globale Entwicklungen ablesen. Über was sagt uns das BIP aber nichts aus? In der Auseinandersetzung mit dieser Fragestellung sind wir bei den Kritikpunkten angelangt, die sich nicht nur am Indikator des BIPs festmachen lassen. Vielmehr geht es um die Darstellung und Untersuchung der Wachstumskritik an sich. Aber der Reihe nach.

Mit dem BIP werden zwar materieller Wohlstand und die quantitative Steigerung des Wohlstands gemessen, eine Aussage über die Lebensqualität oder etwa den Zustand einer Demokratie geht damit allerdings nicht einher. Gleichzeitig werden im Rahmen des BIPs nur monetär (also finanzwirtschaftlich) erfassbare und erfasste Geschäfte gemessen. Alles das, was Menschen außerhalb von Arbeitseinkommen auch zum Überleben dient, wie in der Schattenwirtschaft (umgangssprachlich „Schwarzarbeit"), wird nicht erfasst. Ebenso unberücksichtigt bleiben Familienarbeit (Erziehungs-, Pflege- und Hausarbeit), freiwilliges Engagement und Ehrenämter. Alles das trägt – auch wenn nicht im BIP erfasst oder zu erfassen – doch in erheblichem Maße zum Erhalt und zur Weiterentwicklung von Gesellschaften und Gemeinschaften bei. Auch über die Verteilung von Einkommen und Vermögen sagt das BIP nichts aus. Aspekte der Einkommens- und Vermögensgerechtigkeit bleiben vollkommen unberücksichtigt. Gerade Gerechtigkeitsfragen, wie etwa auch die Bildungsgerechtigkeit, haben jedoch erheblichen Einfluss auf den materiellen (quantitativen), aber auch den immateriellen (qualitativen) Wohlstand eines Landes. Ein weiterer schwerwiegender Faktor im Rahmen der Diskussion über Grenzen der Aussagekraft des BIP

---

[15] Das Bruttosozialprodukt (BSP) erfasst auch Leistungen, die Inländer im Ausland erbringen. Nachdem diese Leistungen jedoch tendenziell oder absolut den anderen Volkswirtschaften zugutekommen, wird aus Gründen der Aussagekraft überwiegend das BIP zur Berechnung herangezogen.

ist zudem folgender Zusammenhang: Umweltschädigende Aspekte oder der Verbrauch der natürlichen Ressourcen werden in der Berechnung dieses Indikators nicht berücksichtigt. Im Gegenteil führt beispielsweise die Verschmutzung der Umwelt zu einem steigenden BIP. Zur Verdeutlichung können wir uns dazu ein (fiktives) Öltankerunglück an der Nordseeküste vorstellen. Die kurzfristigen und langfristigen ökologischen Aspekte einer solchen Havarie sind unabsehbar, mit allen kurz- und langfristigen negativen Auswirkungen auf das ökologische System des Meeres, auf die Tiere und auf uns Menschen. Gleichzeitig trägt die Beseitigung dieser Umweltschäden, die immens hohe Kosten verursacht, zur Steigerung des BIPs bei. Die Zerstörung der Natur bleibt dagegen völlig unberücksichtigt; wiederum wird ein rein quantitatives Wachstum gemessen, ohne dass qualitative Aspekte (Lebensqualität, Erhalt der Lebensgrundlage) in irgendeiner Art und Weise Eingang in den Indikator finden. Ein letztes Beispiel: Neben fehlender Aussagekraft zur Lebensqualität sagt das BIP ebenso nichts über die Arbeitszufriedenheit in den Unternehmen aus, deren Sachgüter und Dienstleistungen zur Messung der Wirtschaftsleistung herangezogen werden. Sind die Mitarbeitenden vielmehr motiviert, fühlen sie sich gut informiert oder sind sie gar stolz auf „ihr" Unternehmen? Auf diese Fragen werden wir vor allem im nächsten Abschnitt nochmals zurückkommen.

Alles das trägt dazu bei, dass die Kritik am BIP durchaus lauter wird. Es werden zunehmend andere Möglichkeiten diskutiert, wie unsere Gesellschaft organisiert sein kann, die reine Wachstumslehre wird hinterfragt. Sog. *Postwachstumstheorien* (also Theorien für die Zeit „nach dem Wachstum") gewinnen Relevanz, zumindest in der Forschung, teilweise aber auch bereits in der politischen Diskussion. Varianten dessen sind zum Beispiel das Ziel des *Grünen Wachstum* mit dem konsequenten Fokus auf ökologische Nachhaltigkeit oder des *Inklusiven Wachstums* mit dem Schwerpunkt auf Fragen der Verteilungsgerechtigkeit. Im Rahmen der Postwachstumsdebatte werden u. a. die Begriffe *Degrowth, A-growth* und *Steady State* diskutiert. Auch diese Konzepte gehen über bloße Kritik am bestehenden System hinaus und präsentieren jeweils alternative Konzepte für unsere Gesellschaft. Die Vertreter:innen der *Degrowth*-Bewegung fordern teilweise eine tatsächliche Schrumpfung der Wirtschaftsleistung, was allerdings aus den weiter oben erläuterten Gründen und globalen Entwicklungen schwierig umzusetzen wäre. Von daher hat sich eher eben der Gedanke des Postwachstums etabliert. Wir müssen uns demnach gesellschaftlich fragen, was die Ziele unseres Wirtschaftens sind und das System nachhaltig(er) umbauen. In eben diese Richtung argumentieren auch die Vertreter:innen des *A-growth*. Statt der Fixierung auf das BIP sollten alternative, ökologisch und sozial verträglichere Ziele in den Fokus der wirtschaftlichen Tätigkeit rücken. Im *Steady*

State-Ansatz wird vor allem eine Reduzierung des Rohstoffverbrauchs gefordert. Die planetaren Grenzen unserer Erde sind demzufolge langfristig und damit nachhaltig zu respektieren und einzuhalten, somit nicht unseren kurzfristigen Wachstumsbestrebungen unterzuordnen.

Was in der uns umgebenden Realität und im Wirtschaftsleben nach wie vor propagiert wird, ist die Tatsache, dass Wettbewerb und damit Konkurrenz zur bestmöglichen Steigerung des BIPs führen. Daraus ergeben sich, so die Argumentation, Vermögenszuwachs und damit Wohlstand oder gar das Wohlergehen von Menschen nahezu automatisch. Nicht nur in ökonomischen Seminaren und Studiengängen herrscht diese Weltsicht noch immer vor. Auch die wirtschaftsethische Schule mit und nach Karl Homann (vgl. Abschn. 4.3) vertritt diese Theorie. Aus ethischer Sichtweise (und diese versuchen wir ja hier einzunehmen) sollten wir allein deshalb schon hellhörig werden. Dabei darf und muss es Wettbewerb geben, wenn wir das als Wettbewerb der besten Ideen betrachten, der zur Steigerung des Gemeinwohls vieler und nicht nur des Vermögens weniger führt. Wie wir schon gesehen haben, sagen das quantitative Wirtschaftswachstum und Indikatoren wie das BIP noch nichts über die *Qualität* des Wachstums oder über Gerechtigkeitsfragen aus. Aus utilitaristischer Sicht (vgl. Abschn. 2.1.3) könnten wir jetzt überlegen, ob durch das System dennoch das Wohlergehen möglichst *vieler* Menschen gesteigert wird. Dieser Gedanke ist (in Teilen zumindest) nicht von der Hand zu weisen. So ganz greift das Argument dennoch nicht, betrachten wir zwei Aspekte: Wir müssen (1) davon ausgehen, dass künftig noch viel mehr Menschen auf der Erde leben werden als bisher gelebt haben oder aktuell leben. Wenn also utilitaristisch argumentiert wird, sind zukunftsfähige Gedanken des Wohlergehens auch möglichst vieler *künftiger* Menschen mit einzubeziehen. Einige wenige Superreiche (2) verfügen zudem über einen Großteil des weltweiten Kapitals und können dieses mehr oder weniger ungestört vermehren. Es gibt also Ungleichheiten in der (globalen) Vermögensverteilung. Große Bevölkerungsteile dagegen weltweit hungern, haben keinen Zugang zu sauberem Trinkwasser oder zu einer wenigstens basal zufriedenstellenden Gesundheitsversorgung. Selbst in einem Industriestaat wie in Deutschland, in dem demokratische Verhältnisse herrschen, Arbeit vorhanden ist und es starke Gewerkschaften gibt, führen wir diese Diskussionen. So gilt auf Einkünfte aus Vermögen ein geringerer Steuersatz (die sog. *Abgeltungssteuer*) als auf viele Arbeitseinkommen im Rahmen der Einkommensteuer. Konkurrenz allein auf nationalen oder globalen Märkten scheint also doch nicht das Mittel zu sein, um zu Chancengerechtigkeit oder Vermögenszuwachs für möglichst viele zu führen.

Kooperation statt Konkurrenz – unter diese Überschrift können wir den vertieften Blick auf zwei konkrete Beispiele neuerer Theorien des Wirtschaftens stellen. Nach einer kurzen Hinführung werfen wir zunächst einen Blick auf (1) die *Allmende-Theorie,* anschließend beschäftigen wir uns (2) mit der *Gemeinwohl-Ökonomie.*

(1) Aristotelisch gesprochen (vgl. Abschn. 2.1.1) streben wir nach dem, was wir als ein *gutes* Leben bezeichnen. „Gut" meint hier im Sinne von gut gelungen, zufrieden, aber auch moralisch gut, sinnerfüllt und nachhaltig. Denken wir dazu nochmals an den zeitlichen Aspekt zurück und die Frage danach, was wir unseren Kindern und Enkeln sowie künftigen Generationen allgemein hinterlassen (wollen). Diesen Gedanken hat etwa Elinor Ostrom (1933–2012) in ihrem *Allmende*-Konzept aufgegriffen. Ostrom war eine U.S.-amerikanische Professorin für Politikwissenschaften und die erste Frau überhaupt, die im Jahr 2009 den Alfred-Nobel-Preis für Wirtschaftswissenschaften erhielt. Gewürdigt wurden ihre Studien und Gedanken zu kooperativem Handeln bezüglich sog. *Allmende-Güter.* Allmende-Güter sind als Allgemeingut oder als öffentliche Güter definiert. Darunter fallen beispielsweise Wälder, Fischgründe, Felder, Bewässerungssysteme oder Seen. Diese Güter werden nach dem Konzept Ostroms gemeinschaftlich bewirtschaftet und genutzt und der sog. *Marktlogik* kapitalistischer Gewinnmaximierung (die über Angebots- und Nachfragemechanismen funktioniert) entzogen. Dadurch verändern sich auch die Eigentumsverhältnisse dieser Güter. Merkmale dessen sind die lokale Verantwortung vor Ort, der Einbezug ökologischer Tatsachen, der kollektive Charakter sowie die Notwendigkeit der Kooperation. Dieses System ist, den Forschungen und Erkenntnissen Ostroms zufolge, Privatisierung oder auch staatlichen Kontrollmechanismen überlegen und nachhaltiger und damit um ein Vielfaches zukunftsfähiger. Die kooperierenden Menschen, die gemeinschaftlich Verantwortung für ihre Allmenden und damit ihre natürliche Lebensgrundlage tragen, gehen ungleich sorgfältiger mit diesen Gütern um als es von an kurzfristigen Gewinnen orientierten Unternehmen zu erwarten ist. Unbedingte Grundlage für Ostroms Konzept ist das gegenseitige Vertrauen der Menschen untereinander, welches sich aber aus der Tatsache der kollektiven und damit also der gemeinsamen Verantwortung ergibt. Ein kurzer Seitenblick: Während Versorgungsleistungen wie die Post, die Bahn oder die Stromversorgung längst (teil-)privatisiert sind, werden etwa die Privatisierungsbestrebungen unser Trinkwasser betreffend weitaus kritischer diskutiert. Irgendetwas hält uns Menschen also davon ab, einer Privatisierung des Trinkwassers ebenso zuzustimmen, wie der Privatisierung anderer (ehemals) staatlicher Aufgaben. Und das, obgleich die Argumente derer, die den Wettbewerb und damit die Konkurrenz auch hier

als die beste Option anpreisen, auch in Bezug auf Trinkwasser ja exakt dieselben sind. Fehlendes Vertrauen in gewinnorientierte Unternehmen dürfte ein große Rolle für uns dabei spielen, *das* Grundüberlebensmittel schlechthin nicht in private Eigentumsverhältnisse überführen zu wollen.

(2) Das Konzept der *Gemeinwohl-Ökonomie* setzt ebenso auf das Ziel eines guten Lebens. Und auch hier steht der Kooperations- anstelle des Konkurrenzgedankens im Vordergrund. Dieses vom österreichischen Autor Christian Felber (*1972) entworfene System greift den Gedanken der Sinnhaftigkeit unseres Lebens und unseres Handelns (bzw. den Wunsch danach) dann nochmals ungleich stärker auf. Nicht nur die Klimakrise oder Finanzkrisen zeigen uns, dass sich das unbedingte Gewinnprinzip von Unternehmen vom ursprünglichen Ziel der Ökonomie weit entfernt hat; nicht mehr die Bereitstellung von Gütern zum Zweck eines guten Lebens für alle steht im Mittelpunkt. Geld und Kapital sind vielmehr zum Selbstzweck geworden, um individuellen Reichtum zu mehren.

Als Gegenmodell dazu kann die Gemeinwohl-Ökonomie dienen und wird auch bereits von diversen Unternehmen weltweit praktiziert. Dabei stellen diese Unternehmen neben dem gesetzlich geforderten Finanzjahresabschluss eine freiwillige Gemeinwohlbilanz auf. Das dürfen wir allerdings nicht mit der sog. *nichtfinanziellen Berichtspflicht* verwechseln. Diese ist bereits gesetzlich geregelt und (nur) Unternehmen ab einer bestimmten Größe sind dazu verpflichtet, Rechenschaft zu Kriterien ökologisch nachhaltiger, sozialer Kriterien sowie guter Unternehmensführung abzulegen (vgl. zum Beispiel die Diskussionen zum *Corporate Citizen* unter Abschn. 4.4). Die Gemeinwohlbilanz dagegen ist freiwillig und verfolgt das Ziel, alle Bemühungen von und in Unternehmen zu dokumentieren, die dazu beitragen, das oberste Ziel des Gemeinwohls vor allem lokal, aber auch global betrachtet durch Kooperation und Solidarisierung zu fördern. Die Werte, die in der Gemeinwohl-Bilanz erfasst werden und als stetig zu verbessernde Ziele gelten, lauten: Menschenwürde, Solidarität, Gerechtigkeit, ökologische Nachhaltigkeit und demokratische Mitentscheidung. Die Mitarbeitenden in diesen Unternehmen entscheiden dann nicht nur über die zu ergreifenden Maßnahmen und die Erreichung dieser Ziele mit. Vielmehr sind die Mitarbeitenden auch an der Bestimmung über die Gewinnverwendung beteiligt. Das Besondere am Konzept der Gemeinwohlökonomie ist es, dass diese Idee nicht bloß abstrakt besteht. Die Forderung der Demokratisierung von und in Unternehmen, die wir oben bei Lisa Herzog kennengelernt haben (vgl. Abschn. 4.5), wird hier also ganz konkret ausgestaltet. Christian Felber zeigt in seinem Entwurf auch praktische Umsetzungsstrategien auf und beschreibt, wie sein Konzept mit betriebswirtschaftlichen Anforderungen in Übereinstimmung zu bringen ist. Damit findet also eine Art Veränderung des Systems innerhalb des Systems selbst statt. Wirtschaft

soll menschlichen Zielen für möglichst viele Menschen, der Gesellschaft und dem
Gemeinwohl insgesamt dienen und nicht weiterhin Selbstzweck der Gewinnmaximierung Weniger bleiben. Dass die Gemeinwohlökonomie einen „Nerv" trifft,
zeigt die stetig steigende Anzahl der teilnehmenden Unternehmen.

Alternativvorschläge für einen Umbau unserer Wirtschaftssysteme in Richtung
einer nachhaltigeren Zukunft gibt es also. Egal wie sich das politische, gesellschaftliche und global zu betrachtende Umfeld künftig auch entwickelt – ohne
das Verständnis der Menschen für Veränderungen und die weltweite Solidarität mit denen, die erheblich weniger haben als wir, wird dieser Umbau nicht
gelingen.

Die Herausforderungen bleiben dabei immens, denken wir an die Notwendigkeiten einer Energiewende, einer Mobilitätswende und einer Agrarwende.
Diskutieren wir zum Abschluss dieses Abschnitts daher noch den Begriff der
sozial-ökologischen Transformation. Die Transformation unseres globalen Wirtschaftssystems, also eben der Umbau, die Veränderung, muss auf mehreren
Säulen ruhen: Ökologie, Gesellschaft und Politik. Der ökologische Aspekt führt
uns nochmals vor Augen, dass wir auch unseren Nachkommen eine lebenswerte
Umwelt und damit eine lebenswerte Zukunft erhalten sollten und bestenfalls auch
wollen. Damit geht der Verantwortungsgedanke einher, wobei wir uns den Begriff
der umfassenden Lebensdienlichkeit als Ziel heute und morgen (vgl. Abschn. 1.3
und 4.4) ins Gedächtnis rufen können. In der Gesellschaft können wir diese Diskussionen nahezu täglich beobachten. Die Politik ist ergänzend gefordert, die
gesetzlichen Rahmenbedingungen für die Gestaltung des Wandels zu schaffen.
Darunter fallen auch Investitionen in Bildung oder die Infrastruktur und die
Schaffung von Anreizen für neue Technologien oder ressourcenschonendes Handeln und Wirtschaften. Gleichzeitig besteht die nachvollziehbare Forderung, den
Umbau sozialverträglich zu gestalten. Dafür ist für Teilhabe möglichst vieler und
für den sozialen Ausgleich der finanziellen Belastungen in der Bevölkerung zu
sorgen; weltweite Koordination muss im Zuge dessen ebenfalls ein Ziel sein.
Gleichzeitig geht damit die Forderung einher, Transparenz zu schaffen. Die Menschen müssen aktiv auf dem Weg der Veränderung mitgenommen werden. Das
mag vielen Politiker:innen mühsam erscheinen. Das ist aber der einzige Weg, für
langfristiges Verständnis zu werben und gleichzeitig destruktiven populistischen
Strömungen nicht das Feld zu überlassen.

Demokratie und Kooperation statt Konkurrenz und unbeschränktem Wettbewerb waren die Ideen, die wir uns weiter oben erarbeitet haben. Diese bildet die
Basis in den Gedanken Lisa Herzogs (vgl. Abschn. 4.5), Elinor Ostroms (der
Allmendegedanke) oder Christian Felbers (Gemeinwohl-Ökonomie). Beides –
also Demokratie und Kooperation – sollten wir dann sowohl auf der Ebene der

weltweiten Kooperation von Staaten, also auch auf der Ebene lokal und global agierender Unternehmen, beachten.

Ohne Verzicht wird es bei uns zumindest wohl nicht gehen, allen bisherigen und auch zu erwartenden technologischen Entwicklungen zum Trotz. Politische Konzepte, die das versprechen, scheinen mir unlauter zu sein. Wir müssen uns gemeinschaftlich vielmehr überlegen, wie wir heute und für die Zukunft wirtschaften wollen. (1) *Suffizienz,* (2) *Glück* und (3) *das gute Leben* sind Stichpunkte, die uns bei diesen Bemühungen leiten können. (zu 1) *Suffizienz* meint die Tatsache, dass wir uns bewusst machen sollten, was wir wirklich zu einem guten Leben brauchen. Dazu bedarf es der individuellen Überlegung, auf welche Konsumgüter wir verzichten und wo wir uns ressourcenschonender verhalten können. *Repair-Cafés* oder *Car-Sharing*-Angebote weisen hier bereits in eine solche Richtung; die Überwindung der Prämissen des Haben-Wollens, des „immer besser, immer schneller, immer neuer" oder der Wegwerfgesellschaft können wir uns an diesen Beispielen gut verdeutlichen. Gleichzeitig sind die kollektiv-gesellschaftliche Diskussion dazu zu führen sowie die Rahmenbedingungen durch die Politik zu schaffen. Die Tatsache, dass u. a. Elektronikhersteller zur Reparatur defekter Geräte verpflichtet wurden, geht in diese Richtung. (zu 2) *Glück* meint die Tatsache, dass bloßer Konsum nicht zu steigender Zufriedenheit führt. Nicht materieller Wohlstand, sondern nicht monetär erfassbare bzw. nicht-materielle Faktoren wie zwischenmenschliche Beziehungen, gegenseitiges Vertrauen, nachbarschaftliche Hilfestellung, Frieden, Gesundheit, eine intakte Umwelt oder Freizeitfaktoren tragen ungleich stärker zu möglichem Glücksempfinden und zur Zufriedenheit von Menschen bei. Der Zwergstaat Bhutan hat es vorgemacht: Dort wird nicht das BIP ermittelt, vielmehr ist das *Bruttonationalglück* Staatsräson. In wiederkehrenden Abständen wird die Bevölkerung zu nicht-materiellen Faktoren, wie den oben genannten, befragt. Das Ziel Bhutans ist es, den Glücksfaktor der Bevölkerung kontinuierlich zu steigern. (zu 3) *Das gute Leben* schließlich meint – und hier kommen wir nochmals zurück auf Aristoteles – das glückliche Leben im Sinne des geglückten Lebens. Welche gute Geschichte unseres Lebens können wir unseren eigenen Nachkommen bzw. künftigen Generationen allgemein, für die wir uns ebenfalls ein gutes Leben wünschen, also erzählen?

Was im Zuge der bisherigen Kapitel und der alternativen Konzepte nur am Rande anklang war die Frage nach dem Sinn im Leben. Welchen Sinn kann unternehmerische Tätigkeit für jeden von uns sowie für die Gesellschaft stiften? Mit diesem Thema werden wir uns im nächsten Abschnitt beschäftigen.

4.6.3 *Purpose* und *Meaning* im Wirtschaftsleben

Als moderne Menschen sind viele von uns auf der Suche nach Sinn im Leben. Dazu verfügen wir über die Möglichkeit, als sinnvoll erkannte und anerkannte Ziele auch nachhaltig zu verfolgen. Das bedeutet, wir können die Zielerreichung gegen innere und äußere Widerstände vertreten. Auch im Arbeits- bzw. Berufsleben tritt dieser Wunsch nach Sinn verstärkt zutage. Empirische Untersuchungen zeigen immer wieder das Bild, dass Menschen nach Sinnhaftigkeit, nach Bestätigung und Glück im Job suchen. Selbst, wenn Menschen nicht ausdrücklich und bewusst auf der Suche nach Sinn sind, wird vielen in existenziellen persönlichen oder auch schwierigen beruflichen Situationen klar, dass ihnen etwas im Leben fehlt. Das bezeichnen wir dann oft als Sinnkrise.

Auch wenn es viele andere Sinnfelder wie Familie, Ehrenamt, Hobby, Gemeinschaft usw. gibt, spielen Beruf und Erwerbstätigkeit nach wie vor eine wichtige Rolle in unserem Leben. Dabei trägt der Job, neben der Tatsache, dass damit meist das eigene Leben finanziert wird, einerseits zum Selbstbild, gleichzeitig aber auch zur Anerkennung durch andere Menschen oder durch die Gesellschaft bei. Ein sinnvoller Horizont im Leben vieler Menschen ist es, den eigenen Nachfahren *etwas* zu hinterlassen. Das also, was wir als Erbe bezeichnen, kann materiell, ebenso jedoch nicht materiell sein. Diesen Aspekt hatten wir uns bereits im Zuge des Nachhaltigkeitsgedankens in den vorangegangenen Abschnitten erarbeitet. Nicht mehr allein die Sicherung der eigenen Existenzgrundlage durch den Job steht damit im Fokus. Vielmehr treibt viele Menschen ebenso der Wunsch an, aktiv an einer lebenswerten Zukunft mitzuarbeiten. Die aktuellen Diskussionen um den Berufseinstieg der sog. „Generation Z" (zur kritischen Diskussion dazu vgl. Abschn. 4.5) zeigt uns die Entwicklung in Richtung veränderter Sinnhorizonte eindrücklich auf. Für die *Gen Z* stehen andere Bedeutungshorizonte im Fokus als noch für die vorangegangenen Generationen. Statt der Überbetonung der Arbeit als Lebensinhalt und dem Wunsch nach Karriere werden eher andere Sinnfelder und Zukunftsaspekte betont: die Vereinbarkeit von Beruf und Familie etwa, Freude an der Arbeit, ein positives Arbeitsumfeld, daneben die Bewältigung der Klimakrise, Fragen der Generationengerechtigkeit und damit der Zukunftsfähigkeit der Arbeit und unternehmerischer Tätigkeit an sich.

Mitarbeitende suchen demnach verstärkt nach Sinn und Bedeutung in ihrer Arbeit. Die Gesellschaft als Ganzes verlangt Unternehmen im Zuge dieser Entwicklungen ebenso mehr und mehr einen sog. *Purpose* ab, also einen Sinn, der über die reine Gewinnmaximierung hinausgeht. Haben Unternehmen einen solchen *Purpose* definiert, nehmen gleichzeitig die Chancen zu, die Motivation von Mitarbeitenden sowie die gesellschaftliche Akzeptanz von unternehmerischen

Geschäftsmodellen zu steigern. Werfen wir daher einen vertieften Blick auf diese drei Zusammenhänge: (1) Was verbirgt sich hinter dem *Purpose*-Gedanken und welche Bedeutung hat er in der Praxis gewonnen? (2) Welche Anforderungen der Mitarbeitenden an einen sinn- und bedeutungsvollen Inhalt ihrer Arbeit *(Meaning)* gehen damit einher? Und wie wirkt sich das (3) auf die Motivation von Menschen im Berufsleben aus?

Starten wir mit (1), dem *Purpose*-Gedanken in Unternehmen. Der englische Begriff des *Purpose* (Zweck, Ziel, Sinnhaftigkeit) wird seit einigen Jahren in der Managementliteratur diskutiert und in der unternehmerischen Praxis ein- und umgesetzt. Dabei geht es um die Beantwortung der „Warum"-Frage für Unternehmen: Warum (und auch wie) sind Unternehmen auf dem Markt tätig und bieten ihre Produkte an? Welchen gesellschaftlichen Mehrwert schaffen Unternehmen durch ihre unternehmerische Tätigkeit, die über die bloße Gewinnmaximierung zu Gunsten der Eigentümer:innen, der Shareholder also, hinausgeht? Wie kann eine positive Wirkung für alle Stakeholder erzielt werden? Den auch erweiterten Stakeholderbegriff hatten wir uns oben bereits erarbeitet (vgl. Abschn. 4.1 und 4.4). In der weitesten Definition des Begriffs sind Menschen ohne Stimme, die Natur oder künftige Generationen in die Betrachtung mit einzuschließen. Dazu werden – wir erinnern uns – rechtliche Rahmenbedingungen benötigt, die der Staat im Rahmen der Ordnungspolitik vorgibt. Unternehmen sollen dann, auch das hatten wir bereits beleuchtet, als gute Wirtschaftsbürger *(Corporate Citizens)* agieren und gesellschaftliche Verantwortung übernehmen. Daher geht es bei der Bestimmung und Verfolgung des Purpose darum, einem erweiterten Kreis an Interessensgruppen einen nachhaltigen Mehrwert zu liefern.

Im Zuge dessen kommt dann wieder die Ethik ins Spiel: Entscheidungsträger und alle Mitarbeiter:innen in Unternehmen sind gefordert, sich zu überlegen, welche Mehrwerte im Sinne der Stakeholder moralisch gut und legitim sind. Die Diskussion darüber findet im gesellschaftlichen Austausch statt, an dem jede:r von uns sich beteiligt oder sich zumindest beteiligen kann. Beleuchten wir zur Verdeutlichung dessen nochmals das einprägsame Beispiel der Nachhaltigkeit. Wir sind uns gesellschaftlich bewusst, dass nachhaltiges Handeln und Wirtschaften sinnvoll ist, sowohl für uns als auch mit dem Ziel, unseren Nachkommen und künftigen Generationen allgemein die Chance auf ein gutes Leben zu erhalten. Die verantwortungsbewusste Verfolgung des Nachhaltigkeitsziels stiftet daher Sinn, motiviert Menschen (darauf kommen wir noch zurück) und kann so den *Purpose*-Gedanken in Unternehmen stärken.

Unternehmen sind daher mehr und mehr gefordert, ihren *Purpose* zu finden, zu benennen und ihre strategische Ausrichtung daraufhin auszurichten. Der *Purpose* als Ziel und Zweck muss dann Eingang in alle Prozesse im Unternehmen

finden. So besteht die Chance, der Gesellschaft einen echten Mehrwert zu liefern und möglichst viele Stakeholderinteressen zu befriedigen. Damit einher geht
die Chance, dass Mitarbeitende in Unternehmen verstärkt Sinn in ihrer beruflichen Tätigkeit erkennen und motiviert sind, ihren Beitrag in Richtung der idealen
Unternehmenszwecke zu leisten. Wie hängt das aber jetzt zusammen?

Ziehen wir zur Beantwortung dieser Frage auf (2) einen weiteren wichtigen
Begriff heran: den Begriff *Meaning* (Bedeutung, Sinn). Hierzu können wir uns
nochmals den Wunsch von Menschen vor Augen führen, Sinn im Leben und
damit auch im Arbeitsleben zu verspüren. Fehlende Aspekte sozialer, gesellschaftlicher und zukunftsfähig-nachhaltiger Ausrichtung der eigenen Arbeit haben
das Potential zu einem Gefühl der Sinnlosigkeit zu führen. Der *Purpose*-Gedanke
von und in Unternehmen kann dem entgegenwirken. Über die Notwendigkeit
hinaus, Geld zu verdienen und so für die Sicherung der eigenen Lebensgrundlage zu sorgen, besteht erst durch einen anerkannten *Purpose* die Chance für
Menschen, tieferen Sinn in der eigenen Arbeit zu erkennen.[16] Dieses Empfinden
führt bestenfalls zu einer Erkenntnis der Bedeutsamkeit des eigenen Beitrags zu
gesellschaftlich anerkannten Zielen des eigenen Unternehmens. Im Rahmen der
Betonung des Gedankens der Bedeutung bzw. Bedeutsamkeit der eigenen Arbeit
wird in der Forschung oft auf den organisationspsychologischen Ansatz von
Hackman und Oldham zurückgegriffen, den die Autoren bereits 1976 vorgelegt
haben.[17] Darin untersuchen Hackman und Oldham, welche Faktoren gegeben sein
müssen, um Menschen die Möglichkeit zu eröffnen, Bedeutsamkeit in ihrer Arbeit
zu erkennen. Demnach sind drei Faktoren ausschlaggebend: das Wissen um die
(positiven) Resultate der eigenen Arbeit, Handlungsfreiheit bei der Verfolgung der
gesetzten Ziele sowie der Erhalt von Feedback. In Unternehmen ist daher eine
Führungskultur zu etablieren, die diese Voraussetzungen ermöglicht. Und damit
besteht die gute Chance, dass Mitarbeitende die Bedeutsamkeit *(Meaningfulness)*
ihres Beitrags zum Gesamtergebnis „ihres" Arbeitgebers erkennen können. Diese
Erkenntnis erfolgt über das ergänzende Zusammenspiel dreier Dimensionen: den
individuellen Blick der/des Mitarbeitenden auf die eigene Arbeit, den Blick von
außen auf die Arbeit und die Resultate der Arbeit sowie den gemeinsamen Blick
auf die Resultate der Arbeit. Dabei werden der individuelle Blick und der kollektive Blick von außen dann kombiniert. Durch die gesellschaftliche Anerkennung

---

[16] Der Vollständigkeit halber sei darauf hingewiesen, dass diese Diskussion in unserer
Gesellschaft stattfinden kann, nachdem wir eine bestimmte Wohlstandsniveau erreicht
haben, zudem den Sicherheiten des Sozialstaats unterliegen. In Ländern, in denen Menschen
täglich ums Überleben kämpfen müssen und keinen Schutz genießen, stellen sich derartige
Sinnfragen meist nicht oder nicht in dieser Tiefe.

[17] Vgl. Hackman und Oldham (1976).

des *Purpose* eines Unternehmens gemeinsam mit der Erkenntnis des eigenen positiven Beitrags zum nachhaltigen Unternehmenszweck entsteht potentiell Stolz auf die geleistete Arbeit. Und nicht zuletzt dieser Stolz hat die Kraft, Menschen zu motivieren.

Kommen wir daher zum dritten hier zu betrachtenden Aspekt, zur Frage (3) der Motivation von Menschen im Berufsleben. Motivation meint (vereinfacht gesagt) zielgerichtetes Handeln in Richtung eines als positiv empfundenen Zustands. Wenn Menschen also, bleiben wir bei unserem Beispiel, Stolz auf ihren Arbeitgeber, ihre Arbeit oder die Resultate ihrer Arbeit verspüren, sorgt das für ein positives Gefühl. Und dieses positive Gefühl sorgt dann wiederum dafür, dass Menschen auch bereit sind, sich künftig motiviert für die als sinn- und bedeutungsvoll erkannten Ziele in Unternehmen einzusetzen. Dazu können wir die Unterscheidung zwischen intrinsischer Motivation und extrinsischer Motivation betrachten: Während extrinsische Motivation von außen an Menschen herangetragen wird und über Belohnung und ggf. Bestrafung funktioniert, entsteht intrinsische Motivation aus uns selbst heraus. Tätigkeitszentrierung oder als sinnvoll Erkanntes motivieren uns aus der Freude an der Arbeit oder aus der Erkenntnis, das Richtige zu tun. Intrinsische Motivation wirkt, da ist die Forschung sehr eindeutig, langfristig und befriedigt anhaltend. Neuere Motivationsmodelle wie etwa die *Self-Determination Theory* (SDT) von Ryan und Deci[18] vertreten den Ansatz, dass der Mensch nicht nur physiologischen Grundbedürfnissen wie Essen, Trinken oder Schlaf unterliegt. Vielmehr, so die Autoren, haben Menschen ebenso *psychologische* Grundbedürfnisse, die befriedigt werden wollen. Im SDT-Modell werden diese mit Handlungsfähigkeit (Kompetenz), Handlungsfreiheit (Autonomie) sowie sozialer Eingebundenheit definiert. Daher ist es eben wichtig, dass als sinnvoll erkannte Ziele gesellschaftlich diskutiert werden und bei Erreichen auch dadurch (wir denken zurück an den eigenen Blick auf die Resultate kombiniert mit dem anerkennenden Blick von außen) motivieren.

Wenn diese Erkenntnisse, also als sinnvoll erlebte Zwecke des Unternehmens oder nachhaltige Führung und Kommunikation im weitesten Sinn, in Unternehmen berücksichtigt werden, kann das eine Strahlkraft auch auf andere Menschen entwickeln, die auf der Suche nach sinnerfüllter Arbeit sind. Propagierter *Purpose* und ermöglichte Bedeutsamkeit bei den Mitarbeiter:innen stellen damit beste Voraussetzungen dar, neue Mitarbeiter:innen zu gewinnen, für geringe Fluktuation in Unternehmen zu sorgen und dadurch etwa dem Fachkräftemangel zu trotzen.

Jetzt klingt das alles sehr einleuchtend und der Idealzustand wäre es, dass in allen Unternehmen nach diesen Grundsätzen gearbeitet wird. Die Realität

---

[18] Vgl. Ryan und Deci (2017).

sieht jedoch anders aus und diesbezüglich wollen wir einige Punkte hier noch kurz anreißen. Einerseits gibt es Unternehmenszwecke, die nicht als ideal eingestuft werden (können), denken wir zum Beispiel an die Rüstungsindustrie. Zwar hat sich im Lichte der aktuellen globalen Entwicklungen und im Zuge des Ukraine-Kriegs oder der Lage im Mittleren Osten das Image dieser Unternehmen verändert. Die Diskussion danach, ob die Produktion von Waffen dann aber dem Leben an sich dient (vgl. Abschn. 4.4), muss dennoch geführt werden, auch wenn wir davon ausgehen, dass die Waffensysteme nur zur Verteidigung und nicht zum Angriff eingesetzt werden. Andererseits gehen in Unternehmen bei der Bestimmung und Benennung ihres *Purpose,* also des idealen Zwecks der unternehmerischen Tätigkeit, diverse Herausforderungen einher. Echte Motivation im Zuge als bedeutungsvoll erkannter Arbeit kann nur in den Mitarbeitenden selbst entstehen. Ob also die/der Einzelne den propagierten *Purpose* des eigenen Unternehmens tatsächlich als sinnhaft und dadurch potentiell motivierend einstuft, kann nicht „von oben" vorgeschrieben werden. Zumindest können Unternehmen aber die Möglichkeit eröffnen und dazu einladen, dass jede:r Mitarbeitende Sinn erkennt und dadurch die Bedeutsamkeit des eigenen Jobs spürt. Inwieweit diese Tatsache dann motiviert, bleibt ebenso dem Individuum vorbehalten. Die Bestimmung und die Umsetzung eines erkannten *Purpose* bedürfen zudem eines langanhaltenden Prozesses des Kulturwandels in Unternehmen. Auf diesen Weg sind die Mitarbeitenden einzuladen und die Unternehmensleitung sowie die Führungskräfte fungieren dabei bestenfalls als Vorbilder. Zuletzt darf mit der Bestimmung und Einführung eines idealen Zwecks als übergeordnetem Ziel nicht wieder nur die Steigerung eines monetären Gewinninteresses verfolgt werden. Der *Purpose* ist gerade definiert durch einen gesellschaftlichen, nachhaltigen und zukunftsfähigen Mehrwert. Insofern ein idealer Zweck also instrumentalisiert wird, um Gewinnmaximierung zu betreiben, laufen Unternehmen Gefahr, *Greenwashing* (vgl. Abschn. 4.4) zu betreiben. Neben dem Reputationsschaden oder gar juristischen Sanktionen, die dadurch drohen, hat das dann das große Potential, zur gesellschaftlichen Ächtung und nicht zuletzt dadurch zur Demotivation von Mitarbeitenden beizutragen, mit allen negativen Folgen für die betroffenen Unternehmen.

4.7 Anregungen zur Vertiefung

In den *Anregungen zur Vertiefung* findet sich hier wiederum Zweierlei: Fragen, die zur Reflexion sowie zur Diskussion anregen können sowie Literaturempfehlungen zum Weiterlesen bei vertieftem Interesse für einzelne Themen. Dabei habe ich bewusst auf mögliche „Musterlösungen" im Anschluss an die Fragen verzichtet, aus dem einfachen Grund, weil es solche nicht geben kann. Im eigenständigen Nachdenken, im Weiterforschen und im Rahmen von Diskussionen beispielsweise in Seminaren besteht immer die Möglichkeit, sich den Fragen zu nähern und allein oder in der Gruppe über mögliche Lösungen nachzudenken und zu debattieren. Die jedes Kapitel abschließenden Literaturempfehlungen stellen einen Ausschnitt dessen dar, was sich in Gänze im Literaturverzeichnis am Ende des Buchs wiederfindet.

Lesen Sie, denken Sie, diskutieren Sie!

Fragen zur Reflexion und Diskussion

- Recherchieren Sie, welche Gesetze in der Vergangenheit verabschiedet wurden, die maßgeblich auf die Zielerreichung der SDG 17 abzielen. Überlegen Sie, welche Wirkung die Gesetze und Regelungen bisher erzielt haben und welche gesellschaftlichen Diskussionen damit einhergingen und einhergehen
- Die Einführung eines Lobbyregisters im Rahmen der Politikberatung wird wiederkehrend diskutiert. Sammeln Sie Argumente, die in der Debatte jeweils pro und contra eines solchen Registers angeführt werden. Bewerten Sie diese Argumente aus ethischer Sicht
- Recherchieren Sie, welche Begründungen den erwähnten Gerichtsurteilen gegen die Bundesrepublik Deutschland (Klimagerechtigkeit für künftige Generationen 2021) oder die Schweiz (Senior:innen für Klimaschutz 2024) für mehr Nachhaltigkeit zugrunde lagen. Diskutieren Sie, was sich seitdem in der Politik, der Gesetzgebung und im Rahmen der gesellschaftlichen Diskussionen verändert hat
- Recherchieren Sie nach Unternehmen, die eine Gemeinwohlbilanz aufstellen und welche Kriterien nachhaltigen Wirtschaftens sich finden lassen. Erarbeiten Sie eine Gegenüberstellung einer Gemeinwohl- und einer HGB-Bilanz
- Kennen Sie den *Purpose* eines oder mehrerer Unternehmen? Recherchieren Sie, welchen Purpose (Ihnen) bekannte Unternehmen verfolgen. Überlegen Sie, ob dieser ideale Zweck von diesen Unternehmen Ihrer Meinung nach auch tatsächlich nachhaltig verfolgt wird – und warum bzw. warum nicht

Zum Weiterlesen

Ein umfassender Überblick über die deutschsprachigen wirtschaftsethischen Theorien findet sich hier: Van Aaken, Dominik und Schreck, Philipp (Hrsg): Theorien der Wirtschafts- und Unternehmensethik. Berlin 2015.

Für einen umfassenden Überblick über den angelsächsisch geprägten Ansatz der Business Ethics empfehle ich: Crane, Andrew; Matten, Dirk et al.: Business Ethics. Oxford 2019.

Als nahezu unerschöpfliches Nachschlagewerk zu allen Themenbereichen, Begriffen und Entwicklungen im Rahmen der Wirtschafts- und Unternehmensethik dient: Aßländer, Michael (Hrsg.) Handbuch Wirtschaftsethik. Berlin 2021.

Eine gut lesbare und dabei umfassende Monographie zum Thema der alternativen Erfolgsmessung bezogen auf unser Leben findet sich hier: Wallacher, Johannes: Mehrwert Glück. Plädoyer für ein menschengerechtes Wirtschaften. München 2011.

Literatur

Andrae, Benjamin. 2018. *Die Sinne des Lebens*. München: Philosophia Verlag.

Aristoteles. 1994. *Politik*. Reinbek bei Hamburg: Rowohlt.

Aßländer, Michael S., Hrsg. 2021. *Handbuch Wirtschaftsethik*. Berlin: J.B. Metzler.

Benecke, Cord und Brauner, Felix. 2017. *Motivation und Emotion. Psychologische und psychoanalytische Perspektiven*. Stuttgart: Kohlhammer.

Beschorner, Thomas, Peter Ulrich, und Florian Wettstein, Hrsg. 2015. *St. Galler Wirtschaftsethik. Programmatik, Positionen; Perspektiven*. Marburg: Metropolis Verlag.

Braml, Alexander. 2021. *Sinnstiftung in Unternehmen ermöglichen. Zur Notwendigkeit normativ-ethischer und moralpsychologischer Fundierung von Managementkonzepten*. Marburg: Metropolis Verlag.

Braml, Alexander. 2023. Purpose und Meaning – Sinn und Bedeutung der Arbeit als Themenfeld der Unternehmensberatung. In *Handbuch der Unternehmensberatung*, Hrsg. Deelmann Thomas, und Ockel Dirk Michael, 4135. Berlin: Erich Schmidt Verlag.

Braml. Alexander. 2022. Erfüllung im Berufsleben. Zur Diskussion von Ermöglichung in schwierigen Zeiten. In *Zeitschrift für Wirtschafts- und Unternehmensethik (zfwu)*, Hrsg. Sindermann Dana, Neuhäuser Christian, und Brink Alexander, 3(23):333–351. Baden-Baden: Nomos Verlagsgesellschaft,.

Crane, Andrew, Matten, Dirk, und Glozer, Sarah. 2019. *Business ethics. Managing Corporate Citizenship and Sustainability in the age of Globalization*. Oxford, New York: Oxford University Press.

D'Alisa, Diacomo, Federico, Demaria, und Giorgos Kallis, Hrsg. 2016. *Degrowth - Handbuch für eine neue Ära*. München: oekom Verlag.

Daly, Herman E. 1991. *Steady-State Economics*. WashingtonWashinton: Island Press.

Esch, Franz-Rudolph. 2021. *Purpose & Vision – Wie Unternehmen Zweck und Ziel erfolgreich umsetzen*. München: Campus.

Felber, Christian. 2021. *Gemeinwohlökonomie*. München: Piper Verlag.

Freeman, Edward R. 1984. *Strategic Management. A Stakeholder Approach*. Boston, London, Melbourne, Toronto: Pitman.

Göbel, Elisabeth. 2014. *Unternehmensführung und Moral*. Management konkret. Konstanz: UVK Verlagsgesellschaft.

Hackman, J. Richard, und Oldham, Greg R. 1976. Motivation through the Design of Work – Test of a Theory. In *Organizational Behavior and Human Performance* 16(2):250–279. Amsterdam: Elsevier.

Herzog, Lisa. 2019. *Die Rettung der Arbeit. Ein politischer Aufruf*. München: Hanser.

Hofmann, Thomas Sören. 2009. *Wirtschaftsphilosophie. Ansätze und Perspektiven von der Antike bis heute*. Wiesbaden: marixverlag.

Homann, Karl, und Franz Blome-Drees. 1992. *Wirtschafts- und Unternehmensethik*. Göttingen: Vandenhoeck & Ruprecht.

Homann, Karl. 2015. *Sollen und Können. Grenzen und Bedingungen der Individualmoral*. Wien: Ibera Verlag.

Jung, Martin H. 2016. *Luther lesen. Orbis Biblicus et Orientalis*. Göttingen: Vandenhoeck & Ruprecht.

Kant, Immanuel. 2008. *Grundlegung zur Metaphysik der Sitten*. Stuttgart: Reclam.

Keynes, John Maynard. 2016. *The Collected Writings of John Maynard Keynes*. Cambridge: Cambridge University Press.

Kienbaum Consultants International und human unlimited. 2020. *Purpose – Die große Unbekannte*. Link: https://www.kienbaum.com/de/purpose-studie/. Zugegriffen: 14. Apr. 2025.

Landesanstalt für Medien NRW. 2023. *Hate Speech*. Forsa-Studie 2023. Düsseldorf: Medienanstalt NRW. https://www.medienanstalt-nrw.de/presse/pressemitteilungen/pressemit teilungen-2024/default-a455c6a6ed/default-8ae3153c8164758c99b5658207373c89-3/ forsa-hassrede.html. Zugegriffen: 20. Febr. 2025.

Leibold, René. 2024. *Zwischen Person und Profession. Narrative Identitäten deutscher Mittelstandsunternehmer*innen im Anschluss an Paul Ricœur*. Wiesbaden: Springer Gabler.

Maak, Thomas, und Ulrich, Peter. 2007. *Integre Unternehmensführung. Ethisches Orientierungswissen für die Wirtschaftspraxis*. Stuttgart: Schäffer-Poeschel.

Marx, Karl. 2009. *Das Kapital*. Köln: Anaconda Verlag.

Meyer, Kirsten. 2018. *Was schulden wir künftigen Generationen? Herausforderung Zukunftsethik*. Stuttgart: Reclam.

Michaelson, Christopher. 2021. A Normative Meaning of Meaningful Work. *Journal of Business Ethics* 3: 413–418. Berlin: Springer Nature. https://doi.org/10.1007/s10551-019-043 89-0

Nickel, Rainer. 2011. *Stoa und Stoiker. Sammlung Tusculum*. Berlin: de Gruyter Akademie Forschung.

Ostrom, Elinor. 2022. *Jenseits von Markt und Staat. Über das Potential gemeinsamen Handelns*. Stuttgart: Reclam.

Paech, Niko. 2012. *Befreiung vom Überfluss: auf dem Weg in die Postwachstumsökonomie.* München: oekom Verlag.

Platon. 1989. *Der Staat. Über das Gerechte.* Hamburg: Felix Meiner Verlag.

Röttgers, Kurt. 2011. *Einführung in die Wirtschaftsphilosophie, Kurseinheiten 1–3.* Hagen.

Ryan, Richard M., und Edward L. Deci. 2017. *Self-Determination Theory – Basic Psychological Needs in Motivation, Development, and Wellness.* New York, London: Guilford Press.

Schima, Stefan. 2012. *Die Entwicklung des kanonischen Zinsverbots. Eine Darstellung unter besonderer Berücksichtigung der Bezugnahmen zum Judentum.* In *Aschkenas,* 2012–01, 2: 239–280. Berlin: de Gruyter.

Schröder, Martin. 2018. *Der Generationenmythos.* In: *Kölner Zeitschrift für Soziologie und Sozialpsychologie.* 2018–9, 70(3): 469–494. Wiesbaden: Springer Fachmedien. https://doi.org/10.1007/s11577-018-0570-6

Seneca, Lucius Annaeus. 2007. *Selected Philosophical Letters.* Oxford: Oxford University Press.

Simmel, Georg. 1989. *Philosophie des Geldes.* Berlin: Suhrkamp.

Sinek, Simon. 2009. *Frag immer erst warum – Wie Topfirmen und Führungskräfte zum Erfolg inspirieren.* München: Redline.

Smith, Adam. 2010. *Theorie der ethischen Gefühle.* Hamburg: Felix Meiner Verlag.

Smith, Adam. 2013. *Wohlstand der Nationen.* Köln: Anaconda.

Thielemann, Ulrich. 2010. *System Error. Warum der freie Markt zu Unfreiheit führt.* München/Frankfurt: Westend Verlag (lizensiert bei Bundeszentrale für politische Bildung).

Thomas von Aquin. 1991. *Ökonomie, Politik und Ethik aus Summa Theologica,* Hrsg. H.C. Reckenwald, Düsseldorf: Verlag Wirtschaft und Finanzen.

Ulrich, Peter. 2016. *Integrative Wirtschaftsethik. Grundlagen einer lebensdienlichen Ökonomie.* Bern: Haupt Verlag.

Van Aaken, Dominik, und Schreck, Philipp, Hrsg. 2015. *Theorien der Wirtschafts- und Unternehmensethik.* Berlin: Suhrkamp.

Wallacher, Johannes, und George G. Brenkert, Hrsg. 2011. *Ethik in Wirtschaft und Unternehmen in Zeiten der Krise.* Stuttgart: Kohlhammer.

Wallacher, Johannes, Johannes Müller, und Michael Reder, Hrsg. 2013. *Weltprobleme.* München: Bayerische Landeszentrale für politische Bildungsarbeit.

Wallacher, Johannes. 2011. *Mehrwert Glück. Plädoyer für ein menschengerechtes Wirtschaften.* München: Herbig.

Wallacher, Johannes. 2011. *Mehrwert Glück. Plädoyer für menschengerechtes Wirtschaften.* München: Herbig.

Weber, Max. 2010. *Wirtschaft und Gesellschaft. Grundriss der verstehenden Soziologie;* zwei Teile in einem Band. Frankfurt a. M.: Zweitausendeins.

Weber, Max. 2013. *Die protestantische Ethik und der Geist des Kapitalismus.* München: C.H. Beck.

Wissenschaftliche Arbeitsgruppe für weltkirchliche Aufgaben der Deutschen Bischofskonferenz, Hrsg. 2018. *Raus aus der Wachstumsgesellschaft? Eine sozialethische Analyse und Bewertung von Postwachstumsstrategien.* Bd. 21. Bonn: Deutsche Bischofskonferenz.

Wissenschaftliche Arbeitsgruppe für weltkirchliche Aufgaben der Deutschen Bischofskonferenz, Hrsg. 2021. *Wie sozial-ökologische Transformation gelingen kann. Eine interdisziplinäre Studie im Rahmen des Dialogprojektes zum weltkirchlichen Beitrag der katholischen Kirche für eine sozial-ökologische Transformation im Lichte von Laudato si'*. Bd. 22. Bonn: Deutsche Bischofskonferenz.

World Commission on Environment and Development. 1987. *Our Common Future*. Oxford: Oxford University Press.

Wurzer, Michaela S. 2014. *Wirtschaftsethik von ihren Extremen her. Darstellung und Kritik der Ansätze von Karl Homann und Peter Ulrich*. Würzburg: Königshausen & Neumann.

Einführung in die Medienethik 5

Lassen wir einige der bisher behandelten Themen nochmals kurz Revue passieren. Technik allgemein und technologischer Fortschritt (vgl. Kap. 3) erleichtern uns den Alltag oder verlängern unser Leben. Gleichzeitig gehen mit der Entwicklung und der Nutzung von Technik ethisch relevante Aspekte einher. Die Wirtschaft (vgl. Kap. 4) versorgt uns mit dem, was wir zum Leben benötigen sowie darüber hinaus und ist entscheidend beteiligt am Wohlstand, den wir uns geschaffen haben. Gleichzeitig haben industrielle Produktion sowie privater Konsum zu den globalen Herausforderungen heute und morgen geführt, denen wir uns verantwortungsbewusst stellen müssen. Die Wissenschaft (vgl. Kap. 1) trägt mit Forschung und Lehre erst mit zu den technischen Weiterentwicklungen bei, die dann auch kommerziell durch Unternehmen genutzt werden können. Auch Forscher:innen vollbringen Handlungen und sind daher wissenschaftsethisch gefordert, eigene Entwicklungen kritisch zu reflektieren und zu begleiten. Ethisch neutrale Technik und moralisch neutralen Fortschritt kann es nicht geben. Wichtige Punkte im Rahmen der damit verbundenen Diskussionen zur Technikfolgenabschätzung hatten wir uns angesehen (vgl. Abschn. 3.6).

Alle diese Themen sind Teil der uns umgebenden Welt und Gesellschaft und finden Eingang in die privaten, öffentlichen, politischen und wissenschaftlichen Debatten. Diese Diskussionen laufen weitgehend nach Regeln ab, wodurch die zielgerichtete Kommunikation und Informationsübertragung und damit sinnvoller Austausch erst ermöglicht werden. Die *Medien* stellen einen Sammelbegriff für alle diejenigen Kanäle dar, mittels derer Kommunikation allgemein und damit der Austausch von Informationen, Nachrichten oder Bildern abläuft. Unter Medien verstehen wir jedoch auch (technische) *Hilfsmittel*, mit denen diese Inhalte transportiert werden, über Themen berichtet wird und somit Kommunikation

A. Braml, *Angewandte Ethik der Wissenschaft – Technik – Wirtschaft – Medien*, https://doi.org/10.1007/978-3-658-48770-6_5

stattfindet. Beispiele dafür sind Bücher oder auch *Massenmedien* wie Zeitungen, Rundfunk oder das Fernsehen. Ergänzend unterscheiden wir *Neue Medien* (wie Internet, E-Mail, Spracherkennung) sowie *Soziale Medien* (wie Facebook, Instagram, TikTok, X (ehem. Twitter), LinkedIn). Auch mittels dieser Kanäle werden Informationen ausgetauscht, es wird kommuniziert und es findet Vernetzung untereinander statt.

Debatten und Diskussionen über alle Kanäle und mittels verschiedener Medien sollten bestenfalls vorurteilsfrei, wertschätzend, ehrlich, offen oder auch gleichberechtigt ablaufen. So besteht die Chance, dass wir auch hier ethische Kriterien anlegen können. In der Wirklichkeit stellen wir jedoch immer wieder fest, dass diese Ideale in der analogen und in der digitalen Kommunikation nicht eingehalten werden. Neben der machtbasierten Manipulationsgefahr wird die Sachebene in der Auseinandersetzung oft genug verlassen. Andere Meinungen werden diskreditiert und es kommt zu Beschimpfungen und zu Bedrohungen aufgrund der politischen Einstellung, der Hautfarbe oder der sexuellen Orientierung anderer Menschen. Auf diese Themen werden wir weiter unten noch zurückkommen (Abschn. 5.7.2).

Die Medienethik als Überbegriff an sich kann uns dabei unterstützen, diejenigen Voraussetzungen und Grundlagen zu klären, die einer *idealen* gesellschaftlichen Kommunikation zugrunde liegen sollten. Dabei ist auch die Medienethik eine sog. *Bereichsethik*. Bereichsethiken sind dadurch gekennzeichnet, dass sie Werte und Normen für bestimmte Lebensbereiche (also eben die Wissenschaft an sich, die Technik, die Wirtschaft, die Medien, aber auch beispielsweise die Medizin oder unsere Beziehung zur Natur) untersuchen. Ob solche Bereichsethiken notwendig sind, ist durchaus umstritten. Kritik daran bezieht sich auf die Tatsache, dass die großen ethischen Strömungen (Kap. 2) für *alle* Lebensbereiche Geltung beanspruchen (können). Utilitaristische oder pflichtethische Ansätze können demzufolge in jedem menschlichen Lebensbereich Orientierung stiften. Gelebte Tugenden werden uns in allen sozialen Situationen und Begegnungen abgefordert und können unser Handeln leiten. Demgegenüber steht jedoch die Auffassung, dass es bestimmte Lebensbereiche wie eben die Wissenschaft, die Technik, die Wirtschaft oder die Medien gibt, die besondere Fragestellungen aufwerfen, die über den Alltag von uns Menschen und die Fragen des alltäglichen Zusammenlebens hinausgehen. Und exakt für diese komplexen moralischen Fragestellungen in diesen *anwendungsbezogenen* Bereichen werden demzufolge spezielle Untersuchungen benötigt. Die Medienethik, als eine solche Bereichsethik für einen speziellen Lebensbereich, ist dabei eine der jüngsten Disziplinen. (Auf diese Themen kommen wir weiter unten wieder zurück.) Das zeigt sich

u. a. daran, dass es erst sehr spät einen eigenen Lehrstuhl ausschließlich für Medienethik an einer deutschen Universität gegeben hat.[1]

Die Entwicklungen im Bereich all dessen, was wir Medien nennen, gehen in so rasantem Tempo vonstatten, dass eine eigene ethische Reflexion dieser Entwicklungen durchaus angebracht scheint. Nachstehend werden wir uns daher Grundlagen sowie aktuelle Entwicklungen erarbeiten. Dabei werden wir, so wie in den vorangegangenen Kapiteln, auch hier immer wieder auf die großen ethischen Grundströmungen zurückkommen und unsere Gedanken daran abgleichen.

In den folgenden Kapiteln nähern wir uns dem Thema der Medienethik nach und nach an. Eingangs betrachten wir die zeitgenössische philosophisch-ethische Diskussion. Dazu beschäftigen wir uns kurz mit dem philosophischen Pragmatismus und vertieft mit der Diskursethik vor allem in der Prägung durch Jürgen Habermas. Anschließend untersuchen wir die Merkmale und Herausforderungen, die mit menschlicher Kommunikation einhergehen. Dazu beleuchten wir prominente Theorien ebenso wie potentielle Störungen, die in kommunikativen Situationen möglich sind. Darauf aufbauend definieren wir auf Basis relevanter Kommunikationstheorien diejenigen ethischen Normen, die mit menschlichem Austausch verbunden sein *sollten*. Haben wir als Menschen diese Normen als gut erkannt und verinnerlicht, können wir uns sowohl daran orientieren als auch davon abweichende Kommunikationsstrukturen und -muster erkennen und benennen. Anschließend daran nähern wir uns dann endgültig dem Begriff der Medienethik an und untersuchen die eben diesen Bereich betreffenden speziellen Fragestellungen des Handelns. An verschiedenen Stellen werden wir dabei wiederum auf den Verantwortungsbegriff (vgl. Abschn. 1.3) zurückkommen. Die Verantwortung im Bereich der Medien, das sollten wir schon einmal im Kopf behalten, ist zweigeteilt: sie liegt sowohl auf der Anbieterseite, also bei denjenigen, die die Medien schaffen und bereitstellen, als auch auf der Anwenderseite, also bei den Nutzer:innen und Konsument:innen und damit bei uns allen.

Im Zuge dessen werden wir uns auch mit Pionieren der Medienethik beschäftigen, selbst wenn diesen Denkern teilweise gar nicht ausdrücklich bewusst war, dass sie bis heute nachwirkende Grundlagenarbeit geleistet haben. Eingangs diskutieren wir das Werk des Kanadiers Marshall McLuhan (1911–1980), der wesentliche technische und mediale Entwicklungen vorhergesehen und auf ihre sozio-kulturelle Wirkung hin untersucht hat. Daran anschließend kommen wir nochmals zurück auf Günther Anders (1902–1992), mit dem wir uns im Rahmen

---

[1] Meines Wissens war das die Professur für Medienethik, die 2013 aus dem Lehrstuhl für Pädagogik und Kommunikationswissenschaft an der Hochschule für Philosophie in München hervorgegangen ist.

der Technikethik (vgl. Abschn. 3.3) bereits beschäftigt haben. Anders hat zu seiner Zeit auch einen sehr kritischen Blick auf die (Massen-)Medien geworfen. Und
abschließend blicken wir auf das Werk des tschechisch-brasilianischen Medien-
und Kommunikationstheoretikers Vilém Flusser (1920–1991), der den Begriff der
Kommunikologie geprägt hat.

Wie in den vorangegangenen Kapiteln auch werden wir uns daran
anschließend mit konkreten Herausforderungen für unser Leben beschäftigen,
hier eben im spezifischen Kontext medialer Entwicklungen. So werfen wir einen
vertieften Blick auf die Anforderungen an die Verantwortung, die mit der Bereitstellung und Nutzung von (Massen-)Medien einhergehen. Anschließend daran
beschäftigen wir uns mit Problemen, die unter anderem mit der Anonymität der
Nutzung von Massenmedien einhergehen. *Hate Speech* und *Trolle* stehen dabei
ebenso im Mittelpunkt wie der Bereich des sog. *Deepfake,* also von Fake News.
Außerdem machen wir uns Gedanken zur Macht von Bildern.

Die Anmerkung, die ich weiter oben bereits zu den aktuellen Bezügen im
Rahmen der Technikethik und dort speziell im Rahmen der Untersuchungen zur
Künstlichen Intelligenz (KI) gemacht habe (vgl. Abschn. 3.6.1), möchte ich hier
auch nochmal wiederholen: Alles, was wir uns heute vorstellen können, kann
morgen bereits veraltet sein. Die Entwicklung auch im Bereich der Manipulation
von Nachrichten und Bildern und damit der Manipulation von Menschen geht
rasant vonstatten. Im Zuge dessen werden wir uns aktuelle Strategien ansehen,
die jeder/jedem von uns helfen können, Fake News von echten Nachrichten zu
unterscheiden und veröffentlichten Bildern nicht grundsätzlich zu vertrauen. Auch
hier werden wir wiederum die ethische Brille aufsetzen sowie den Aspekt der
Notwendigkeit von Bildungsprozessen herausarbeiten. Im Zuge dessen werden
wir vor allem auf zeitlose Strategien blicken, die uns dabei unterstützen, mit
den Herausforderungen von *Fake News* und manipulierten Bildern umzugehen
(Abschn. 5.7.3).

Konkrete Fragestellungen zum Weiterdenken und Weiterdiskutieren sowie
Literaturhinweise zum Weiterlesen bilden dann auch wiederum den Abschluss
dieses Kapitels (Abschn. 5.8).

5.1   Der Pragmatismus und diskursethische Grundlagen

Zu Beginn des 20. Jahrhunderts wurde ausgehend von den USA und wesentlich
vertreten durch den Philosophen und Psychologen William James (1842–1910)
eine neue Denkrichtung populär, der *philosophische Pragmatismus.* Werfen wir

einen kurzen Blick auf einige Merkmale dieser wissenschaftlichen Strömung. Für Vertreter:innen des Pragmatismus stehen unter anderem folgende Gedanken im Vordergrund: Philosophie muss nicht (mehr) die Suche nach der Wahrheit und nach unveränderlichen Prinzipien sein. Die Überzeugungen, die wir als Menschen haben, sind vielmehr auf ihre praktische Anwendbarkeit und ihre Konsequenzen hin zu untersuchen. Praktisches Handeln ist für uns Menschen in der Lebenswirklichkeit, in der wir uns befinden, entscheidend und wichtiger als die reine theoretische Vernunft. Auch die Ethik und moralische Anforderungen sind daher praktisch hinsichtlich von Fragen des Zusammenlebens zu klären und nicht mittels theoretischer Konzepte zu bestimmen. Menschen erfahren und erkennen gesellschaftliche Missstände ganz unmittelbar sowie lebensbezogen und können daraufhin versuchen, diese (wiederum in der Praxis) gemeinsam zu überwinden. Ein theoretisches Konzept, wie die Pflichtethik Immanuel Kants mit ihrem *Kategorischen Imperativ* (vgl. Abschn. 2.1.2), kann demnach niemals dieselbe Wirkung in unserem Alltag entfachen wie alles das, was wir aus unseren Erfahrungen selbst heraus an der Wirklichkeit überprüfen und als richtiges Handeln empfinden. Kommunikation stellt in diesem Zusammenhang praktisches Handeln dar. Unsere Sprache ist Abbild unserer praktischen Handlungen und versucht, diese zu erfassen und zu analysieren.

Werfen wir dazu einen kurzen ergänzenden Blick auf die Sprechakttheorie, die wesentlich auf den britischen Philosophen John L. Austin (1911–1960) zurückgeht. Demnach vollziehen wir mit und durch Sprache oft genug konkrete und damit praktische Handlungen. Aussagen, wie „Ich taufe dieses Schiff auf den Namen Lieselotte", „Ich vererbe Dir nach meinem Tod meine Uhr" oder „Ich halte Dich für einen ausgemachten Idioten" besitzen performativen Charakter. „Performativ" bedeutet, dass mit dem Sprachakt eine Handlung nicht nur einhergeht, sondern vollzogen wird, wie eben eine Schiffstaufe, ein Testament oder eine Beleidigung. An diesen Beispielen können wir uns gut verdeutlichen, dass Sprechen und Handeln eng miteinander verknüpft sind.

In der deutschsprachigen Forschung bezieht sich unter anderem die Diskursethik auf die Ideen des philosophischen Pragmatismus. Die Diskursethik selbst untersucht kommunikative Strukturen. Im Mittelpunkt steht dabei die kommunikative Vernunft, also der reale Austausch zwischen Menschen, um Fragen des *guten* und vernünftigen Zusammenlebens zu klären. Die Diskursethik, wie sie wesentlich durch Karl-Otto Apel (1922–2017) und vor allem Jürgen Habermas (*1929) entwickelt und vertreten wurde, hat uns weiter oben in der Auseinandersetzung mit der integrativen Wirtschaftsethik bereits kurz beschäftigt (vgl.

Abschn. 4.4). Hier wollen wir jetzt noch etwas tiefer in die Thematik einsteigen und untersuchen, welche praktischen moralischen Ansatzpunkte uns die
Diskursethik liefert.

Unter einem Diskurs verstehen wir sowohl den wissenschaftlichen Austausch
zu einem Thema als auch einen individuellen Dialog sowie allgemein gesellschaftliche Diskussionen an sich. Mit der Diskurs*ethik* kam dann eine weitere
Facette der Bedeutung des Begriffs hinzu: Ein Diskurs ist demnach zwar weiterhin geeignet und notwendig, um sich gemeinsam argumentativ und vernünftig
auszutauschen. Dieser Austausch dient jetzt aber *zielbezogen* der Findung von
ethischer Verbindlichkeit. Es geht – und hier zeigt sich unter anderem die
Anknüpfung an den philosophischen Pragmatismus – um die *praxisbezogene*
gemeinsame Festlegung von ethischen Normen und damit die Regeln des Zusammenlebens. Je weiter die kollektive Debatte darüber fortgeschritten ist, können
diese Normen dann beanspruchen, von einer Mehrheit der Menschen mitgetragen
und akzeptiert zu werden. Dadurch gewinnen die Regeln des Zusammenlebens
einen vernunftbezogenen Charakter und sind als verbindlich und moralisch anzusehen, eben weil sie von möglichst vielen Menschen anerkannt sind. Jürgen
Habermas bezieht sich in seiner Theorie zwar unmittelbar auf die Pflichtethik
Immanuel Kants und dessen Vernunftkonzept des *Kategorischen Imperativs* (vgl.
Abschn. 2.1.2), entwickelt diese Theorie dann aber weiter. Nach Kants Theorie muss *jede* menschliche Handlung strikt und ohne Ausnahme in der Vernunft
begründet sein und Merkmale aufweisen, die für ausnahmslos (kategorisch also)
jeden Menschen Geltung beanspruchen können. Wir Menschen sind im Anschluss
daran gefordert, uns in unseren praktischen Handlungen ebenso kategorisch
danach zu richten, weil wir uns schon innerlich dazu verpflichtet fühlen müssen.
Auch wenn Kant selbst seinen Imperativ dem Bereich der praktischen Vernunft
zugeordnet hat, muten diese Forderungen sehr theoretisch und sehr abstrakt an.
In der alltäglichen Umsetzung stoßen wir hier zudem auf konkrete Schwierigkei-
ten, ein Vorwurf, mit dem sich Immanuel Kant selbst bereits zu seinen Lebzeiten
konfrontiert sah.

Habermas vertritt daher die Theorie, dass es lebenspraktischere Möglichkeiten
geben muss, um zu erkennen, was (moralisch) gut oder schlecht und damit vernünftig oder in diesem Sinne unvernünftig ist. Erst der Diskurs ermöglicht es uns,
im gemeinsamen Austausch dahin zu kommen, dass wir uns in diesem Austausch
und damit also im Rahmen öffentlicher Diskussionen gemeinschaftlich erarbeiten, was für uns als vernünftig gelten kann. Mit dem Austausch geht – und das
ist die Zielvorstellung – eine gemeinsam herausgearbeitete und damit *anerkannte*
Lösung einher. Diese Lösung mündet in Regeln, also Normen für Handlungen,

die durch die Menschen selbst diskutiert und praktisch erarbeitet werden. Moralische Handlungskonflikte müssen wir demnach nicht mehr vornehmlich innerlich vor uns selbst verantworten. Hintergrundinformationen und Erfahrungen aus diesem gemeinschaftlichen Austausch führen vielmehr zum Verständnis und tragen damit zur Akzeptanz der Regeln bei den Menschen bei. Eine wesentliche Grundvoraussetzung, um einen solchen Diskurs ethisch erfolgreich führen zu können, ist nach Habermas die Herrschafts- bzw. Gewaltfreiheit. Die Teilnehmenden am Diskurs sollen keinen Zwängen unterliegen, allein der argumentative Zwang des besseren Arguments darf den Austausch leiten.

Wie geht Habermas in seiner Begründung dazu aber vor? Untersuchen wir gemeinsam einige wichtige Punkte diesbezüglich, vor allem auf diejenigen Zusammenhänge, die uns im Fortgang dieses Kapitels zur Medienethik unterstützen sollen. Habermas verdeutlicht seine Theorie anhand zweier Grundsätze: dem *Universalisierungsgrundsatz (U)* sowie dem *diskursethischen Grundsatz (D)*. Der *Grundsatz U* nimmt noch Bezug auf Kant. Schon Kant hatte universale, damit also allgemeingültige, moralische Prinzipien als Grundlage für Entscheidungen gefordert. Wir müssen demnach alle unsere Handlungen daraufhin überprüfen, ob wir diese im Einklang mit unserem Gewissen vernünftig gegenüber *allen anderen* Menschen verantworten und guten Gewissens vertreten können. Der *Universalisierungsgrundsatz (U)* bei Habermas besagt jetzt, dass eine Handlung nur dann ethisch begründbar ist und als Norm (Regel) gelten kann, wenn sie von allen Menschen, die von dieser Handlung *betroffen* sind, auch akzeptiert ist. Daher findet diese Überprüfung auf die Vernunft hin insofern statt, ob sie praktikabel (und nicht mehr nur theoretisch) anwendbar ist. Der *Grundsatz D* baut darauf auf und erweitert diese Forderung um die endgültige praktische Dimension. Demnach müssen alle diejenigen Menschen, die von dieser Handlung betroffen sind, idealerweise im Diskurs (also im Austausch) auch darüber mitbestimmen dürfen, warum bestimmte Normen und damit bestimmte Regeln für diese Handlungen gelten sollen. Moralische Argumentationen unterliegen damit dem kommunikativen Handeln und stellen ein praktisches Verfahren dar. Moralische Entscheidungen werden gemeinschaftlich erarbeitet und es ist die Aufgabe der gesellschaftlichen Diskussion unter den Betroffenen zu erörtern, warum etwas als moralisch richtig und gut anerkannt ist. Der einzelne Mensch bleibt nicht mehr oder weniger allein mit seinem Gewissen (wie noch bei Kant), sondern fühlt sich durch den gesellschaftlichen Austausch praktisch darin bestärkt, was gute und richtige Handlungen sein können.

Der Diskurs besteht also aus Kommunikation und lebt von diesem Austausch. Dass jetzt nicht nur über moralische Fragen und ihre praktische Anwendbarkeit diskutiert wird, sondern diese Diskussionen selbst auch ethischen Ansprüchen genügen müssen, liegt auf der Hand. Diese Diskussionen sind dann aber (erst) wieder als anerkannt und praktikabel zu betrachten, wenn sich die Menschen untereinander darauf verständigt haben, dass sie tatsächlich als praktikabel anerkannt *sind*. Untersuchen wir in den kommenden Abschnitten daher die Kommunikation an sich sowie Aspekte der Kommunikationsethik, bevor wir daran anschließend endgültig auf die Medienethik überleiten.

5.2   Kommunikation und Kommunikationsethik

5.2.1   Grundlagen der Kommunikation

Unter Kommunikation allgemein verstehen wir den Austausch und die Übertragung von Informationen. Diese Übertragung und dieser Austausch können in Wort und Schrift auf unterschiedliche Arten und auf verschiedenen Wegen stattfinden. Bei den Arten unterscheiden wir verbale (das gesprochene Wort), nonverbale (Gestik, Mimik) und paraverbale Kommunikation (alles, was mit der Sprache zusammenhängt wie Stimmhöhe, Sprechgeschwindigkeit, Lautstärke oder Dialekt). Im schriftlichen Austausch fallen zwei dieser Ebenen schon weg, nämlich die non- sowie die paraverbale Kommunikation, es zählt das geschriebene Wort. Allein diese Tatsache kann mit zu Störungen in der Kommunikation beitragen, auf die wir weiter unten noch zurückkommen werden.

Unter dem Aspekt der Wege der Informationsübertragung können wir also das gesprochene Wort vom geschriebenen Inhalt unterscheiden. Innerhalb dieser beiden Pole können wir weiter differenzieren: spreche ich im Dialog mit einem oder mehreren Menschen, spreche ich im Rahmen einer Rede vor einem Publikum, schreibe ich einen Brief, eine E-Mail oder poste ich auf einem Social-Media-Kanal, verfasse ich einen Beitrag für eine Zeitung oder Zeitschrift, schreibe ich ein Buch oder eine wissenschaftliche Abschlussarbeit? Und weiter unterscheiden können wir nach dem Kontext, in dem Informationsaustausch und -weitergabe stattfinden. Befinden wir uns im intimen Zweiergespräch, im privaten Familien- oder Freundesumfeld, in Dialogen in beruflichen Bezügen, kommunizieren wir als Sprecher:in einer politischen Partei oder als Vorstand/Vorständin eines Sportvereins, skandieren wir Parolen auf einer Demonstration, diskutieren wir im Rahmen einer Talkshow, werden wir von der Polizei als Zeug:innen befragt oder bewegen wir uns an der Hochschule, also im Kontext von Forschung und Lehre?

Es gibt viele Kommunikationsmodelle, die versuchen, diese Prozesse abzubilden und die komplexen Beziehungen darzustellen, die mit Kommunikation einhergehen. Exemplarisch möchte ich dazu kurz auf einige Darstellungen eingehen, die verdeutlichen, welche Prozesse im Rahmen des Informationsaustauschs stattfinden. Im Anschluss daran werden wir uns mit möglichen Störungen in der Kommunikation beschäftigen, bevor wir uns dann mit den ethischen Fragen und Anforderungen auseinandersetzen, die damit verbunden sind.

Kommunikation findet stets zwischen einem (oder mehreren) Sender:innen und einem (oder mehreren) Empfänger:innen statt. Vom Sender werden Informationen an den Empfänger geschickt, der Informationsgehalt muss dazu codiert werden. *Codieren* bedeutet, der Sender überführt das, was er sagen möchte, in gesprochene oder geschriebene Zeichen. Der Empfänger erhält dann diese so transformierte Information und muss den Inhalt seinerseits *decodieren*. Decodieren bedeutet, dass die in Wort und/oder Schrift verpackten Inhalte des Senders „zurückübersetzt" werden müssen. Welche Inhalte hat der Sender also weggeschickt, welche Absicht ging damit einher und was bedeutet die Information für den Empfänger? In einem Dialog wechseln daraufhin die Rollen: der bisherige Empfänger codiert nun seinerseits die Inhalte seiner Antwort und sendet dies zurück an den bisherigen Sender, der neuer Empfänger wird und der die Inhalte decodieren und verarbeiten muss, usw. usf.

Der deutsche Psychologe und Kommunikationswissenschaftler Friedemann Schulz von Thun (*1944) hat kommunikationspsychologisch untersucht, welche inneren Prozesse bei Sendern und Empfängern dabei ablaufen. Dazu hat Schulz von Thun ein sehr bekanntes Kommunikationsquadrat entwickelt, das vielfach auch in Kommunikationsseminaren eingesetzt wird. Demnach besteht jede Äußerung, die wir tätigen, aus vier Seiten: dem Sachinhalt, der Selbstkundgabe, dem Appell und der Ebene der Beziehung. Der Sachinhalt stellt die Information dar, die ich als Sender übermitteln möchte. Die Selbstkundgabe ist das, was ich von mir selbst preisgebe, wobei diese Offenbarung lediglich indirekt und meistens unbewusst mit der Nachricht einhergeht. Der Appell ist das, was ich (direkt oder indirekt) vom Empfänger erwarte, und sei es schlicht eine Antwort. Besondere psychologische Bedeutung kommt dann der Beziehungsebene zu. Diese enthält unter anderem, welche Meinung wir von unseren Gesprächspartnern haben, in welcher Verbindung wir zueinander stehen oder in welchem Kontext wir in Kontakt zueinander treten. Das Besondere an dieser Einteilung bzw. Untersuchung jeder Nachricht in diese vier Seiten nach Schulz von Thun ist es jetzt, dass der Sender einerseits auf allen diesen vier Kanälen sendet, gleichzeitig der Empfänger aber auch auf allen diesen vier Kanälen (mit diesen „vier Ohren") hört. Und auch damit, das dürfte eingängig sein, gehen vielerlei mögliche Störungen in der Kommunikation einher.

Welche (potentiellen) Störungen in der Kommunikation gibt es jetzt aber? Fällt auch nur eine der Ebenen (verbal, nonverbal, paraverbal) weg, kann es zu Lücken in der Wahrnehmung und damit beispielsweise zu Missverständnissen kommen. Bezogen auf das Sender-Empfänger-Modell können Störungen zudem jeweils in der Person des Senders und des Empfängers liegen. Auch dabei können wir an Missverständnisse denken wie ebenso an fremdsprachliche Barrieren, aber auch an die Verwendung von für andere Menschen unbekannter Fachwörter, an rhetorische Stilmittel, die vom Empfänger nicht verstanden werden, wie Ironie und Sarkasmus, oder auch an Dialekte. Auch auf Seiten des Empfängers können diese und weitere Störungen festgemacht werden, zumal in einem Gespräch die Rollen zwischen Sender und Empfänger andauernd wechseln. Weitere potentielle Störfaktoren sind ein grundsätzlicher Mangel an Kommunikation (Sprachlosigkeit), Widersprüchlichkeiten in der Informationsübermittlung, technische Hürden, Umgebungslärm oder auch körperliche Einschränkungen, wenn wir zum Beispiel nicht erkennen, dass unser Gegenüber taub oder blind ist. Erschwernisse kommen dann auch hinzu, insofern wir uns im interkulturellen Kontext bewegen, wir uns also auf kulturelle (vielleicht auch noch unbekannte) Besonderheiten in der Kommunikation unseres Gegenübers einstellen müssen – und umgekehrt. Bezogen auf das Kommunikationsquadrat der vier Seiten kann, neben den bereits genannten Störungen, insbesondere noch die Beziehungsebene Quelle von Missverständnissen sein und zu Konflikten führen. Gerade in der Beziehung drückt sich aus, wie wir persönlich zum Gegenüber stehen und mit welcher inneren Haltung wir in ein Gespräch gehen. Mit der objektiven Sachebene, also der Ebene der bloßen Information, die übermittelt werden soll, gehen mannigfaltige subjektive Erfahrungen und individuelle Einstellungen einher. So werden alle vier Seiten des Kommunikationsquadrats sowohl vom Sender als auch vom Empfänger subjektiv geprägt übermittelt bzw. gehört, gedeutet und gewichtet. Und diese Tatsache ist uns oft genug nicht bewusst, was, bei Wissen um diese Ebenen, zu höherem Verständnis für die Situation, die Person des Gegenübers und seine Äußerungen führen kann.

Die Diskrepanz zwischen der Sach- und der Beziehungsebene hat auch der österreichisch-U.S.-amerikanische Philosoph, Psychologe und Kommunikationswissenschaftler Paul Watzlawick (1921–2007) untersucht. Verdeutlicht hat er seine Erkenntnisse mit dem sog. *Eisberg-Modell.* Eisberge sind dadurch gekennzeichnet, dass sich nur ca. ein Siebtel des Volumens sichtbar über der Wasseroberfläche befindet, während ca. sechs Siebtel unterhalb der Wasseroberfläche „schlummern". Die Sachinformationen und Tatsachen in einer Kommunikation machen der Theorie Watzlawicks zufolge demnach lediglich das eine sichtbare Siebtel (in der Analogie zum Eisberg) aus. Die anderen und unsichtbaren sechs

Siebtel bestehen aus den Emotionen, die wir mit in eine Kommunikation einbringen, aus unseren Erwartungen, Befürchtungen, Ängsten, Bedürfnissen und auch unbewussten Zielen. Alles das macht die Subjektivität in Gesprächssituationen aus und beeinflusst ungleich stärker die Beziehungsebene zwischen Kommunikationspartnern als es die bloße Sachinhaltsebene wiederzugeben vermag. Und dieser Teil in einer Kommunikation schlummert eben unter der Oberfläche und ist uns meist nicht bewusst.

Soweit ein kurzer Abriss zu Kommunikationsmodellen und potentiellen Störungen in der Kommunikation. Die weiterführende Beschäftigung mit diesen (und anderen) Kommunikationstheorien lohnt sich unbedingt. Deutlich wurde in den Ausführungen, so denke ich, dass es mannigfaltige Ursachen für Störungen innerhalb von Kommunikationsstrukturen geben kann, was es umso wichtiger macht, ethische Aspekte im Umgang miteinander zu bedenken.

Für unsere Zwecke möchte ich hier, bevor wir dann zu den konkret ethischen Anknüpfungspunkten überleiten, noch auf den Begriff der sog. *Metakommunikation* eingehen. Im Rahmen der Metakommunikation verlassen wir den reinen Informationsaustausch und gehen in das Gespräch *über* das Gespräch. Das kann auf der einen Seite wissenschaftlich, also etwa im Rahmen der Erklärung und Erforschung von Kommunikationsmodellen geschehen, aber auch im Alltag kann Metakommunikation stattfinden. Allen Kommunikationspartnern muss dabei jedoch bewusst sein, dass sie die bisherige Gesprächsebene verlassen. Dann lassen sich gemeinsam Überlegungen dazu anstellen, wie es beispielsweise zu Konflikten oder Missverständnissen im Gespräch kommen kann bzw. konnte. Wie weiter oben bereits erwähnt, ist es eine beliebte Übung in Kommunikationsseminaren, jede (!) Äußerung oder jeden Satz auf die vier Seiten bzw. die vier Ohren nach Friedemann Schulz von Thun hin überprüfen zu lassen. Diese Übung funktioniert nur, insofern sich alle auf die Metaebene begeben und gemeinsam von außen auf die sprachlichen Äußerungen sowie die jeweilige Kommunikationssituation blicken und Lösungsansätze diskutieren. Von der Metakommunikation abgrenzen sollten wir dagegen das Geben und Nehmen von *Feedback*. Unter Feedback verstehen wir die bewusste und bestenfalls regelgeleitete Rückmeldung an andere Menschen. Mit Feedback verbunden ist stets der Wunsch, Gedankenanstöße zu geben und Verhaltensänderungen anzuregen. Im Rahmen von Feedback können wir dem Gegenüber sowohl unser Verständnis des inhaltlich Gehörten/ Gelesenen mitteilen, als auch auf die anderen vier Ebenen des Kommunikationsquadrats eingehen, die Beziehungsebene eingeschlossen. Der Unterschied zur Metakommunikation besteht dann jedoch darin, dass der Feedbacknehmer entscheiden darf, was er von den rückgemeldeten Inhalten für sich annehmen möchte. Der Wunsch nach einer gemeinsamen Problemlösung, wie im Rahmen der Ziele der Metakommunikation, scheidet üblicherweise aus.

5.2.2 Kommunikationsethik

Welche konkret ethischen Gedanken gehen jetzt aber mit der Kommunikation und dem kommunikativen Austausch einher? Auf die Diskursethik hatten wir bereits einen vertieften Blick geworfen. Diese ethische Strömung bezieht sich dabei nicht nur auf den gemeinsamen Prozess an sich, im Diskurs die Regeln des Zusammenlebens laufend weiterzuentwickeln. Dieser Prozess sollte selbst ethischen Kriterien und moralischem Handeln genügen. Diesbezüglich untersuchen wir nachstehend drei Merkmale, die für eine ethische und in diesem Sinne gelingende Kommunikation wesentlich sind: 1) die gegenseitige Anerkennung, 2) gegenseitige Rechte und Pflichten in der Kommunikation sowie 3) den Verantwortungsgedanken und die Übereinstimmung zwischen dem „Was" und dem „Wie" in der Kommunikation.

(zu 1) Die gegenseitige Anerkennung ist ein Grundprinzip des praktischen Zusammenlebens und damit auch für gelingende Kommunikation. Im sprachlichen Austausch gilt es, den Gesprächspartner als Menschen an- und wahrzunehmen. Respekt in der Kommunikation sowie der anderen Person oder den anderen Personen gegenüber ist unbedingt notwendig, um moralischen Kriterien Genüge zu tun. Wenn wir an den Aspekt der Menschenwürde als Haltung zurückdenken (vgl. Abschn. 2.2.2), können wir uns die Forderung nach gegenseitigem Respekt sehr gut verdeutlichen. Dem Gesprächspartner würdeerhaltend entgegenzutreten und ihn als Person anzuerkennen, ist eine der Grundvoraussetzungen. Nur so kann konstruktive Kommunikation gelingen und das erfordert moralische Überzeugungen in der praktischen Umsetzung von Kommunikation.

(zu 2) Eng einher gehen damit gegenseitige Rechte und Pflichten. Grundlegend ist beispielsweise, dass jede:r Gesprächspartner:in zu Wort kommen kann, man sich gegenseitig ausreden lässt und auch auf Fragen antwortet. Alles das sind Konventionen und Vereinbarungen, die im gesellschaftlichen Zusammenleben notwendig sind und die wir grundsätzlich auch anerkennen. Vertieft ethisch betrachtet stellt das Recht auf bzw. die Pflicht zur Wahrheit zur Verdeutlichung dessen ein weiteres hervorragendes Beispiel dar. Kommen wir dazu nochmals zurück auf Immanuel Kant (vgl. Abschn. 2.1.2), welcher der *Wahrheit* im Zusammenleben eine besondere Stellung eingeräumt hat. Notlügen gibt es immer wieder und auch diese haben in manchen Fällen einen Mehrwert, zum Beispiel, um andere Menschen zu schützen. Daneben gibt es jedoch Menschen, die bewusst lügen und betrügen oder selbst vor Gericht unter Eid noch die Unwahrheit sagen. Ohne die Forderung und die grundlegende Verabredung jedoch, dass wir im Umgang mit anderen die Wahrheit sagen, würde Zusammenleben nicht funktionieren. Wenn wir uns als Menschen nicht darauf verlassen können, dass sich nahezu alle Menschen zumindest bemühen, bei der Wahrheit zu bleiben, wäre gesellschaftliches Zusammenleben unmöglich. Jede Verlässlichkeit und jedes Vertrauen wären verspielt. Folgen wir noch einmal dem *Kategorischen Imperativ:* Nach Kant stellt Wahrheit demnach eine Pflicht gegenüber sich selbst und gleichzeitig gegenüber anderen dar. Wenn wir lügen, versuchen wir zu manipulieren und uns einen Vorteil zu verschaffen. Damit sind andere Menschen nur noch Mittel zum Zweck, also Mittel, um ohne Rücksicht auf andere die eigenen Ziele zu erreichen. Wahrheit und Wahrhaftigkeit stellen demnach zwar Pflichten dar, gleichzeitig sind Wahrheit und Wahrhaftigkeit aber Rechte, die wir anderen gegenüber aus guten Gründen einfordern können. Auf dieses Thema werden wir im Rahmen der Untersuchung manipulativer Kommunikationsstrategien vor allem in den Abschn. 5.7.1 und 5.7.3 nochmals zurückkommen.

(zu 3) Weiter oben (vgl. Abschn. 1.3) hatten wir Verantwortung drei- bzw. vierstufig bestimmt: jemand trägt Verantwortung für etwas (und gegenüber jemandem) und muss sich im Zweifel gegenüber einer Instanz rechtfertigen, also verantworten. Diese Rechtfertigung basiert zudem auf Regeln und Normen des Zusammenlebens. Bezogen auf Kommunikation und den kommunikativen Austausch können wir uns zur Verantwortung folgende Punkte vor Augen führen: wir müssen uns im Zweifelsfall für das verantworten, was wir gesagt oder geschrieben haben, und damit wiederum Rede und Antwort stehen. Das stellt die Dimension des „Was", also des Inhalts des Kommunizierten dar. Alle Gesprächspartner:innen sind gleichzeitig aber ebenso gefordert, Verantwortung für die Art und Weise der Kommunikation zu übernehmen. Das entspricht der ergänzenden Ebene des „Wie" im Diskurs. Wie also sprechen wir miteinander und wie gehen wir daher miteinander um? Kritikfähigkeit, die Bereitschaft, sich selbst und eigene Ansichten zu hinterfragen sowie die Grundüberzeugung der gegenseitigen Anerkennung sind Grundvoraussetzungen möglichst idealer Kommunikationssituationen. Auf die damit zusammenhängenden Forderungen an Bildung und die menschliche Kommunikationskompetenz werden wir weiter unten ebenfalls nochmals zurückkommen.

Diskurs-, Kommunikations- und Medienethik gehen eng Hand in Hand. Die *Diskursethik* können wir als übergeordnetes ethisches Prinzip verstehen, mittels dessen wir die Normen und Regeln des Zusammenlebens im gemeinschaftlichen Austausch bestimmen. Die *Kommunikationsethik* beschäftigt sich dann konkret mit den vereinbarten Normen und Regeln, die damit einhergehen. Dabei untersuchen wir die praktischen Auswirkungen innerhalb dieses Austausches. Und die *Medienethik* schließlich nimmt im Zuge dessen zwei Blickwinkel ein: der eine Blickwinkel bezieht sich auf die technischen Wege der Informationsübermittlung an sich und beschäftigt sich daher mit ethischen Fragen zu den verschiedenen medialen Informations- und Übertragungswegen. Der andere Blickwinkel nimmt die ethischen Normen und Regeln selbst in den Fokus, die mit speziellen medialen Angeboten einhergehen sollten. Diese Normen und Regeln betreffen die Sender ebenso wie die Empfänger von Nachrichten. Die Besonderheit, der wir im Zuge dessen Rechnung tragen müssen, ist der Aspekt der vergrößerten Reichweite. Gerade die Massenmedien und die heutigen technischen Möglichkeiten erfordern ein besonderes Augenmerk auch in der ethischen Betrachtung.

Eine letzte Anmerkung im Rahmen dieses Abschnitts: Einen Sonderfall der Kommunikation und damit auch der Kommunikationsethik stellen dabei Werbe-, PR- und Marketingaktionen dar. Hier wird einseitig kommuniziert, indem eine Werbebotschaft versandt wird, unabhängig, ob visuell (Plakate, Flyer), auditiv (Radio, Podcast) oder audio-visuell (Fernsehen, Videoplattformen). Die Besonderheit hierbei ist es, dass nie eine direkte Antwort seitens der Rezipient:innen, also der Empfänger:innen, erwartet wird. Es handelt sich damit also um grundsätzlich einseitige Kommunikation.

Im folgenden Kapitel beschäftigen wir uns vertieft mit diesen und anderen medienethischen Fragestellungen, wobei uns die bisher erarbeiteten diskurs-, kommunikations- und verantwortungsethischen Aspekte gedanklich selbstverständlich weiterhin unterstützen werden.

5.3   Medienethik

5.3.1   Der Medienbegriff

Übersetzt aus dem Lateinischen bedeutet *Medium* „Mitte". Im hier diskutierten Kontext geht es um die Mitte zwischen zwei Polen, zwischen denen eine Vermittlung stattfindet. Schrift und Sprache an sich sind dann bereits Medien, übernehmen diese ja den Informationsaustausch im Rahmen von Kommunikation (vgl. Abschn. 5.2.1). Mit der Erfindung des maschinellen Buchdrucks durch Johannes Gutenberg sowie allgemein später dann mit dem Zeitalter der Aufklärung veränderte sich die menschliche Informationsbeschaffung und -übermittlung erheblich. Bis dahin waren Bücher bei uns lange Zeit im Wesentlichen der Kirche vorbehalten, meist religiösen Inhalts und wurden in mühevoller Einzelarbeit kopiert. Mittels der Druckmaschinen konnte plötzlich in höherer Auflage publiziert werden. Zudem waren, spätestens nach der Verabschiedung der lateinischen Sprache als vorherrschender Buchsprache und der Einführung der allgemeinen Schulpflicht, immer mehr Menschen in der Lage, zu lesen und zu schreiben. Damit konnten sie an schriftliche Informationen gelangen und nicht mehr ausschließlich, wie bisher, lediglich an mündlich überlieferte Inhalte. Wissen wurde somit zunehmend auch auf schriftlichem Weg und durch Flugblätter und Bücher als Medien vermittelt. Die Entwicklung von Zeitungen und Zeitschriften verstetigte den Informationsfluss. Regelmäßige und vor allem aktuelle und gleichlautende Nachrichten konnten damit zunehmend an viele Menschen adressiert und von vielen Menschen empfangen werden.

Weitere Meilensteine in der Wissens- und Informationsübermittlung stellten die Erfindung von Radio, Fernsehen und Computern, vor allem dann die Erfindung des *Personal Computers (PC)* für jedermann dar. Heute gewährt die fortschreitende technische Entwicklung jedem/jeder von uns eine nicht mehr fassbare Masse an digital vorhandenen Inhalten auf unterschiedlichen Informations- und Speichermedien. Diese Inhalte werden vielfach digital bzw. online vermittelt und wir können über diverse Medien (PC, Smartphone, Tablet als Medien der Vermittlung) nahezu weltweit darauf zugreifen und damit darüber verfügen. Mit der Erfindung der *Massenmedien* sowie dann der *Neuen Medien* veränderte sich zudem ein wesentliches Merkmal des Informationsflusses: der Zeitaspekt. Unter Massenmedien[2] wurde früher die öffentliche Kommunikation verstanden, die mittels technischer Verfahren (Zeitung, Rundfunk, Fernsehen) an ein breites Publikum stattfand. Diese Kommunikation lief einseitig ab, da die Empfänger:innen der Informationen keine (oder kaum) Gelegenheit hatten, zumindest unmittelbar zu antworten bzw. zu reagieren. So konnten wir zum Beispiel zwar einen Leserbrief an eine Zeitung schreiben, wann dieser dann dort wiederum gelesen oder gar in einer späteren Ausgabe der Zeitung abgedruckt wurde, war jedoch nicht plan- oder vorhersehbar. In der neueren Entwicklung kommt gerade der zeitliche Aspekt insofern ins Spiel, als sich die Aktualität bzw. die Aktualisierung ungleich beschleunigt hat. Der Leserbrief (um beim eben gewählten Beispiel zu bleiben), konnte früher erst einige Tage später abgedruckt werden und dann erst, wiederum zeitverzögert, weitere Reaktionen auslösen. Bei digitalen Angeboten reicht heute ein einfacher Klick auf den „Refresh"-Button und wir sehen den je zeitaktuellsten Stand aller Meinungen, Posts und digitalen „Leserbriefe" zum Thema.

---

[2] Vgl. Maletzke (1963, 32).

Mit dem Siegeszug neuer und digitaler Medienangebote haben sich also auch Strukturen stark verändert. Heutige Empfänger:innen von Nachrichten über Massenmedien können mittels der Verknüpfung zu den *Neuen Medien* (Internet, E-Mail, Beiträge auf virtuellen Kanälen) unmittelbar, also sofort und direkt auf Nachrichten und Informationen reagieren. Diese Reaktionen und Antworten sind dann oftmals ebenso unmittelbar für alle anderen Nutzer:innen sichtbar oder werden mittels der *Sozialen Medien* sichtbar gemacht und weiterverbreitet. Massenmedien weisen heute daher im Vergleich zu früher das Merkmal der ungleich höheren Reichweite in der Produktion und im Konsum von Inhalten auf.

Multimedia bedeutet die Möglichkeit der Nutzung verschiedener Medien und unterschiedlicher Medientypen mittels digitaler Technik. Ergänzt wird dieses Merkmal um die Möglichkeit, zu interagieren. Einst einseitige Informationsübertragung hat sich technisch bedingt um die Möglichkeit der sichtbaren Reaktion der Konsument:innen erweitert. Die Globalisierung (Abschn. 4.6) als Begriff müssen wir dabei um den weltweit und in Echtzeit möglichen Informations- und Kommunikationsfluss ergänzt denken.

Unterscheiden können wir Medien zudem – und wir kommen nochmals auf den Zeitaspekt zurück – noch danach, ob diese in Echtzeit Inhalte transportieren oder ob es Aufzeichnungen sind, die wir hören, sehen oder lesen. „Die Medien" werden heute zudem als Sammelbegriff für die diejenigen Institutionen verwendet, die sich mit der Verbreitung und Vermittlung von Inhalten im weitesten Sinne beziehen, also zum Beispiel Zeitungsverlage oder Fernseh- und Radiosender. Eine einschneidende Veränderung bei uns hat sich in den 1980er-Jahren ergeben, insofern damals die ersten Lizenzen für private Fernsehsender erteilt wurden. Diese finanzieren sich durch Werbung (die ihrerseits ein Medium darstellt), im Gegensatz zu den öffentlichen und vorwiegend gebührenfinanzierten Sendeanstalten. Kommerzieller Erfolg und Zuschauerzahlen stehen seitdem auch im öffentlich-rechtlichen Bereich in Konkurrenz zum Informationsauftrag, auch wenn journalistische Grundsätze (darauf kommen wir weiter unten im Abschn. 5.7.1 noch zurück) auch hier Geltung haben (sollten).

Die Verbreitung von Informationen und Nachrichten sowie die Kommunikationsstruktur haben sich also vor allem durch die sich wandelnden technischen Gegebenheiten und Möglichkeiten erheblich verändert. Damit gehen auch gesellschaftlich relevante Anpassungen in vielen Lebensbereichen einher. Die *Sozialen Medien* bestimmen den Alltag der meisten Menschen, was zu veränderten Gewohnheiten führt. Für Kinder werden die Kanäle immer früher zugänglich, was Einfluss auf Entwicklung, Sozialverhalten und auch auf die Erziehung nimmt. In der Kommunikation von politischen Parteien oder von Unternehmen nehmen die Möglichkeiten zu, Inhalte oder Werbung zu transportieren. Feststellen können wir dabei einen Wettbewerb um Aufmerksamkeit und Sichtbarkeit. Diesen Wettbewerb können wir dabei zweigeteilt beobachten: Auf der einen Seite müssen die Anbieter der *Sozialen Medien* um Wahrnehmung (und damit um Wähler:innen oder Konsument:innen) kämpfen. Auf der anderen Seite kämpfen auch die Nutzer:innen der Kanäle selbst um Wahrnehmung. Das Ziel ist, sich selbst darzustellen oder die eigenen Inhalte zu transportieren und dabei von möglichst vielen anderen Menschen wahrgenommen zu werden. Verbunden damit geben wir im Rahmen der Nutzung der *Sozialen Medien* eine große Menge an Daten preis. Diese Daten werden mittels der Anbieter dann wiederum wirtschaftlich im Rahmen des Marketings genutzt, um die Reichweite ihrer Inhalte gezielt zu erweitern. Große Datenmengen und große Reichweite gehen mit zunehmender Macht einher, nicht nur im ökonomischen Bereich großer Medienkonzerne. Zu diesem Themenkomplex hatten wir uns in Abschn. 3.6.2 zu *Big Data* bereits Gedanken gemacht. Aber auch an problematische politische Folgen und Entwicklungen können wir dazu ergänzend denken. So werden Informationen und Nachrichten in totalitären politischen Systemen zensiert und mittels staatlich kontrollierter Massenmedien nur bestimmte Informationen gezielt gesteuert. Das führt zur Desinformation (und damit exakt zum Gegenteil der eigentlich notwendigen Information) sowie zur Manipulation anderer Menschen und von Personengruppen.

Ziehen wir ein kurzes Zwischenfazit: Die diskutierte Auswahl an Beispielen mag für die Feststellung ausreichen, dass mit dem Einsatz und der Nutzung von (Massen-)Medien vielfältige ethische Fragestellungen einhergehen. Weiter oben klang bereits an, dass sich diese Fragestellungen auf die Medienanbieter wie gleichermaßen auf die Mediennutzer beziehen. Dabei bestehen Beziehungen zu den bisher bereits diskutierten Bereichsethiken bzw. angewandten Ethiken. Wissenschaftliche Ergebnisse werden publiziert und damit über Medien verfügbar gemacht, womit wissenschaftsethische Fragen (vgl. Kap. 1) einhergehen. Wir machen uns die Technik und technische Hilfsmittel zunutze, um Informationen und Nachrichten zu erstellen, zu übertragen und zu konsumieren. Damit hängen wiederum Fragen der Technikethik zusammen (vgl. Kap. 3). Die Verbreitung und Vermittlung von Informationen und Nachrichten und damit die Herstellung von Öffentlichkeit stellen das wirtschaftliche Geschäftsmodell von Buch-, Zeitschriften- oder Zeitungsverlagen, von Internetanbietern, von Online-Plattformen, *Social-Media*-Kanälen usw. dar. Damit gehen unmittelbar wirtschaftsethische Fragen einher (vgl. Kap. 4). Zudem sind mit der medialen Vermittlung gesellschaftliche und politische Fragen, Diskussionen und Vereinbarungen verbunden, *wie* diese Vermittlung ablaufen soll. Eine Verbindung zwischen Theorie (wie sollte es laufen?) und Praxis (wie läuft es und was können wir verändern?) findet dann schon immer statt. Diskursethische Fragestellungen (vgl. Abschn. 5.1) und Fragen der Kommunikationsethik (vgl. Abschn. 5.2.2) leiten dabei bestenfalls diesen gesellschaftlichen Austausch. „Die Gesellschaft" bilden wir alle. Wir alle sind also gefordert, uns in den Austausch einzubringen, um gemeinschaftlich die Fragen danach zu klären, was wir (hier bezogen auf die Bereitstellung und Nutzung von Informationen) *wollen*.

5.3.2   Medienethik im Kontext anderer Bereichsethiken

Was leistet jetzt aber speziell die Medienethik in Abgrenzung, aber auch in Erweiterung der anderen diskutierten Bereichsethiken? Hierzu stelle ich folgendes Zitat voran, das eine, wie es mir scheint, sehr passende Definition der Medienethik anbietet:

> „Medienethik stellt eine bestimmte Bereichsethik oder einen Fall Angewandter Ethik dar. [...]. Medienethik betrachtet unter ethischer Perspektive die gesellschaftlichen Vorgaben und den Prozess der Erstellung (Produktion), der Bereitstellung (Distribution) und der Nutzung (Rezeption) medienvermittelter Mitteilungen, also der Massenmedien (Presse, Film, Hörfunk, Fernsehen) sowie neuerer medialer Angebots- und Austauschformen (Internet)."[3]

Wie bei allen ethischen Betrachtungsweisen und Themen geht damit eine Orientierungsfunktion einher. Diese fragt nach Normen und Regeln hinsichtlich der praktischen Gestaltung unter den veränderten technischen und gesellschaftlichen Gegebenheiten medialer Vermittlung von Inhalten und Informationen. Viele Menschen wünschen sich diese Orientierung, um sich kritisch überlegen zu können, was sie von und in Medien erwarten dürfen und wie sich das auf das praktische Handeln auswirkt. Und damit landen wir wieder unmittelbar bei ethischen Aspekten, indem wir uns überlegen müssen, wie medial vermittelte menschliche Interaktion ablaufen und gestaltet werden *sollte*. Die Verknüpfungen und Ansatzpunkte die sich aus der Verbindung zur Wissenschafts-, Technik-, Wirtschafts- oder Kommunikationsethik ergeben, sind dabei mit zu berücksichtigen. Ergänzend müssen wir uns dazu Fragen zu Voraussetzungen, Normen und Regeln stellen. Dabei sind wir gefordert, auch im Rahmen dieses speziellen Teilbereichs, nämlich unseres alltäglichen medialen Lebens, verantwortlich (vgl. Abschn. 1.3) zu handeln. Damit wird meines Erachtens deutlich, dass ein eigener Bereich angewandter Ethik als theoretische Grundlage dieser Überlegungen des medialen Lebens als wichtig und richtig Bedeutung erlangt.

---

[3] Funiok (2007, 11).

Zusammenfassend können wir also sagen, dass uns die Medienethik Orientierungshilfen an die Hand gibt, um moralische Entscheidungen in diesem Teilbereich des menschlichen Lebens zu treffen. Dabei bleibt das Problem bestehen, dass nicht alles, was gesetzlich zwar (noch) nicht verboten ist, auch moralisch gewünscht ist und in diesem Sinne gutes Handeln darstellt. In diesem Zusammenhang taucht wiederkehrend der Begriff der *Nichtschädigung* auf. Diese Forderung der Nichtschädigung greift für alle Bereichsethiken, also auch für die Wirtschafts-, die Medizin-, die Technik- oder die Umweltethik. Nur der Aspekt der passiv zu verstehenden Nichtschädigung des oder der anderen oder der Natur kann meines Erachtens einem vertieften ethischen Gedanken jedoch nicht standhalten. Wir sind gefordert, darüber hinaus *aktiv* Verantwortung heute und morgen zu übernehmen und damit eine Vorausschau möglicher Konsequenzen unserer Handlungen zu betreiben. Um auf das Thema dieses Kapitels zurückzukommen: fürsorgliche Verantwortung tragen sowohl die Anbieter als auch die Nutzer von Medien im weitesten Sinne. Nach Rüdiger Funiok (*1942) ist die Verantwortung mehrstufig aufgebaut und bezieht sich auf die medialen Produkte selbst, auch im Blick auf die Unternehmensethik, die Ethik der Produzenten und der Distribution, also der Verteilung medialer Inhalte, sowie die Verantwortung der Rezipienten.[4]

Individuelle Verantwortung steht dabei im Vordergrund, sind es doch immer Menschen (und nicht abstrakt „die Medien" oder „die Nutzer:innen"), die Entscheidungen treffen. Im Zuge dessen kommen wir nochmals zurück auf den *Corporate Citizen*. Mit dieser wissenschaftstheoretischen Figur des *guten* Wirtschaftsbürgers bzw. Bürgers allgemein hatten wir uns bereits im Rahmen der Wirtschaftsethik (vgl. Abschn. 4.4) beschäftigt. Demnach sind wir als *gute* Bürger gefordert in allen unseren sozialen Rollen, in denen wir privat und öffentlich auftreten, moralisch zu handeln. Dazu benötigen wir Tugenden, die uns leiten ebenso wie eine Vorstellung menschlicher Vernunft. Was dann aber genau vernünftig ist oder sein kann, sollten wir im gesellschaftlichen Diskurs besprechen. Und zu alledem können uns die Kommunikations-, die Diskurs- sowie die Medienethik die notwendigen Orientierungspunkte liefern. Im Rahmen der Diskursethik steht der Prozess im Mittelpunkt wie wir zu vernünftigen Ergebnissen kommen, die für alle Menschen, zumindest aber für alle Betroffenen gelten können. Im Rahmen der Kommunikationsethik steht die Frage im Mittelpunkt wie wir konkret miteinander diskutieren und (sprachlich) miteinander umgehen und wie wir uns als Gegenüber wechselseitig anerkennen können. Die Medienethik schließlich dient uns als Unterstützung im Rahmen der anwendungsbezogenen Praxis dazu, wie

---

[4] Vgl. Funiok (1999, 20 f.).

wir die Ergebnisse unserer Diskussionen vermitteln, wie wir auf der Anbieterseite also Inhalte transportieren und wie wir auf Nachfragerseite Inhalte lesen und ethisch-moralisch bewerten können.

Das Thema der Verantwortung in diesen Kontexten greifen wir weiter unten nochmals auf (Abschn. 5.7.1). Nachstehend beschäftigen wir uns jedoch erst wieder mit exemplarischen Denkern, die uns wichtige Impulse liefern, um die Herausforderungen, die mit den medialen Entwicklungen einhergegangen sind und einhergehen, einzuordnen und zu verstehen. Beginnen werden wir mit Marshall McLuhan, dessen Beitrag zum Verständnis dessen, was unser mediales Leben ausmacht, nicht zu unterschätzen ist. Daran anschließend beschäftigen wir uns mit Günther Anders, der uns im Abschn. 3.3 zur Technikethik bereits begegnet ist. Anders nimmt, wie wir sehen werden, auch bezogen auf den Bereich der Medien in unserem Alltag eine vorwiegend pessimistische Haltung ein. Abschließend untersuchen wir das Werk des Medienphilosophen Vilém Flussers, dessen Begriff der Kommunikologie uns eine gute Idee zur Wissenschaft der Kommunikation bieten kann. Im Anschluss daran diskutieren wir, dem Aufbau der bisherigen Kapitel folgend, aktuelle Bezüge zu medienethischen Aspekten auf unsere menschliche Praxis.

5.4   Marshall McLuhan: Medien und das globale Dorf

Marshall McLuhan (1911–1980) war ein kanadischer Geisteswissenschaftler, Literaturwissenschaftler sowie Kommunikationstheoretiker, dessen Erkenntnisse bis heute nachwirken. McLuhan nahm gedanklich die Erfindung des Internets vorweg wie ebenso die Bedeutung, die beispielsweise Computer überhaupt in unserem Leben gewinnen sollten. Sein Fokus lag dabei auf den gesellschaftlichen Entwicklungen, die damit verbunden sind. Zeit seines Lebens wurde McLuhan von den einen als Visionär gefeiert und von den anderen als Scharlatan beschimpft. Im Rückblick können wir aus heutiger Sicht erkennen wie weitsichtig McLuhan strukturelle Entwicklungen vorhergesehen hat und können den einen oder anderen Gedanken auch heute noch für Forschung und Wissenschaft nutzen.

Zwei Schlagworte bzw. Phrasen sind untrennbar mit McLuhan verknüpft: „Das Medium ist die Botschaft" (*The Medium is the Message*[5]) und „das globale Dorf" (*The global Village*[6]). Mit dem ersten Ausdruck brachte McLuhan seine Überzeugung zum Ausdruck, dass die Nutzung des gewählten Mediums

---

[5] McLuhan (2001).

[6] McLuhan und Powers (1995).

(Laptop, Fernseher usw.) einen größeren Einfluss auf uns Menschen hat als es die Inhalte selbst haben können, die mittels dieser Medien übertragen werden. Wir nutzen also zum Beispiel den Fernseher (und dann eben gerade kein anderes Medium), verbringen unter Umständen viel Zeit mit und vor dem Fernseher, verändern damit die Sinne unserer Wahrnehmung (Sehen statt zum Beispiel Tasten oder Erleben an sich) und nehmen daher die Welt nach und nach anders wahr. Mit dem zweiten oben genannten Begriff, dem des „globalen Dorfs", nahm McLuhan Bezug auf die nahezu unbeschränkte Globalisierung. Sein Fokus lag dabei auf einer rund um die Uhr möglichen Nutzung der Technik und Vernetzung der Menschen untereinander, und das weltweit (heute: Internet, Online-Communities oder anderer Massenmedien).

Das Werk McLuhans ist einerseits vielfältig und äußerst hellsichtig. Andererseits ist es insofern schwer zu lesen, als McLuhan viele Gedankensprünge macht. Er arbeitet mittels Anspielungen aus der klassischen, aber auch der Pop- und Alltagskultur, aus Comics, der Werbung oder Fernsehserien und hat sich herkömmlich und formal wissenschaftlichem Arbeiten (etwa mittels Zitaten) weitgehend verweigert. Für McLuhan ist es entscheidend, dass wir uns in der Auseinandersetzung mit Medien nicht (nur) mit Inhalten, sondern mit den Medien selbst beschäftigen. Medien wie die Sprache, die Schrift, Bücher, das Fernsehen oder Computer sind demnach allgemein Erweiterungen der menschlichen Sinne und gleichzeitig Motor kultureller und gesellschaftlicher Veränderungen. Bereits das Medium der Sprache hat den Menschen verändert – vom in die Natur eingebundenen Stammesmitglied zum alphabetisierten, logisch denkenden, disziplinierten, kulturellen Menschen.

Die Erfindung des Buchdrucks durch Johannes Gutenberg legte nach McLuhan dann den Grundstein sowohl für die Industrialisierung als auch für die Globalisierung sowie für den Kapitalismus. Der Reihe nach: Die Industrialisierung wurde durch den Buchdruck insofern begründet als die Vervielfältigung mechanisiert und in einzelne kleine Schritte zerlegt wurde, ein Prinzip, das sich an den Fließbändern der Industrieproduktion fortsetzte. Gleichzeitig wurde Wissen zunehmend verfügbar, Informationen konnten immer weiter verschriftlicht, in unbegrenzter Zahl archiviert, vervielfältigt aber auch in zunehmendem Maße global verteilt werden. Der Kapitalismus sorgte dann dafür, dass diese Schritte immer kostengünstiger wurden und damit Kapital akkumuliert wurde. Der Grundstein für das, was wir heute unter Massenmedien verstehen, war mit der Erfindung des Buchdrucks also gelegt. Die daran anschließenden technischen Entwicklungsschritte darüber hinaus waren die Erfindung des Radios, des Fernsehens oder der Informationstechnologie.

Auch McLuhan begreift kulturelle Artefakte und Technik – und hier können wir an Ernst Kapp und seine Theorie (vgl. Abschn. 3.2) zurückdenken – als Sinnes- und Funktionserweiterungen des Menschen. McLuhan geht dabei noch einen Schritt über Kapp hinaus, indem er Medien charakterisiert als Entwicklungen, die „[…] unser Zentralnervensystem vergrößert, aus dem Körper hinaus verlagert und somit alle Bereiche unseres sozialen und psychischen Lebens verändert haben."[7] Getreu seinem Motto, dass das Medium selbst wichtiger ist als die Botschaft, die transportiert wird, unterscheidet McLuhan in „heiße" und „kalte" Medien. Heiße Medien sind dadurch gekennzeichnet, dass sie ausschließlich wirken, hohen Detailreichtum liefern und vom Individuum nur eine geringe Eigenleistung verlangen. Beispiele dafür sind ein Foto, ein Buch oder auch eine Radiosendung. Kalte Medien dagegen bieten nur wenig Detailreichtum, verlangen dem Individuum eine höhere Eigenleistung ab und sprechen mehrere Sinne an, denken wir beispielsweise an Comics oder auch an das Fernsehen. Ausgangspunkt ist dabei immer die Frage, wie aktiv die Menschen werden müssen und welche Wirkung das gewählte Medium dadurch auf die kulturelle und gesellschaftliche Entwicklung nimmt.

Den Punkt, an dem die Erde endgültig zu einem „globalen Dorf" wurde, macht McLuhan wiederkehrend an der Apollo-Mission 1968 fest. Die Astronauten, die den Mond umkreisten, sandten Fotos und Videoaufnahmen der Erde. Die Wahrnehmung der Menschen, sich auf der Erde zu befinden und gleichzeitig die Erde in ihrer Ganzheit von oben im Blick zu haben, verband die Menschheit trotz aller kultureller Differenzen und schuf ein neues Bewusstsein. Diese Gleichzeitigkeit setzte sich fort, Medien vermitteln uns nicht erst heute, aber in weiter zunehmendem Maße, weltweites Geschehen und globale Wirkungen, an denen wir jederzeit und immer teilhaben können. Früher mussten wir noch auf die Tageszeitung oder eine Radiosendung warten, um vergangene Ereignisse präsentiert zu bekommen. Heute erhalten wir bei Ereignissen irgendwo auf der Welt schon die ersten *Social-Media*-Posts oder Videoschnipsel über das Smartphone geliefert, bevor noch die erste Nachrichtenagentur das Ereignis melden kann. So findet kultureller und gesellschaftlicher Wandel statt, weltweites Geschehen ist gleichzeitig immer und überall verfügbar.

McLuhan unterstrich darüber hinaus immer wieder die Tatsache, dass wir Menschen die Wirkung der Medien sowie die sozio-kulturellen Auswirkungen jeder Technik und jeder Idee in keiner Epoche jemals wirklich erkannt haben. Dabei untersuchte er kritisch, wie die Menschheit in der Vergangenheit lebte und seit jeher versucht, ihr aktuelles Leben an vergangenen Ereignissen, Epochen

---

[7] McLuhan in Baltes und Höltschl, 21.

und Erfahrungen auszurichten. Neues soll, so McLuhan, stets über Bekanntes, über vergangene Ereignisse und Epochen erklärt werden, wir alle hängen also der Vergangenheit nach und romantisieren diese. Viel wichtiger wäre es jedoch, einen zukunftsfähigen Blick einnehmen zu können und Wirkungen von technischen oder medialen Entwicklungen auf die zukünftige Gestaltung des kulturellen und gesellschaftlichen Zusammenlebens ermessen zu können. Zu diesem Zweck erschuf McLuhan die Denkfigur der „Tetrade"[8]. Auch hier gab es Kritik an McLuhan und der Vorwurf der Unwissenschaftlichkeit stand immer wieder im Raum. McLuhan hielt dagegen, da er überzeugt war, dass sich mittels dieser Methode vergangene technische Entwicklungen in ihrer Wirkung auf die Menschheit über die Zeit hinweg ebenso analysieren lassen, wie mögliche künftige Auswirkungen des Fortschritts prognostiziert werden können. Wie funktioniert die Methode jetzt aber? Grundsätzlich unterschied McLuhan zwischen Figur (alte und neue Technik) und Grund (Veraltung und Neuerung). Vier Fragen sind im Zuge dessen dann immer wiederkehrend zu beleuchten und zu diskutieren:

1. Welche neue (technische) Entwicklung verstärkt sich und nimmt Einfluss auf die Kultur?
2. Welche bisherige Technik oder welcher Aspekt veraltet dadurch gleichzeitig?
3. Wie gewinnt das Alte im Sinne einer Umkehr einen neuen Entwicklungsstand wieder, der schon lange überwunden schien?
4. Und wie wird das Alte im Zuge dieses Umschlags modifiziert, sodass es über die alten Grenzen getrieben und in seinen Möglichkeiten, aber auch Wirkungen (bis ins Extreme) erweitert wird?

Untersuchen wir dazu drei Beispiele in Form des Buchdrucks, des elektronischen Geldverkehrs sowie des Automobils bzw. des Individualverkehrs.[9] Starten wir mit dem Buchdruck: Plötzlich konnten private Autor:innen in Schriftsprache veröffentlichen (1), was die mündlichen Überlieferungen oder auch Dialekte nach und nach ersetzte und dadurch veralten ließ (2). Das führt dazu, dass (bleiben wir bei diesem Beispiel), die Dialekte als bewahrenswert erkannt und mündlich wieder gesprochen und gepflegt wurden (3). Eine neue Form von Öffentlichkeit (und das ist ein sozial-kultureller Einfluss), die gemeinsam liest und bewusst/selbstbewusst (Dialekt) spricht, entstand dadurch (4). Das zweite Beispiel können wir uns wie folgt verdeutlichen: Der elektronische Geldverkehr führte zu neuen Möglichkeiten, die globalen Waren- und Geldströme zu organisieren (1). Tausch und Bargeld

---

[8] McLuhan und Powers (1995, 16).

[9] Diese und viele weitere Beispiele finden sich hier: McLuhan und Powers (1995, 211–221).

wirken dadurch veraltet (2). Ein Übermaß an Kreditaufnahmen ist seitdem gleichzeitig möglich, was dazu führt, dass über die eigenen finanziellen Möglichkeiten hinaus konsumiert werden kann und das Konsumierte auch zur Schau gestellt wird (3). Kreditwürdigkeit an sich und noch nicht der tatsächliche Konsum (der Umschlag ins Extreme) wird als Statussymbol definiert (4). Unser für hier drittes und letztes Beispiel ist das Automobil, das eine neue Form der Privatsphäre geschaffen hat. Der Wunsch individuell und vor allem schnell von A nach B zu kommen und in Privatsphäre allein zu sein (1) ließ andere Transportmittel (Kutsche, Bus) veraltet wirken (2). Der Individualverkehr führte zu den Vorstädten wie wir sie kennen und Menschen, die alleine in ihrem Vehikel in die Stadt zur Arbeit pendeln. Der gesellschaftliche Umschlag (3) ist dabei jedoch zu beobachten: Die bewusste Nutzung öffentlicher Transportmittel nimmt an Bedeutung zu, das Gehen kommt als bewusste und gesunde Form der Fortbewegung zurück, Zeit wird als Luxus betrachtet (4).

Diese Beispiele mögen hier ausreichen, zu weiteren *Tetraden* lade ich Sie weiter unten in den Anregungen zur Vertiefung noch ein. Wichtig bei diesen Gedankenexperimenten ist, dass wir vergangene Entwicklungen zwar analysieren, die Auswirkungen künftiger Entwicklungen aber lediglich prognostizieren können. Dadurch sind unterschiedliche Prognosen und Perspektiven möglich, die wir in bestem kommunikativem Austausch diskutieren sollten. Erst im Rückblick können wir heutige Neuerungen dann wieder auf ihr tatsächliches Eintreten hin analysieren und in ihrer Weiterentwicklung in die Zukunft denken. Da der technische und gesellschaftliche Fortschritt andauert, ist das also ein quasi unendliches Spiel.

Kommen wir zum Abschluss des Kapitels zu Marshall McLuhan zurück auf unser Thema der Medienethik. Ein weiterer Vorwurf an McLuhan war und ist, zwar strukturelle Entwicklungen gut vorausgesehen, die ethische Komponente, Fragen der Verantwortung und zur sozialen Gerechtigkeit oder mögliche Sinnhorizonte jedoch vollkommen außen vor gelassen zu haben. Darum ging es McLuhan allerdings nie. Er nahm für sich selbst in Anspruch, den Einfluss der technologischen Entwicklungen auf die soziale Umwelt und hinsichtlich ihrer psycho-sozialen Auswirkungen auf die Menschen zu untersuchen. Ethische Betrachtungen sollten explizit außen vor bleiben, moralische Entrüstung, so McLuhan, sei nichts weiter als „eine Methode, um Idioten Würde zu verleihen".[10] Das ging so weit, dass McLuhan sich dahingehend äußerte, dass Menschen, die es zulassen, sich durch private Medien manipulieren zu lassen, jedes Recht verlieren würden, über das es sich zu diskutieren lohnt. Gleichzeitig forderte er, dass,

---

[10] McLuhan in Baltes und Höltschl (2011, 91).

getreu seinem Motto *The Medium is the Message,* wenn überhaupt, dann Medien verboten gehören und nicht Inhalte. Sein Leitspruch bedeutet ja gerade, dass das Medium selbst ungleich mehr Einfluss auf die Menschheit nimmt als die Inhalte, die transportiert werden. Nicht *was* gesendet wird, ist entscheidend, sondern nur, *dass* und *über welchen Kanal* gesendet wird.

Auch wenn McLuhan selbst also keine explizit moralischen Bewertungen vornehmen wollte, so kann uns sein Werk dennoch leiten, ethische Fragen zu beantworten. Gerade die Möglichkeit der Tetrade kann uns dabei unterstützen, die Wirkungen neuer technologischer Entwicklungen auch auf künftige kulturelle und gesellschaftliche Wirkungen hin zu untersuchen. Die ethische Bewertung und moralische Anforderungen, die sich daraus ableiten lassen, unterliegen dann unserer Verantwortung und der gesellschaftlichen Diskussion.

5.5 Günther Anders: Zivilisationskritik II

Der Kanadier McLuhan (1911–1980) und der deutsch-österreichische Philosoph und Schriftsteller Günther Anders (1902–1992) waren zwar Zeitgenossen; sozialisiert in unterschiedlichen Kulturen kamen beide jedoch zu unterschiedlichen Diagnosen, Beurteilungen und Bewertungen des technischen Fortschritts und der medialen Entwicklung. Anders, der uns in den Ausführungen zur Technikethik (vgl. Abschn. 3.3) bereits begegnete, nahm auch in seiner Untersuchung der Wirkung der (neuen) Medien einen skeptischen und pessimistischen Blick ein.

Was an mehreren Stellen in diesem Buch bereits deutlich wurde, ist die Tatsache, dass die hier untersuchten Bereichsethiken (Wissenschafts-, Technik-, Wirtschafts-, Medienethik) eng miteinander verwoben sind. Das ist auf der einen Seite selbstverständlich, berufen sie sich doch alle auf die großen ethischen Strömungen bzw. „die Ethik". Gleichzeitig beziehen sich alle Bereichsethiken auf bestimmte Lebenssphären des Menschen und jede:r Einzelne:r von uns kann Wissenschaftler:in und Techniker:in gleichzeitig sein, ist in das Wirtschaftssystem eingebunden und konsumiert Medien. Dennoch unterliegt jede dieser Sphären eigenen Anforderungen und Herausforderungen, sodass es gute Gründe gibt, einen jeweils individuellen Blick darauf zu werfen, ohne dabei jedoch tugendethische oder pflichtethische Grundverständnisse außer Acht zu lassen. Sowohl Marshall McLuhan als auch Günther Anders haben technik-, als auch wirtschaftsethische Bezüge hergestellt. Dabei hat McLuhan eher die sozio-kulturellen Aspekte in den Vordergrund geschoben, während Günther Anders die ethischen Aspekte ungleich stärker untersucht hat. Vieles war beiden aber klar: Technische Entwicklung ist Fortschritt, der sich auf unser Leben auswirkt. Auch im Bereich der Medien findet ständiger (technischer) Fortschritt statt. Unterhaltung – und zwar wie auch immer man mediale Unterhaltung dann ethisch bewerten möchte – geht in der Vermarktung mit wirtschaftlichen Aspekten (der Gewinnmaximierung von Unternehmen) einher. Auch hier erkennen wir also wieder die unmittelbaren Zusammenhänge mit der Technik- sowie der Wirtschaftsethik.

Was können wir aber nun bei Günther Anders zum Thema finden? In seinem Band 1 der „Antiquiertheit des Menschen" von 1956 beschäftigt sich Anders auch intensiv mit der medialen Welt, in der wir leben. Dabei entwickelte er Gedanken, die bis heute doch aktuell anmuten.[11] Auch Anders stellt fest, dass die Mediennutzung Auswirkungen auf unser sozio-kulturelles (Er-)Leben hat. Die Tatsache, dass der Mensch vom Sprechen auf das Hören und Sehen (Radio, TV) *umgestellt* hat, führt zu einem Rückgang der Kommunikation an sich. Damit gehen nach Anders eine Vereinzelung oder gar ein Verlust der Sprache und damit zusammenhängend eine seelische Verarmung einher. Dieser Zusammenhang lässt sich nach Anders auf die komplette Welt übertragen bzw. ausdehnen: Nachdem wir die Welt nur noch über mediale Kanäle konsumieren, leben wir nicht mehr in der Welt, sondern nur (noch) in einem reproduzierten Abbild der Welt. Die kollektive Kommunikation geht zu Gunsten individueller Nutzung medialer Geräte und Kanäle verloren. Dabei wird uns lediglich vorgegaukelt es handle sich um die reale Welt. Anders zitiert Seifenopern, sog. *Soap Operas,* als unendlich anmutende Fortsetzungsserien, die mit Werbepausen gespickt sind und dadurch finanziert werden. Die Menschen verlieren sich in diesen idealisierten Welten, die niemals der eigenen Wirklichkeit entsprechen. Heute können wir das etwa auf *Social-Media*-Kanäle übertragen und die Tatsache, dass sog. *Influencer* uns dort beispielsweise fortlaufend ihre ideale Welt präsentieren und diese vermarkten.

Anders zieht die Schlussfolgerungen, wir würden dadurch quasi aus der realen Welt fallen. Dazu bedient er sich des Beispiels der Nachrichten. Jede Nachricht über jedes Geschehen auf der Welt unterlag bereits einer Entscheidung, nämlich der Entscheidung eines Redakteurs, ob diese Nachricht gesendet wird oder nicht. Diese Tatsache bleibt unabhängig davon, was alles als Weltgeschehen stattgefunden hat. Es geht im Sinne einer Vorauswahl nur darum, ob wir davon in Kenntnis gesetzt werden, wenn wir uns zum Beispiel eine Nachrichtensendung anhören oder ansehen. Jetzt könnte man anmerken, dass die Zeit für Nachrichtensendungen begrenzt ist. Zudem finden täglich unzählige Ereignisse auf der Welt statt und es ist ja besser, wenigstens ein paar Nachrichten zu Geschehnissen präsentiert zu bekommen als keine. Darum geht es Günther Anders hier aber nicht. Das Argument bezieht sich, ethisch hinterfragt, allein auf die getroffene *Vor*entscheidung

---

[11] Vgl. Anders (1956, 97–211).

sowie daran anschließend die Berichterstattung darüber. Auch diese ist dann vielfach aus dem großen Kontext gerissen (welche Vorgeschichte gab es etwa?) sowie subjektiv gefärbt, da ein anderer Mensch die Nachricht in Schrift der Sprache verpackt hat und mit seinen Worten über Abwesendes Auskunft gibt. Nicht zuletzt erheblichen manipulativen Aspekten sind damit Tür und Tor geöffnet.

Nachrichten erfüllen idealerweise den Aspekt der Information und führen zu Verhaltensänderungen. Alles andere ist nach Anders Unterhaltung ohne Nachrichtenwert und unterliegt den kritischen Anfragen sowie den Vereinzelungstendenzen wie oben beschrieben. Und selbst Nachrichten können nicht kritisch neutral sein, sind daher auch schon Unterhaltung. Wir sind daher nur noch Konsumenten „industriell hergestellter Welt- und Meinungsbilder".[12] Mit diesen ethischen Zusammenhängen sowie den Verantwortungsaspekten und Forderungen daraus werden wir uns in Abschn. 5.7.1 auch noch vertieft beschäftigen.

Die Verknüpfung zur Technik- (was ist neu?) sowie zur Wirtschaftsethik (wie soll das Neue vermarktet werden?) können wir uns anhand der Werbung verdeutlichen, die immer ein geliefertes Urteil in Form reinen Eigenlobs darstellt. Werbung vermittelt uns ein Bild davon, was wir angeblich unbedingt haben müssen und das auch dann, wenn wir es uns eigentlich nicht leisten können. Damit prägt das Angebot, so die Schlussfolgerung Anders', die Bedürfnisse und damit die Nachfrage. Wenn wir uns einen Konsumgegenstand, wie einen Fernseher, ein Radio, ein Auto oder, auf die heutige Zeit übertragen, eine Videospielkonsole oder ein Smartphone gekauft haben, wollen wir diese Dinge auch nutzen. Und diese technischen Geräte (denken wir zurück an die Ausführungen zur Technikethik) führen unweigerlich dazu, dass wir weitere Anschlusskäufe tätigen (müssen), in Form des jeweils neuesten Videospiels, der aktuellen Apps usw. usf. Nicht die Nachfrage steuert also das Angebot, vielmehr geht das Angebot der Nachfrage vorweg. Diese Entwicklungen führen somit zu einem Konsumzwang und damit zu einer steigenden technischen und medialen Unfreiheit der Menschen, was einer Zivilisationskritik entspricht, dabei gleichzeitig keinem ethischen Konzept entsprechen kann. Die technische Unfreiheit zeigt sich darin, dass Bedürfnisse geschaffen werden, die dann auch befriedigt werden („muss man haben").

Mediale Unfreiheit können wir uns parallel an den neuen Kommunikationsmedien verdeutlichen: andauernde Erreichbarkeit ist gewährleistet und wird auch erwartet. Wer kennt nicht das Zugabteil oder (leider) auch den Hörsaal, in dem es ständig klingelt und brummt und die Menschen, die unmittelbar daraufhin nach ihrem Smartphone greifen, wenn sie es nicht ohnehin schon in der Hand halten? Für die neueste Nachricht wird auch jede andere Kommunikation

---

[12] Anders (1956, 6).

oder Aufmerksamkeit wie automatisch unterbrochen – ungefragt und meist auch unhinterfragt. Kommunikationsmuster, aber auch die gesellschaftlichen Verabredungen des Umgangs miteinander verändern sich dadurch unmittelbar. Kritik an diesen Entwicklungen ist unerwünscht und man gerät leicht in den Verdacht, altmodisch oder gar „zurückgeblieben" zu sein. Schon Anders nannte im Jahr 1956 das kritische Hinterfragen der technischen und medialen Entwicklungen eine Frage der Zivilcourage.[13] Diese Frage ist heute nicht weniger wichtig geworden, denken wir zum Beispiel an die prognostizierten Entwicklungen im Rahmen der *Künstlichen Intelligenz* oder die kritischen Anfragen an *Big Data* (vgl. Abschn. 3.6.1 und 3.6.2).

Zum Abschluss des Kapitels zu Günther Anders soll uns noch ein Aspekt beschäftigen, bei dem sich Anders selbst und Marshall McLuhan, bei allen sonstigen Unterschieden, einig waren[14]: Getreu dem Verständnis McLuhans, dass das Medium selbst bereits die Botschaft ist, war auch Anders davon überzeugt, dass es viel entscheidender ist, *welches* Medium wir nutzen, als die Frage, *was* über dieses Medium dann transportiert wird. Wir entscheiden uns für bestimmte Medien, die damit unmittelbar auf unser Leben wirken. Die Sendung, die Nachricht, der Inhalt sind dann lediglich die Waren, die uns mittels des gewählten Mediums „verkauft" werden. Marshall McLuhan hat daraufhin den Versuch unternommen, die sozio-kulturellen Auswirkungen dieser Zusammenhänge zu diagnostizieren. Zudem spielte er gedanklich die Prognosen auch auf künftige Entwicklungen hin durch, denken wir zurück an das Gedankenexperiment der *Tetrade*. Günther Anders war in seinen Untersuchungen ungleich präziser was die moralischen Auswirkungen und ethischen Anforderungen an uns und unser Leben diesbezüglich betreffen.

Die pessimistische Grundhaltung auf die Zukunft bezogen, die wir in Anders' Technikethik bereits abgelesen haben, konnte Anders freilich bezogen auf die Medienethik und die Auswirkungen der medialen Entwicklungen ebenfalls nicht überwinden. In Bezug auf die vorgefertigten Meinungsbilder der Nachrichten (vgl. oben) revidierte Anders dann allerdings seine Kritik selbst in Teilen. Gerade durch die Bilder des Vietnam-Kriegs wurden, so Anders, „Millionen von Menschen die Augen über diesen Krieg geöffnet und damit der weltweite Protest erst ermöglicht".[15] Somit können medial vermittelte Bilder, zum Beispiel in Nachrichtensendungen, doch und trotz eines Pessimismus', wie wir ihn bei

---

[13] Vgl. Anders (1956, 3).

[14] Vgl. dazu auch Liessmann (2002, 87–88, 96).

[15] Liessmann (2002, 98).

Anders kennengelernt haben, eine ethisch relevante Position einnehmen bzw. eine gesellschaftliche Funktion erfüllen und Menschen zum Nachdenken anregen.

Im nächsten Kapitel wenden wir uns einem weiteren Zeitgenossen McLuhans und Anders' zu, dem tschechisch-brasilianischen Medienphilosophen und Kommunikationstheoretiker Vilém Flusser. Flusser untersuchte Kommunikationsstrukturen und die Wirkung der Kommunikation auf kulturelle Werte sowie unter dem Aspekt der Verantwortung. In diversen Zeitdiagnosen waren sich gerade McLuhan und Flusser einig, an vielen Stellen in seinem Werk setzte sich Flusser dann jedoch in der Analyse der Wirkungen der Massenmedien explizit von McLuhan ab. Flusser schuf den Begriff der „Kommunikologie" als Verbindung der Wortbestandteile der Kommunikation und der wissenschaftlichen Lehre (u. a. vom Griechischen *logos,* der Rede, dem Diskurs) dazu. Blicken wir also vertieft auf das, was die Kommunikologie zu leisten imstande ist und welche ethischen Fragestellungen damit verbunden sind.

5.6   Vilém Flusser: Die Wissenschaft der Kommunikologie

Der in Prag geborene Medienphilosoph und Kommunikationswissenschaftler Vilém Flusser (1920–1991) führte ein international bewegtes Leben. Seine Flucht vor den Nationalsozialisten 1939 zwang ihn für viele Jahre nach Brasilien, dessen Staatsbürgerschaft Flusser auch bis zu seinem Tode behielt. Flusser arbeitete dort lange kaufmännisch im Import und Export und beendete zeitgleich verschiedene Studiengänge. Als Spätberufener erhielt er 1963 einen Lehrstuhl für Kommunikationstheorie in Sao Paolo. Aufgrund der Machtübernahme der Militärregierung in Brasilien kehrte Flusser 1972 dauerhaft nach Europa zurück, um zu publizieren und zu lehren.

Verbindungen zu den oben besprochenen Schwerpunkten bei McLuhan und Anders lassen sich im Werk Flussers finden. So führte er etwa *Die Antiquiertheit des Menschen* von Günther Anders in seiner Reisebibliothek ständig mit sich.[16] Wie McLuhan interessierte sich Flusser zudem für die gesellschaftlichen Auswirkungen der zunehmenden (medialen) Technisierung. Das medientheoretische Werk Flussers ist dabei ganzheitlicher als wir das bei McLuhan und Anders kennengelernt haben, wobei das Interesse Flussers weniger auf den künftigen Schritten der fortschreitenden Technisierung an sich lag (die er gleichwohl voraussah). Sein Ansatz war es vielmehr, Natur und Kultur und damit Natur- und

---

[16] Vgl. Flusser (2008, 285).

die Geisteswissenschaften zu „versöhnen". Der Fokus im Werk Flussers liegt auf
der Frage wie Kommunikation stattfindet und wie Information und menschliche Werte in Zusammenhang stehen. Dabei war er der Überzeugung, dass wir
heute unablässig Informationen produzieren und gesellschaftliche Werte dabei in
den Hintergrund getreten sind. Flusser gilt, wie Marshall McLuhan, als einer der
„Gründerhelden heutiger Medienwissenschaft"[17], ist aber weit weniger bekannt
als McLuhan. Das hängt sicherlich damit zusammen, dass Flusser Zeit seines
Lebens um Aufmerksamkeit kämpfen musste und der überwiegende Teil der
deutschsprachigen Veröffentlichungen erst nach seinem Tod (er kam bei einem
Autounfall 1991 ums Leben) erschienen sind. Grundsätzlich sind Flussers Schriften und Ideen von einer großen Offenheit der Zukunft gegenüber getragen. Zudem
erkennt man meiner Meinung nach ein hohes Vertrauen in die Menschheit, die
Möglichkeiten der auch medialen Technik zum Guten zu (ver-)wenden.

Was macht aber, dem aktuellen Kapitel folgend, die medientheoretischen
sowie medienethischen Aspekte im Werk Vilém Flussers aus? Flusser untersucht
Kommunikationsstrukturen und deren Auswirkung auf die Kultur. Kommunikation hat laut Flusser die Aufgabe, im Rahmen eines fortlaufenden Prozesses
Informationen zu speichern, zu verarbeiten und weiterzugeben. Dabei werden
stetig neue Informationen erzeugt, die wiederum gespeichert, verarbeitet und
weitergegeben werden. Um diesen fortwährenden Prozess zu untersuchen, schuf
Flusser die Theorie und den Kunstbegriff der *Kommunikologie,* die Lehre also
und die Theorie der Kommunikation und beschrieb dieses Programm selbst wie
folgt:

> „Die Kommunikationstheorie, wie sie hier definiert wird, ist ein Metadiskurs, der
> weniger darauf ausgeht, diese Kommunikationen neu zu erklären als sie zu verändern.
> Ein ,Kommunikologe' in diesem Sinn ist einer, der über Instrumente verfügt, um in
> den Kommunikationsprozess einzugreifen, und die Kommunikationstheorie hat ihm
> diese Instrumente zu liefern."[18]

Den Begriff der Metakommunikation haben wir uns weiter oben (vgl.
Abschn. 5.2.1) bereits erarbeitet als Möglichkeit über Kommunikation und Kommunikationssituationen selbst zu kommunizieren. Der Metadiskurs, den Flusser
uns mit seiner Forschung anbietet, liefert den wissenschaftlichen Unterbau, um
die Kommunikationstheorien zu erfassen und auf ihre Anwendbarkeit sowie ihre
Auswirkungen auf unser Leben hin zu untersuchen.

---

[17] Kittler in Flusser (2008, 10).
[18] Flusser nach Wagnermaier und Röller (2002, 56).

Dabei interessierte sich Flusser durchgehend für die Strukturen, die damit und mit allen medialen Erscheinungen einhergehen. So unterscheidet er diskursive von dialogischen Medien. Diskursive Medien sind demnach dadurch gekennzeichnet, dass sie eine einseitige Übertragung vom Sender zum Empfänger der Nachricht darstellen, keine unmittelbare Antwort ermöglichen und dadurch keine neuen, darauf aufbauenden Informationen entstehen lassen. Beispiele für diskursive Medien sind Werbeplakate, das Kino, aber auch Magazine und Tageszeitungen. Dialogische Medien ermöglichen dagegen den unmittelbaren Austausch, es kommt zu Prozessen der Informationsentstehung, Informationen können in dialogischen Situationen weiterentwickelt werden. Beispiele dafür wären der Marktplatz, ein Parlament oder ein wissenschaftliches Seminar.

Im Zuge der Untersuchung wie die Informationsübermittlung selbst dann stattfinden kann, unterscheidet Flusser zwischen pyramidalen, baumartigen, theatralischen und amphitheatralischen Medien. Pyramidale Medien sind charakterisiert durch eine stufen-/schrittweise Vermittlung der Informationen (von oben nach unten), beispielsweise in der Kirche oder in den Befehlsstrukturen von Armeen. Baumartige Medien sind in ihrer Informationsübermittlung anders strukturiert. Einzelne, verästelte Informationsportionen werden nach und nach verteilt, wie beispielsweise in wissenschaftlichen Instituten und damit im wissenschaftlichen Dialog. Theatralische Medien sind dadurch gekennzeichnet, dass es wie im Theater einen Halbkreis um den Sender gibt, durch den die Informationsübertragung stattfindet. Der Sender steht dabei an einer (echten oder gedachten) Wand, die Empfängerseite gruppiert sich im Halbkreis darum wie beispielsweise in der Schule oder im Kino. Auch Ausstellungen fallen unter diesen Typ, hier fungiert das gezeigte Kunstwerk als Sender. In amphitheatralischen[19] Situationen schließlich werden die Informationen im gesamten (näheren, vor allem aber weiteren) Umkreis des Senders verteilt wie im Zirkus oder im Fernsehen und beim Rundfunk. Bei diesen Medien nimmt der Sender keinerlei Notiz von der Empfängerschaft, diese bleibt also anonym.

Im Sinne einer weiteren kategorialen Unterscheidung können wir nach Flusser Kommunikationssituationen in Kreise und Netze trennen. Bei der Kreisstruktur erarbeiten alle an der Kommunikation Beteiligten neue Informationen (Marktplatz, Parlament, Labor). Die Kommunikationspartner gruppieren sich geschlossen „um" die Information, die den Kern, die Mitte bildet. Bei der offenen Netzstruktur dagegen (Post, Telefon, Computer) bildet jede:r Kommunikationspartner:in selbst die Mitte, um die sich die Informationen „drehen".

---

[19] Im Amphitheater der Antike waren die Zuschauerränge rund um den Ort der Vorführung herum angeordnet, heute vergleichbar mit Sportstadien.

Massenmedien erschaffen die Informationen, die im gesamten Netz durch jede:n Beteiligte:n aufgenommen werden und nur mittelbar und individuell weiterentwickelt werden. Alle diese Kategorien, die Flusser aufstellt, stehen jeweils unter dem Vorzeichen einer bestimmten Fragestellung.

Dabei sind alle diese Einteilungen nicht trennscharf zu sehen, sie überlappen und überschneiden sich vielmehr. So ist das Fernsehen ein diskursives Medium, gleichzeitig ein amphitheatralisches und im Rahmen einer Netzstruktur zu erfassen. Über das Fernsehen werden Informationen ausschließlich verteilt, ohne nennenswerte Möglichkeit der unmittelbaren Interaktion zwischen Sender und Empfänger. Das wissenschaftliche Seminar dagegen ist in einer baumartigen Situation dialogisch verfasst und dabei gleichzeitig als struktureller Kreis zu verstehen, innerhalb dessen neue Informationen entstehen.

Welche kulturellen und gesellschaftlichen Veränderungen haben sich aber nach den Erkenntnissen Flussers durch die technischen und medialen Entwicklungsschritte der Menschheit ergeben? Durch die Erfindung der Schrift wandelte sich eine bildhafte, unmittelbare Kultur erst zu einer geschichtlichen, mittelbaren. Die Schrift führte dazu, dass wir Menschen ein prozesshaftes kulturelles Gedächtnis ausbilden konnten. Vom Buchdruck bis hin zu heutigen elektronischen Speichermedien sind wir als Menschheit seit der Erfindung der Schrift in der Lage, ein kulturelles Gedächtnis aufzubauen und zu bewahren. Gesellschaften an sich sind nach Flusser Netze, Geflechte, Gefüge von Individuen, die über Fäden (Kanäle und Medien) miteinander verbunden sind. Kommunikation läuft über diese Fäden, Informationen werden unablässig hin- und hergeschickt, verarbeitet, erweitert, neu zusammengesetzt und weitergesandt. Und alle diese Prozesse untersucht eben die von Flusser so benannte Wissenschaft der Kommunikologie.

Im Zuge der Erfindung der elektronischen Speicherung sowie der Massenmedien verändert sich die Struktur des gesellschaftlichen Netzes jedoch. Denken wir dazu nochmals zurück an die oben beschriebene Unterscheidung zwischen Diskurs und Dialog: Informationen werden gespeichert und fließen (einseitig) in das Netz, also an unzählig viele Empfänger. Diese konsumieren dann lediglich diskursiv (via Zeitschriften, Rundfunk, Fernsehen, Internet), können die erhaltenen Informationen aber nicht mehr im Sinne eines Dialogs verarbeiten, umformen, erweitern und damit nicht mehr unmittelbar inhaltlich darauf reagieren. Diese Tatsache der so definierten Massenkultur führt nach Flusser zu den Krisen unserer Gegenwart, in Form von Glaubens- und Werteverlusten oder dem Verlust an Kreativität. Die Entstehung der Informationsgesellschaft durch die neuen Massenmedien hat nach Flusser zudem zu einer Vereinsamung der Menschen geführt. Das bringt auch unmittelbare Auswirkungen auf das politische Leben mit sich. Mussten die Menschen früher aus dem Haus gehen, um an

Informationen zu gelangen und sich darüber auszutauschen, werden diese Informationen heute ununterbrochen und „frei Haus" geliefert. Damit einher gehen zwar unmittelbar Fragen der kulturellen Entwicklung, ebenso aber Fragen gerade des politischen Bewusstseins sowie ethischer Notwendigkeiten. *Verantwortungslosigkeit* ist die Diagnose, die Flusser in diesem Zusammenhang stellt – und zwar sowohl im kommunikativen als auch im übertragenen Sinn. Was meint er damit? Dem Diskurs (s. o.) entsprechen die Tatsachen der Speicherung und des bloßen Konsums von Informationen. Dem Dialog im gesellschaftlichen Netz dagegen entsprechen die Tatsachen der Verarbeitung und Weiterleitung von Informationen sowie der Verantwortung. Indem die Empfänger der rein diskursiv gesandten Massenmedien dem Sender nicht unmittelbar antworten können, sind diese also ver-*antwort*-ungslos. Durch die mit dem bloßen Konsum der Informationsflut verbundene Vereinsamung und Entfremdung sowie mit dem Verlust des kulturellen Dialogs entsteht dann auch (im übertragenen Sinne) gesellschaftliche Verantwortungslosigkeit. Erschwerend kommt hinzu, dass die Sender der massentauglichen Informationen die Empfänger insofern manipulieren, als diese als Folge der industriellen Revolution rein passive Konsument:innen (der Informationen, ebenso aber der Konsumgüter) bleiben *sollen*. Diese Manipulationsabsichten und die Gefahren, die damit verbunden sind, sind unmittelbar auf die politische Information und das Senden politischer Inhalte zu übertragen. Dazu lassen sich diverse historische (Propaganda im *Zweiten Weltkrieg*) und aktuelle Beispiele (eingeschränkte und staatlich gelenkte Information in autokratischen Systemen) finden.

Nach Flusser benötigen wir den gesellschaftlichen und politisch-strukturellen Willen, diese Tatsachen zu verändern. Kommunikation stellt für Flusser den Schlüssel für den Menschen dar, seine Einsamkeit zu überwinden. Auch durch Informationen sind wir in der Lage, Werte zu schaffen. Die Rückkehr zum Dialog mittels auch neuer Medien ist möglich, indem wir uns als Menschen (wieder) als kreative Schöpfer der Bilder und Informationen sehen, diese neue Bedeutung für uns gewinnen und wir uns darüber austauschen. Hier ist Flusser auch sehr optimistisch, indem er der jungen Generation diese Fähigkeiten und Möglichkeiten in ihrer „Flucht nach vorn"[20], weg vom einsamen Konsumieren hin zum kreativen Erarbeiten, absolut zuspricht und vor allem zutraut. Die nach Flusser kommunikologischen Voraussetzungen, die wir dazu benötigen, müssen wir uns auf der einen Seite bewusst machen. Auf der anderen Seite haben wir gesellschaftlich und individuell dann die Möglichkeit, auch medien- und medienkonsumbezogen selbstbewusste und kritische Blickwinkel einzunehmen.

---

[20] Flusser (1997, 75).

Die Manipulationsgefahr durch (Massen-)Medien, die wir vor allem mit Günther Anders und Vilém Flusser untersucht haben, bleibt bestehen. Den Begriff der Verantwortung können wir dem gegenüberstellen. Mit der Verantwortung haben wir uns weiter oben auch schon wiederkehrend beschäftigt, so mit der Verantwortung der Wissenschaftler:innen in Forschung und der Entwicklung neuer Technologien oder der wirtschaftsethisch zu betrachtenden Verantwortung des „guten Staatsbürgers" im Privat- und Berufsleben. Im kommenden Kapitel vertiefen wir den Aspekt der Verantwortung unter spezifisch medienethischen Gesichtspunkten. Im Zuge der auch hier folgenden aktuellen Bezüge zu unserer menschlichen Praxis untersuchen wir im Anschluss daran noch die Themen der Hassrede (vor allem im Internet) und der Macht der Bilder.

5.7   Aktuelle Bezüge zu Fragen menschlicher Praxis

Im Folgenden werden wir uns, wie in den Kapiteln zuvor, mit konkreten praktischen Anwendungsfeldern ethischer Fragestellungen in unserem Alltag beschäftigen. Dem Schwerpunkt dieses Kapitels folgend jetzt eben in der Überprüfung bestimmter Bereiche anhand speziell *medien*ethischer Erkenntnisse.

Der Begriff der Verantwortung (vgl. Abschn. 1.3) ist ein zentraler, gerade auch, wenn wir über moralische Arten, Weisen und Herausforderungen des menschlichen Zusammenlebens nachdenken. Die Verantwortung hat uns im Zuge der vorangegangenen Kapitel auch wiederkehrend beschäftigt. Zu Beginn (Abschn. 5.7.1) kommen wir daher erneut auf diesen zentralen Begriff zurück und werden die Verantwortungsverhältnisse im Sender-/Empfängermodell mit Blick auf die sog. *Massenmedien* näher beleuchten. Der zunehmende Hass im Internet und über sog. *Internettrolle* gesteuerte Propaganda oder provozierte Empörungswellen stehen im Anschluss daran im Fokus (Abschn. 5.7.2). Und abschließend werden wir uns mit sog. *Deepfakes* und der Macht der Bilder beschäftigen, die wiederum das Ziel der Manipulation der Empfänger:innen bzw. Leser:innen oder Nutzer:innen in einem weiteren Sinne verfolgen. Dem schließen sich Vorschläge an, die uns dabei unterstützen können, Manipulationen bzw. Manipulationsversuche in v. a. elektronischen Medien zu erkennen, zu hinterfragen und diesen so gerade *nicht* zu erliegen (Abschn. 5.7.3).

5.7.1 Massenmedien im Spannungsfeld zwischen Meinung, Stimmung und Verantwortung

Den Begriff der Massenmedien hatten wir uns weiter oben schon kurz erarbeitet. Es geht dabei um die Tatsache, dass mit medialen Angeboten viele Menschen (also eine große Masse) erreicht werden. Zeitungen, Zeitschriften, Rundfunk- sowie TV-Angebote tragen dieses Potential in sich. Eine Reichweitenerhöhung haben die zunehmenden digitalen Möglichkeiten mit sich gebracht, egal, ob im Printbereich oder im Radio- und Fernsehbereich, denken wir hierbei etwa an Online-Ausgaben von Tageszeitungen, Podcasts oder Streaming-Dienste.

Die Anbieter von Massenmedien sind dabei darauf angewiesen, auch *tatsächlich* eine große Anzahl an Menschen zu erreichen. Das ist das grundlegende Ziel einer/eines jeden Medienschaffenden. Nur so lassen sich aber auch die wirtschaftlichen Ziele von Medienunternehmen erreichen, insofern diese Werbeanzeigen und Werbespots umso teurer verkaufen können, je mehr Leser:innen, Zuschauer:innen oder Hörer:innen das jeweilige Angebot nutzen. Online-Gratisangebote setzen die Anbieter gleichzeitig unter weitere wirtschaftlichen Druck. Diesem Druck versuchen die Unternehmen durch inhaltliche Aspekte (Qualität) wie ebenso durch die Aufmachung ihrer Angebote zu begegnen.

Eine wichtige Unterscheidung wollen wir uns in diesem Zusammenhang noch vor Augen führen, nämlich die Unterscheidung in sog. *seriöse* und in *Boulevardmedien*. Während es bei ersterem um journalistische Arbeit, inhaltliche Information und die fundierte Unterstützung bei der Meinungsbildung geht, setzen Boulevardmedien auf Unterhaltung, Show und Infotainment. Unter Infotainment verstehen wir die Vermischung der beiden Bereiche, komplexe Sachverhalte werden dabei auf möglichst anschauliche Weise vermittelt. Betrachten wir dazu als Beispiel das Fernsehen: Neben kommerziell organisierten Medienanbietern greifen auch öffentlich-rechtliche Institutionen vermehrt auf Infotainment zurück. Auch die Öffentlich-Rechtlichen dürfen sich (in Teilen) über Werbung finanzieren (vgl. auch Abschn. 5.3.1). Das führt dazu, dass die Grenzen zwischen seriösem und Boulevard-Angebot verwischen. Im Printbereich ist die Unterscheidung ebenfalls nicht (mehr) eindeutig zu erfassen. Einerseits gibt es reine Boulevardmedien, die sich nur oberflächlich auf Inhalte beziehen. Im Mittelpunkt stehen reißerische Schlagzeilen, die bildliche Darstellung von Opfern oder persönlicher Schicksale und Gerüchte, bezogen auf Prominente oder Mitglieder von Königshäusern. Die sog. *Regenbogenpresse,* wie dieser Zweig auch oft bezeichnet wird und ein Beispiel dafür wäre die Zeitschrift „DIE BUNTE",

berichtet hier meist wenig an Fakten orientiert, vielmehr sollen Emotionen ange-
sprochen werden. Grundsätze des journalistischen Berufsethos' werden dabei oft
genug außer Acht gelassen. Auf diesen Aspekt kommen wir weiter unten noch
zurück.

Reichweite ist daher oft genug im wahrsten Sinne des Wortes alles, der wirtschaftliche Erfolg steht im Vordergrund. Wissenszuwachs der Konsument:innen
geschieht damit also nicht mehr über Informationen oder seriöse Berichterstattung. Meinungsbildung findet oftmals nicht mehr über einordnende Kommentare
statt (die auch als solche gekennzeichnet sein sollten) oder über die ausgleichende
Darstellung von Fakten und deren Einordnung in größere Kontexte wie zum
Beispiel in die Weltpolitik. Meinungsbildung wird vielmehr zunehmend emo-
tionalisiert. Der Austausch von Argumenten, den wir weiter oben im Rahmen
der Diskurs- und Kommunikationsethik als elementar für die gesellschaftliche
Meinungsbildung identifiziert hatten, tritt in den Hintergrund. Dabei können wir
sich selbst verstärkende Effekte feststellen. Insofern ein Boulevardmedium –
die BILD-Zeitung können wir beispielsweise unter diesem Begriff verorten[21]
– einen (vermeintlichen) Skandal plakativ aufgreift, springen weitere Medien auf
diesen Zug auf. Inhaltliche Vereinfachungen, effektvolle Bilder und reißerische
Headlines stehen im Mittelpunkt. Die fundierte Auseinandersetzung mit Zusammenhängen, Gründen, Hintergründen oder Fakten gerät aus dem Fokus. Es wird
damit eine Grundstimmung zu einem bestimmten Thema erzeugt, die nachträglich
oft nur noch schwer zu ändern oder gar zu korrigieren ist. Eine inhaltlich fundierte und objektivere Meinungsbildung wird dann umso schwerer, je öfter die
emotionalen Aspekte einer Meldung wiederholt werden. Die Reichweitenerhöhung mittels digitaler Medien sowie die damit einhergehenden Möglichkeiten für
jede:n, unmittelbar die eigene Meinung dazu zu posten, verstärken zugleich die
subjektiven Aspekte von derartiger „Berichterstattung". Meinungs- und vor allem
auch Stimmungsbildung geschieht damit stärker orientiert an Emotionen und vor
allem Bildern, darauf werden wir in Abschn. 5.7.3 nochmals zurückkommen. Die
o. g. „klassische" Arbeitsteilung entfällt dabei zusehends: auch seriöse Medien
beugen sich zunehmend dem wirtschaftlichen Druck. In jeder Tageszeitung gibt
es zwischenzeitlich mindestens eine Rubrik, die unter „Klatsch und Tratsch"
gefasst werden kann, eine zunehmende Boulevardisierung der Medienlandschaft
ist die Folge.

Zur Selbstregulierung auch dieser Entwicklungen gibt es brancheneigene Einrichtungen wie grundsätzlich das Berufsethos oder den Presserat als Institution.

---

[21] Schicha bietet einen fundierten und umfassenden Einblick in die (ich nenne es hier
bewusst) Machenschaften der BILD-Zeitung, vgl. Schicha (2019, 105–119).

Diese greifen bei Verstößen gegen Normen und Richtlinien ein – oder sollten es tun. Gerichte beschäftigen sich daneben oft genug mit Verstößen gegen konkrete Rechtsnormen, zum Beispiel bezogen auf den Opferschutz. Die ethische Dimension ist darüber hinaus aber keinesfalls zu vernachlässigen, denken wir hier doch über Fragen des gesellschaftlichen Zusammenlebens und dessen praktische Ausgestaltung nach. Konkretisieren wir hier daher wiederum den ethischen Blickwinkel, hier den konkret medienethischen, und untersuchen wir dazu nochmals vertieft den Aspekt der Verantwortung (vgl. Abschn. 1.3). Dazu nehmen wir nochmals die zwei Perspektiven ein, auf der einen Seite (1) die Anforderungen an Medienanbieter und auf der anderen Seite (2) die Anforderungen an uns als Mediennutzer:innen. Im Rahmen der Ausführungen zur Technik- und Wirtschaftsethik (vgl. Kap. 3 und 4) hatten wir uns bereits ethische Herausforderungen angesehen, die mit den vornehmlich neuen technischen Möglichkeiten einhergehen und wirtschaftlich nutzbar gemacht werden. Daher werfen wir hier jetzt den Blick schwerpunktmäßig auf die *inhaltlichen* Aspekte medialer Informationsübermittlung.

(zu 1) Massenmedien unterhalten einerseits, Medien selektieren gleichzeitig aber auch Themen in der Berichterstattung und Informationsübermittlung, setzen damit Prioritäten und beeinflussen nicht zuletzt dadurch die öffentliche Meinung. Damit fungieren die Medien als (oftmals postulierte) „Vierte Gewalt" im Staat und nehmen damit durchaus eine politische Funktion ein. (Unabhängige) Berichterstattung stellt Öffentlichkeit zu relevanten Themen her und erfüllt damit ebenso eine Kontrollfunktion. Damit gehen Wissensvermittlung auf der einen sowie Meinungsbildung auf der anderen Seite einher, was erhöhte Anforderungen an die Verantwortung mit sich bringt. Diese Anforderungen an Medienanbieter sind auf der einen Seite gesetzlich geregelt wie beispielsweise im Medienrecht. Insgesamt sind die gesetzlichen Regelungen, die diesen speziellen Bereich betreffen, vielfältig. Nachstehend wollen wir uns daher nur ein paar markante Beispiele zur Verdeutlichung ansehen. Als basale Rechtsnormen gelten auch hier die Regelungen unseres Grundgesetzes. Besonders wichtig in diesem Zusammenhang sind die Artikel 5 (Meinungs-, Presse- und Kunstfreiheit) und 10 (Fernmeldegeheimnis). Daneben gibt es weitere Gesetze und spezifisch medienrechtliche Normen wie das Verlagsrecht, das Presserecht, das Rundfunkrecht, das Internetrecht oder damit verbunden auch das Urheberrecht. Neben dem Medienrecht gibt es auf der anderen Seite ebenso Vorgaben der Selbstregulierung der Medienbranche. Hierbei können wir an den Presserat denken, der sich der Wahrung des Ansehens der Medien und möglichst der Beseitigung von Missständen verschrieben hat. Auch die *Freiwillige Selbstkontrolle der Filmwirtschaft* (FSK) können wir in diesem Zusammenhang als weiteres Beispiel heranziehen. Diese Stelle prüft die

Altersfreigabe von Medien im öffentlichen Raum mit dem Schwerpunkt auf den Jugendschutz. National und international fußen diese freiwilligen Initiativen auf Verhaltenskodizes. Bei uns können wir hierbei an den Presse- oder Medienkodex denken wie ebenso an das journalistische Berufsethos. Dieses Ethos fühlt sich verschiedenen Grundprinzipen verpflichtet wie etwa der Wahrhaftigkeit, der Neutralität und möglichst Objektivität in der Berichterstattung, der Sorgfalt bei der Recherche oder auch der Trennung von Inhalten und Werbung. Grenzfälle in den Spannungsfeldern zwischen öffentlichem Interesse und Persönlichkeitsrechten, zwischen dem Schutz von Informant:innen und Zensurvorwürfen, zwischen Berufszuschreibungen und der individuell interpretierten Rolle oder zwischen der notwendigen Berichterstattung und dem Einsatz schockierender Bilder zur Erringung von Aufmerksamkeit wird es dabei immer geben. Gesellschaftlich, gerade auch im Sinne des öffentlichen Diskurses betrachtet (vgl. Abschn. 5.1), sind diese freiwilligen Initiativen der Branche sowie Selbstverpflichtungen begrüßenswert. Ob damit jedoch nicht auch oder vor allem die Bemühungen einhergehen, einer stärkeren *gesetzlichen* Kontrolle zu entgehen, bleibt kritisch zu hinterfragen.

Neben den gesetzlichen und rechtlichen Regelungen, den selbstgesetzten Standards oder auch der handwerklichen Verpflichtung und der Qualität (Berufsethos) muss jedoch ebenso die ethische Dimension in den Fokus rücken. Damit geht gerade wiederum der Verantwortungsbegriff einher, damit die Verantwortlichkeit in allen Facetten und Dimensionen.

(zu 2) Gleichzeitig gibt es auch Anforderungen an die Konsument:innen, Nutzer:innen oder Rezipient:innen medialer Angebote. Diese Anforderungen, die technischer, kultureller oder pädagogischer Natur sind, müssen wir individuell betrachten, wie ebenso gesamtgesellschaftlich.

Welche Dimensionen gehen damit aber einher? Grundsätzlich erfüllen Medienangebote unterschiedliche Funktionen für die Nutzer:innen, von der Stillung des Informationsbedürfnisses über den Wissensaufbau bis hin zur identitätsstiftenden Wirkung medialer Angebote. Demnach ist eine verantwortliche und verantwortungsbewusste Nutzung der Angebote notwendig und, im Sinne eines Vorbildcharakters zum Beispiel für die eigenen Kinder, auch vorzuleben. Dafür sind pädagogische Bildungsangebote zur Stärkung relevanter Kompetenzen vonnöten, unter anderem, um einen verantwortungsbewussten Umgang erlernen zu *dürfen*. Überschreiben könnte man diese Anforderungen mit dem Begriff der Medienkompetenz, also der Möglichkeit, einen kritischen Blick auf Angebote werfen zu *können* und diese auch moralisch in Richtung des *Sollens* zu hinterfragen. Dazu benötigen wir ein Zusammenspiel aus Politik, Zivilgesellschaft und allen Bürger:innen innerhalb eines Staats. Die Politik muss die notwendigen

Rahmenbedingungen zur Verfügung stellen und öffentliche Bildung mit entsprechenden Finanzmitteln und Inhalten (Lehrplänen) ausstatten. Die Zivilgesellschaft muss dann einerseits bereit sein, diejenigen Politiker:innen zu wählen, die diese Notwendigkeiten anerkennen, gleichzeitig aber auch die Angebote annehmen. Und jede:r Einzelne von uns ist gefordert, sich stetig weiterzubilden. Die Entwicklungen gehen rasant vonstatten, sodass wir unser Wissen auf dem aktuellen Stand halten sollten. Das Ziel muss eine demokratisch legitimierte Medienlandschaft sein, die sowohl Standards auf der Anbieterseite definiert als auch Kompetenzen auf der Nachfragerseite fördert. Der Aspekt der Teilhabe bleibt dann aktuell, insofern für alle Menschen die Möglichkeit geschaffen und erhalten bleibt, gerade mit den technischen Entwicklungen auch Schritt halten zu können. Ein Stichwort hierbei ist der möglichst barrierefreie Zugang zu medialen Angeboten und Inhalten.[22]

Nicht zu unterschätzen bleibt die Macht, die von den Nutzer:innen oder Leser:innen ausgeht, sind die meisten Medienanbieter doch auf Kunden angewiesen. Mit dieser Macht aber bewusst und verantwortungsbewusst umzugehen, will erlernt und bestenfalls moralisch begründbar sein. So wie es auf Anbieterseite Selbstverpflichtungen der Branche gibt, gibt es parallel auch Selbstverpflichtungen auf der Nachfragerseite, denken wir etwa an die *Netiquette* im Rahmen der digitalen Kommunikation. Das speist die Frage wie wir miteinander umgehen *wollen*. Diese „Netz-Etikette" angemessener Sprache wird oftmals ausdrücklich eingefordert und teilweise auch kontrolliert, etwa in betreuten Kommentarspalten der Onlineangebote von Tageszeitungen. Dass es dennoch in steigendem Maße zu Beschimpfungen, Bedrohungen und Beleidigungen gerade in der Online-Kommunikation kommt, bleibt als Tatsache festzuhalten. Diesem Themenkomplex wenden wir uns im nachfolgenden Abschnitt vertieft zu.

5.7.2 *Hate Speech* und Trolle

Beginnend mit diesem Kapitel werden wir uns noch einige Phänomene erarbeiten, die sich speziell im Rahmen der stetig zunehmenden virtuellen (Online-) Kommunikation entwickelt und verstärkt haben. Starten werden wir mit *Hate Speech* und sog. *Trollen*. Im nächsten Kapitel untersuchen wir dann den Begriff des *Deepfake* und beschäftigen uns mit der Macht der Bilder. Die Vorstellung und

---

[22] So bieten zwischenzeitlich nicht nur Behörden, sondern zunehmend auch verschiedene Medien Texte ergänzend in sog. *einfacher Sprache* an, bei der die Verständlichkeit im Vordergrund steht.

Diskussion von Strategien und Möglichkeiten, derartige Entwicklungen, Bedrohungen oder gar lebensfeindliche Tendenzen zu erkennen und dem allen kritisch und aufmerksam zu begegnen, werden dann den Abschluss dieses Teils der Beschäftigung mit aktuellen Herausforderungen unseres Lebens bilden.

Unter *Hate Speech* (Hassrede) verstehen wir allgemein Beleidigungen, Diffamierungen, Bedrohungen, Herabwürdigungen, Beschimpfungen und damit Anfeindungen anderer Menschen ganz allgemein.[23] Auch wenn sich derartige feindselige Kommunikationsmuster nicht auf das Internet beschränken, so hat *Hate Speech* gerade im virtuellen Raum erhebliche Ausmaße erreicht. Unter sog. *Trollen* oder dem Akt des *Trollings* sind mehrere Aspekte zu verstehen, die mit *Hate Speech* allerdings in engem Zusammenhang stehen: *Trolling* hat sich als Begriff von dem englischen Ausdruck „trolling with bait", also einem Prinzip des Köderns entwickelt. Trolle (und hier wird bewusst der Begriff dieses mythologischen Wesens verwendet) „ködern" damit metaphorisch gesprochen andere Menschen im Internet, indem sie zwei Praktiken vollziehen: einmal ungehemmtes Diffamieren (mittels *Hate Speech*) sowie zum anderen das Manipulieren anderer mittels bewusst falscher und irreführender Beiträge in Foren, Online-Communitys oder auf Social-Media-Plattformen allgemein. Die damit verfolgten Ziele sind es jeweils, Falschmeldungen und Halbwahrheiten zu verbreiten und dadurch möglichst emotionale Reaktionen der Nutzer:innen (vgl. Abschn. 5.7.1) sowie öffentliche Empörung hervorzurufen. Diese Reaktionen selbst äußern sich dann vielfach wiederum nicht nur in der Weiterverbreitung der falschen Nachrichten, sondern oft auch in Beschimpfungen und Diffamierungen anderer. Das Ganze kann sich dann, bei massenhaftem Auftreten, bis hin zu einem *Shitstorm,* damit einer lawinenartig verstärkten Empörungs- und Diffamierungswelle entwickeln. Spätestens damit hat der Troll sein manipulatives Ziel erreicht. Trolle können einzelne Nutzer:innen sein, die aus Rache oder Langeweile andere mittels *Hate Speech* diffamieren und herabwürdigen. Trolle werden zwischenzeitlich aber auch vermehrt professionell eingesetzt, um die öffentliche Meinung insgesamt zu beeinflussen. So wird Russland wiederkehrend vorgeworfen, eine ganze Troll-Armee zu beschäftigen, um Propaganda zu betreiben. Damit wird eine Informationslawine genutzt, den eigenen Angriffskrieg gegen die Ukraine zu rechtfertigen. Gleichzeitig wird wiederkehrend der Vorwurf an Russland laut, weltweit demokratische Wahlen, wie zum Beispiel in den USA oder auch in Deutschland, sowie die politische Stimmung gezielt negativ zu beeinflussen. Diesen Entwicklungen entgegenzutreten, erfordert größte politische, rechtliche

---

[23] Die Themen dieses Kapitels habe ich ausführlich erarbeitet in Feiten und Stahlschmidt (2024, 305–325), worauf ich mich in Teilen auch hier beziehe, vgl. Braml (2024).

und gesellschaftliche Anstrengungen, worauf wir weiter unten noch eingehen werden. Wird ergänzend oder in Erweiterung dessen die KI eingesetzt, um mittels der Technik menschliche Handlungsweisen (Beiträge, Likes, Shares) auf Social-Media-Plattformen vorzutäuschen, so sprechen wir von *Social Bots*. Jeder maschinelle Klick auf eine Falschmeldung oder gesteuerte Propaganda führt zu weiteren Interaktionen und der Weiterverbreitung, was zu kaskadenartiger Reichweitenerhöhung beiträgt. Falschmeldungen können somit in kurzer Zeit den Eindruck erwecken, für eine Vielzahl von Menschen relevant zu sein.

Beschäftigen wir uns vertieft mit dem Phänomen der *Hate Speech*. Nicht nur Politiker:innen, Aktivist:innen, Journalist:innen oder andere Menschen des öffentlichen Lebens sind von verbalen Angriffen betroffen. Nach aktuellen Umfragen haben 76 % aller Nutzer:innen im Internet bereits *Hate Speech* wahrgenommen und 25 % der Befragten waren selbst schon von Hassrede betroffen.[24] Gründe für diese Beleidigungen oder gar Bedrohungen liegen im Aussehen, der Herkunft, der Hautfarbe, im Geschlecht, der sexuellen Orientierung oder einfach nur in der Tatsache begründet, eine eigene politische Meinung zu vertreten. Wenn wir uns wieder auf unser aktuelles Thema, eben das der Kommunikation, beziehen, stellen sich die Fragen, was Menschen dazu bringt, andere Menschen zu beleidigen, zu beschimpfen oder herabzuwürdigen und warum diese Handlungsweisen im Rahmen der digitalen Kommunikation derart zugenommen haben. Zur Erklärung dessen können wir uns verschiedene Faktoren und Entwicklungen verdeutlichen:

1. Die gesellschaftlichen Krisen der vergangenen Jahre (wie die Bankenkrise, die Flüchtlingskrise, die Corona-Krise) haben den Menschen erhebliche Veränderungserfordernisse abverlangt und zu erheblichen Verunsicherungen geführt. Die Menschen fühlen sich oftmals überfordert von der Wirklichkeit, was zu Unsicherheit und Ängsten führt. Das Gefühl, selbst Opfer zu sein, führt dann zu einer Radikalisierung, die im Internet auf fruchtbaren Boden fällt. Gleichgesinnte, die sich ebenso selbst als Opfer der Umstände betrachten, sind leicht zu finden, gemeinsam bewegt man sich in einer kommunikativen Blase. Gelenkte Propaganda und Trolle machen sich diese Tatsachen zunutze, um ihre (fragwürdigen) Ziele zu erreichen und verstärken Gefühle wie Hass, Neid und Ressentiments. Und diese Gefühle äußern sich dann allzu oft in Beleidigungen, Bedrohungen und Beschimpfungen anderer Menschen.
2. Durch den Aufbau eines gemeinsamen Gegners, also all derjenigen Menschen, die nicht die eigene Weltanschauung teilen oder die dem Hass gar

---

[24] Vgl. die Forsa-Studie 2023 zu *Hate Speech*.

aktiv entgegentreten, kann eine „Jetzt-erst-recht"-Einstellung entstehen. Gruppenzugehörigkeit, vermeintlich einfache Wahrheiten und das Gefühl, sozialen Einfluss und Macht ausüben zu können, führen zu einer empfundenen Steigerung des eigenen Selbstwerts.

3. Diese Entwicklungen sind mit den technischen Merkmalen der virtuellen Kommunikationskanäle eng verbunden. So kann mittels digitaler Kommunikation eine weitaus höhere Reichweite erzielt werden als im persönlichen Gespräch. Diese Reichweite spielt zwar auch in der individuellen Kommunikation bereits eine Rolle. Mittels der Möglichkeiten des technischen Fortschritts aber können wir heute unsere Gesprächspartner etwa per Mailverkehr schneller erreichen, auch wenn diese weit entfernt wohnen oder arbeiten. Gerade diese *quantitative* Reichweitenerhöhung machen sich Trolle im Rahmen manipulativ eingesetzter Instrumente zunutze. Durch die so mögliche Massenmobilisierung schwappt dann die Empörungswelle ungleich schneller und globaler hoch als in den Zeiten vor der weltweiten digitalen Vernetzung.

4. Gleichzeitig findet virtuelle Kommunikation vielfach anonym statt. Unterscheiden können wir erstens in pseudoanonyme Kommunikation, also das Verfassen von Beiträgen oder Kommentaren unter der Nutzung von Phantasienamen. Oft findet die Kommunikation zweitens jedoch auch anonym statt. Hierunter fallen Fake-Accounts, um die eigenen Identität zu verschleiern oder zu verstecken und damit auch wiederum individuelles oder zentral gelenktes *Trolling,* das für Diffamierungen und Propaganda im Netz verantwortlich ist und Stimmungen und Tendenzen verstärkt. Viele Menschen agieren, hetzen und beschimpfen aber – und das ist die dritte Möglichkeit – auch unter ihren Klarnamen. Ein solches Vorgehen, das allen auch moralischen Konventionen menschlichen Zusammenlebens zuwiderläuft, ist nicht zuletzt auch der Tatsache geschuldet, dass derartige Straftaten im Netz allzu oft nicht verfolgt werden. Auf diesen Punkt kommen wir weiter unten nochmals zurück.

Wenn wir uns also alle diese Entwicklungen vor Augen führen, stellt sich die Frage, welche Maßnahmen gegen die Tendenzen der vor allem virtuellen Hassrede ergriffen werden, ergriffen werden sollten oder können. Hierzu greifen wir erneut auf den Begriff der Verantwortung (vgl. Abschn. 1.3) zurück, der uns wiederkehrend beschäftigt hat.

1. So besteht erstens eine politische und gesetzliche Verantwortung. Die politischen Maßnahmen bei uns bewegen sich dabei im Spannungsfeld zwischen internationaler (zum Beispiel EU-Richtlinien) und nationaler Gesetzgebung.

Compliance-Vorgaben[25] für die Betreiber digitaler Angebote und Plattformen oder die Berichtspflichten zum Umgang mit Beleidigungen und Hass im Netz unterscheiden sich dabei jedoch von Land zu Land, insbesondere im internationalen Vergleich, auch über die EU hinaus. So können die Betreiber auf Kontinente und Länder ausweichen, die weniger strenge Vorgaben für die Bekämpfung von *Hate Speech* geregelt haben. Erschwerend kommt hinzu, dass die Strafverfolgungsbehörden vielfach überfordert sind, der schieren Menge an täglichem Hass zu begegnen, obwohl nur wenige Betroffene *überhaupt* Anzeige erstatten. Dabei fehlt es an den relevanten Stellen beispielsweise an ausreichend qualifiziertem Personal oder technischen Möglichkeiten, um den besonderen Herausforderungen bei Straftaten im Netz zu begegnen. So werden viele Straftaten, die im Netz begangen werden, nicht geahndet, selbst wenn diese von Nutzer:innen unter Klarnamen verübt werden. Das bedeutet, die Täter:innen müssen sich gar nicht in verschlüsselte Bereiche des *Darknets* oder in private Chatgruppen zurückziehen und fühlen sich daher sogar bestärkt, unter ihren eigenen Namen aufzutreten. Wirkliche, systematische und zuverlässige Strafverfolgung scheitert damit wortwörtlich „in aller Öffentlichkeit".

2. Weiterhin gibt es eine Verantwortung der Betreiber von digitalen Angeboten und Plattformen. Auch diese argumentieren damit, dass sie aufgrund der Masse an täglichen Nachrichten, Posts, Mitteilungen, Videos oder Bildern schon personell nicht in der Lage wären, adäquate Reaktionszeiten zum Löschen strafbarer Inhalte oder dem Einschreiten bei *Hate Speech* einhalten zu können. Jetzt kann man einwenden, dass es technische Möglichkeiten genau dafür allerdings bereits gibt. Bei der Nutzung technischer Filter, um Beleidigungen oder Bedrohungen maschinell zu detektieren, darf gleichzeitig jedoch kein Eindruck willkürlicher oder fragwürdiger Zensur entstehen und das Gut und Grundrecht der Meinungsfreiheit muss gewahrt werden. Zudem stoßen technische Filter an ihre Grenzen, wenn zum Beispiel Ironie im Spiel ist, sodass letztlich doch (wieder) ein Mensch entscheiden muss. Technische Möglichkeiten bleiben daher ein schmaler Grat, werden aber stetig weiterentwickelt. Machen wir uns in diesem Zusammenhang auch nochmals klar, auf welcher Basis das Geschäftsmodell der Betreiber beruht: eben gerade auf Reichweite, hohen Nutzerzahlen und der Sammlung von großen Datenmengen zur wirtschaftlichen Nutzung (vgl. die Überlegungen zu *Big Data*

---

[25] Unter dem Begriff Compliance wird allgemein die Einhaltung von Recht und Gesetz durch Unternehmen und deren Mitarbeitende verstanden, also die Rechtskonformität der Tätigkeiten im Rahmen des eigenen Geschäftsmodells.

unter Abschn. 3.6.2). Die Motivation gegen die eigenen Mitglieder und Nut-
zer:innen vorzugehen, scheint damit schon deshalb nicht immer gegeben.
Gleichzeitig versuchen die Betreiber durch Lobbyarbeit Einfluss auf die Ausgestaltung der Gesetzgebung und Verschärfung der Regelungen der Politik
zu nehmen, nationale und internationale Gesetzgebungsverfahren brauchen
zudem ihre Zeit. Im Spannungsfeld zwischen den rasanten technischen Entwicklungen, national und international politisch anzupassender Gesetzgebung
und den Geschäftsmodellen, also den gewinnorientierten Interessen der Betrei-
berfirmen, gleichen Regulierungs- und Gesetzgebungsverfahren damit einem
ständigen „Hase-und-Igel"-Spiel.

3. Bleibt zu guter Letzt noch die Verantwortung der Nutzer:innen, also von
uns allen. Wir sind gefordert, auch im virtuellen Raum (kommunikations-)
ethische Gedanken und die Konventionen guten Umgangs miteinander zu pflegen und einzuhalten. Gleichzeitig sollten wir Tendenzen beleidigender und
diffamierender Posts, Nachrichten und Inhalte und damit der Hassrede allgemein entschieden entgegentreten. Damit geht die Gefahr einher, selbst Opfer
von Beschimpfungen und Bedrohungen zu werden. Auch wenn wir polizeili-
che Anzeige erstatten, ist aufgrund der oben bereits genannten Überforderung
der Strafverfolgungsbehörden auf staatliche Hilfe nicht immer unbedingt zu
bauen. Allein auf weiter Flur sollten wir uns dennoch nicht fühlen, haben sich
doch private und auch politische Initiativen gebildet, die Beratung, Hilfe und
Unterstützung für Opfer virtueller Gewalt anbieten. Exemplarisch zu nennen
sind hier private Initiativen wie die *Amadeu Antonio Stiftung* oder die Initiative für digitale Zivilcourage #ichbinhier oder die Onlineberatung des *Weißen
Rings*. Ein neues wirtschaftliches Geschäftsmodell hat sich zudem im Rahmen KI-gestützter Recherchetools entwickelt, die beauftragt werden können,
um das Internet gezielt nach Beleidigungen zu durchforsten und juristisch
dagegen vorzugehen. Aber auch politische Einrichtungen wie die *Recherche-
und Informationsstelle Antisemitismus* (RIAS) oder die Kampagne *No Hate
Speech Movement* des Europarats wurden ins Leben gerufen, um Tendenzen
des Hasses im Netz entgegenzutreten. Dazu braucht es den gemeinschaftlichen
Willen, klare Grenzen zu ziehen.

Bei aller Zivilcourage können wirksame Maßnahmen – und das soll als Fazit
des Genannten gelten – letztlich wohl nur im Zusammenspiel zwischen Zivil-
gesellschaft, Staat, Politik und den Betreibern ergriffen werden. In dieser
Zusammenarbeit und im Wissen um die zerstörerischen Tendenzen von *Hate
Speech* oder *Trolling* gilt es, gemeinsam aktiv gegen Hassrede und gegen negative
Einflussnahme und Propagandaversuche vorzugehen,

Hass im Internet ist mittlerweile Alltag. *Fake News,* aber auch mittels der KI manipulierte Bilder oder allgemein verfälschte Inhalte, begegnen uns wiederkehrend und wir sind gefordert, uns kritisch damit auseinanderzusetzen. Blicken wir im folgenden Kapitel daher noch auf diese Themen und erarbeiten wir uns darauf aufbauend Möglichkeiten und Strategien, Manipulationen und Manipulationsversuche zu erkennen.

5.7.3 *Deepfake* und die Macht der Bilder

Klären wir zu Beginn dieses Kapitels zwei Begriffe, die zusammenhängen, aber dennoch separat zu betrachten sind: *Fake News* und *Deepfake.* Unter *Fake News* verstehen wir allgemein gefälschte und erfundene Nachrichten, mittels derer versucht wird, Personengruppen oder die Öffentlichkeit als Ganzes zu manipulieren.

Gekennzeichnet sind *Fake News* durch die Tatsache, dass es für sie „[...] keine faktische Grundlage – keinen realen referenzierten Sachverhalt – gibt."[26] Fake News versuchen, künstliche Empörung hervorzurufen und werden nicht nur von Trollen zu Propagandazwecken verbreitet. Diese Propaganda dient der manipulativen Wirkung in der Verbreitung bewusst falscher, systematisch eingesetzter Nachrichten, um bestimmte, oft populistische Zwecke zu erreichen. Die Verbreitung der Falschmeldungen führt dann neben der öffentlichen Empörung vielfach wieder zu Beschimpfungen und Hass, gerade in den elektronischen Medien und auf *Social-Media* Plattformen; diese Zusammenhänge hatten wir im voranstehenden Abschnitt bereits beleuchtet. Ein bekanntes Beispiel für *Fake News* ist die wiederkehrende Nachricht, dass Weihnachtsmärkte in Deutschland künftig mit Rücksicht auf Muslime „Lichtermärkte" heißen müssten. Diese Begründung ist falsch, ein Lichtermarkt darf im Gegensatz zu einem Weihnachtsmarkt bis in den Januar hinein betrieben werden, es handelt sich bei der Umbenennung somit um rein *wirtschaftliche* Gründe der Betreiber. Für Verschwörungstheorien ist die Meldung aber ein „gefundenes Fressen", können diese doch den Verfall kultureller, „deutscher" Werte beklagen und solche Nachrichten zu Hass und Hetze gegen Andersgläubige nutzen. Ob das dann aus Unwissen oder aus Berechnung geschieht, um Stimmungsmache zu betreiben, ist irrelevant. Der wissentliche und berechnende Einsatz derartiger Propaganda ist reiner Zynismus. Wissen um

---

[26] Zywitz in Sachs-Hombach und Zywietz (2018, 106).

Zusammenhänge dagegen kann man aufbauen; ein Aspekt, der uns als gesamt-gesellschaftlicher Auftrag weiter unten noch beschäftigen wird. Wie also können wir *Fake News* erkennen und diesen begegnen?

Wenden wir uns aber vorab der weiteren inhaltlichen Vertiefung der Begriffe dieses Kapitels zu. Unter *Deepfakes* verstehen wir allgemein manipulierte Bilder, Videos oder Audiodateien, die mittels der KI verfremdet, bearbeitet oder ver-ändert wurden. Diese Bilder oder Videos können auf der einen Seite wiederum selbst *Fake News* sein und als solche verbreitet werden, andererseits dazu die-nen, *Fake News* mit Bild und Ton anzureichern und somit (noch) glaubwürdiger zu machen und deren Wirkung zu verstärken. Die Schaffung und Verbreitung von Bildmanipulationen kennen wir schon länger, denn jedes nachträgliche Bear-beiten eines Bewerbungsfotos mit entsprechenden Bildbearbeitungsprogrammen stellt in einem engen Sinne bereits eine Manipulation dar. Die Möglichkeiten der KI und der technische Fortschritt erlauben jedoch nahezu unfassbare Ent-wicklungssprünge, was die Qualität (und damit die Glaubwürdigkeit) dieser sog. *synthetischen Medien* und damit manipulierter Bilder, Audiodateien oder Videos betrifft.

Schon politische Propagandatexte werden allgemein als Mittel strategischer Kommunikation eingesetzt, um bestimmte Wirkungen auf die öffentliche Mei-nung zu erzielen oder (wie beispielsweise im Falle des Angriffs Russlands auf die Ukraine) einen Krieg zu legitimieren. *Deepfakes* gehen in ihrer manipulati-ven Wirkung dann über reine Propaganda hinaus oder verstärken diese, nachdem Bilder nochmal ungleich stärker auf uns Menschen wirken als es Texte oder Nachrichten vermögen. Bilder allgemein besitzen Macht, Bilder rufen Erinne-rungen in uns wach und wirken in hohem Maße auf unsere Einstellungen. Während wir einen Text erst noch entschlüsseln und verstehen müssen, symboli-siert ein Bild einen unmittelbar begreifbaren Zusammenhang. Wir können reale (Fotografien) und künstlerisch bearbeitete (Gemälde) Bilder direkt und intuitiv verarbeiten, Emotionen werden geweckt, Gefühle werden damit spontaner ange-sprochen als es eben ein Text vermag. Bilder können zu Ikonen und Symbolen für eine Epoche, eine Lebenseinstellung oder eine bestimmte künstlerische Richtung werden. Hier können wir beispielsweise an das Portrait Che Guevaras (1928–1967) denken, des zentralen Anführers der *Kubanischen Revolution*. Das Bild, auf dem Che mit Barrett auf dem Kopf ernst ins Weite und gerade nicht in die Kamera blickt, findet sich millionenfach dupliziert beispielsweise auf T-Shirts, Plakaten, Kaffeetassen oder in Graffitis wieder. Allgemein ist dieses Bild zu einem Symbol des Widerstands und der Unterdrückung sowie für den Kampf für die Verbesserung der sozialen Verhältnisse geworden.

Durch die Entwicklung der KI haben sich die technischen Möglichkeiten künstlich generierter oder bearbeiteter Bilder und Videos nahezu unendlich vervielfacht und diese Entwicklung ist wohl noch nicht an ihrem Ende angelangt. Diese Möglichkeiten bieten erhebliches kreatives und praktisches Potential. So können wir für uns selbst beispielsweise Illustrationen und Bilder schaffen und diese frei verwenden, ohne auf irgend geartete Urheberrechte Rücksicht nehmen zu müssen. Gleichzeit besitzt die Tatsache, dass wir nicht (mehr) wissen können, ob veröffentlichte Bilder und Videos nun echt oder gefälscht sind, zerstörerisches Potential und manipulativen Charakter. Im schlimmsten Fall können die Reputation von Menschen beschädigt oder Existenzen an den Rand der Zerstörung gebracht werden, denken wir beispielsweise an sexistische *Fake News* und manipulierte pornographische Bilder bzw. *Fake Videos*. Solche Videos werden zur Herabwürdigung anderer verbreitet (vgl. *Hate Speech*), sei es im Zuge persönlicher Rache, aus Langeweile oder wiederum im Einsatz zur (politischen) Manipulation. So finden sich pornographische oder auch andere Videos im Netz, in denen den Protagonisten die Köpfe anderer Menschen per Bildbearbeitung „montiert" sind. Oft sind diese Montagen schlecht und wirken unnatürlich. Die Qualität dieser Bildbearbeitung wird jedoch immer besser, sodass die Unterscheidung zwischen echten und manipulierten Videos auch hier absehbar immer schwieriger wird.

Mit allen den in den vorangegangenen beiden Kapiteln beschriebenen Entwicklungen geht die Gefahr einher, dass das Vertrauen der Menschen untereinander oder das Vertrauen in Institutionen allgemein nach und nach untergraben wird. Vielmehr werden Misstrauen und Zwietracht geschaffen und verstärkt. Neben *Fake News* wirken *Deepfakes* in Form von Bildern oder Videos durch ihre symbolbeladene Erscheinung dann eben verstärkend auf diese Tendenzen und Gefahren. In den sog. *seriösen Medien* wird (noch) diskutiert, welche Bilder überhaupt gezeigt werden sollten, das Thema der Selbstkontrolle hatten wir weiter oben bereits beleuchtet (vgl. Abschn. 5.7.1). So entbrannte 2015 beispielsweise eine erhebliche Diskussion darüber, ob man das Bild des mit seinem Vater über das Mittelmeer geflüchteten und dabei ertrunkenen, am Strand liegenden zweijährigen Jungen Alan Kurdi abdrucken dürfe. Es gibt gute Argumente dafür und dagegen, das Bild selbst wurde wiederum zu einem Symbol bezogen auf die weltweiten Flüchtlingsströme (ohne freilich, dass eine wirkliche Wirkung auf die politischen Entscheidungen diesbezüglich damit einherging). Die sog. *Boulevardmedien* und Social-Media-Plattformen dagegen stellen sich solche, letztlich ethische Fragen deutlich seltener bis gar nicht. Die Diskussion, ob man allzu intime, ehrverletzende oder herabwürdigende Bilder zeigen darf oder nicht, spielt in der auf Wirkung und voyeuristische Nachfrage getriebenen Produktion und Verbreitung nahezu keine Rolle. Die Vermutung liegt nahe, dass im Zuge dessen die Frage danach, ob und wie Bilder manipuliert wurden, ob eine Kontrolle dahingehend stattgefunden hat und ob man gefälschte Bilder druckt oder gefälschte Videos sendet, in den Boulevardmedien dann ebenso eine nur untergeordnete Rolle spielt.

Wie kann jede:r Einzelne aber den Blick schärfen, ob es sich bei Meldungen, Posts und Nachrichten um *Fake News* oder Manipulationen handelt? Welche Maßnahmen können wir gesellschaftspolitisch unterstützen? Wie können wir Bildungsprozesse in Gang setzen, um all den genannten auch zerstörerischen Tendenzen wirksam zu begegnen? Untersuchen wir zum Abschluss des Kapitels zur Medienethik noch Möglichkeiten, denkbare Strategien und einige Antworten auf diese Fragen.

Wir müssen lernen, der Macht der Bilder zu misstrauen. Somit besteht die Herausforderung darin, Bilder und Videos genau zu prüfen, auch wenn diese direkt unsere Emotionen ansprechen. Einerseits gibt es (wiederum technische) Tools, um gefälschte Bilder und Bildmontagen im Netz zu erkennen. Gleichzeitig arbeitet die KI bei manipulierten oder selbst produzierten Bildern oft nicht naturgetreu. So können wir vielfach auch ohne technische Hilfsmittel noch kleine Unschärfen, Abweichungen, proportionale Missbildungen usw. erkennen und so ein echtes von einem gefälschten Bild unterscheiden. Die KI wird aber stetig auf Verbesserungen hin trainiert (vgl. Abschn. 3.6.1), was dieses unmittelbare Erkennen absehbar weiter erschweren wird. Aber auch bei Fotografien und echten Videoaufnahmen sollten wir achtsam bleiben, was Inkonsistenten betrifft. Wie glaubwürdig ist beispielsweise ein Video, in dem das Gesicht eines älteren Politikers auf einen sichtbar jungen Körper „montiert" ist?

Auch Trolle und *Social Bots* lassen sich mittlerweile gut maschinell detektieren. Ohne eine solche Hilfe ist es für uns als Nutzer:innen ungleich mühsamer und zeitaufwendiger, beispielsweise Fakeaccounts in Sozialen Medien zu erkennen, die zu Propagandazwecken genutzt werden. Aber auch hier gibt es Möglichkeiten: Merkmale dafür sind schlecht gepflegte Profilangaben, die Accounts beschränken sich meist nur auf wenige Themen, zu denen sie interagieren und einen in ebensolchem Maß eindimensionalen Freundeskreis. Meist stimmen die Posts in Grammatik, Aufbau und Satzbau überein, sind also über die Zeit im Rahmen eines Musters als immergleiche Meldungen potentiell zu identifizieren.

Wir sollten uns ergänzend immer wieder fragen, wer hinter gefälschten Nachrichten oder auch manipulierten Bildern steckt und welche Intention damit verfolgt wird. Dazu bedarf es einer sorgfältigen Sender- und Empfängeranalyse (vgl. Abschn. 5.2.1). Wenn wir die Urheber und deren Pläne sowie den bevorzugten Empfängerkreis kennen, lassen sich Propaganda, aber auch Falschmeldungen und selbst *Hate Speech* besser identifizieren und im Diskurs einordnen. Dazu benötigen wir vor allem auch historisches und politisches Wissen. Die Kenntnis geschichtlicher Zusammenhänge, nationaler und internationaler Besonderheiten oder politischer Entwicklungen lässt ein differenziertes Bild zu. Solche Analysen können uns unterstützen, einen kritischen Blick einzunehmen, Zusammenhänge einzuordnen und aus vermeintlich vorgegebenen Mustern auszubrechen. Damit hängt die Notwendigkeit der Bildung allgemein zusammen. Zunehmendes Wissen schützt in stärkerem Maße vor Manipulationsversuchen. Dazu ist jede:r von uns gefordert, Medienkompetenz aufzubauen und dieser Kompetenzerwerb ist in Bildungsprozessen von klein auf einzuüben und zu unterstützen. Diese Forderungen scheinen umso dringlicher als es – und das sei als ein Beispiel kurz skizziert – erschreckend anmutet, wie viele Menschen auf die Falschmeldungen beispielsweise des vor allem digital präsenten Satiremagazins *Der Postillon* hereinfallen und sich über die sichtbar satirisch überspitzten Meldungen echauffieren und in ihren Posts auch hier oft alle Regeln des guten Anstands „über Bord werfen". Ob man damit Menschen mit weniger Wissen und nicht ausreichender Medienkompetenz im Namen der Kunstfreiheit vorführt und lächerlich macht oder ob *Der Postillon* uns hier als Gesellschaft insgesamt den Spiegel vorhält und uns heilsame Schocks verpasst? Das ist eine auch ethisch zu diskutierende Frage, die wohl keine eindeutige Antwort hervorbringen kann.

Zu guter Letzt scheint es unerlässlich zu sein, uns vor allem mit echten Menschen im täglichen Zusammenleben auszutauschen. Ein wirkliches Meinungsbild und eine differenzierte Meinungsbildung, intra- und interkultureller Austausch oder eine offene Diskussionsbasis lassen sich hier ungleich besser realisieren und erfahren als in den immergleichen Nischen sozialer Medien im Netz.

Die technischen Entwicklungen werden weiter voranschreiten und die vielen positiven Effekte dessen auf unser (Zusammen-)Leben und die unzähligen Möglichkeiten sollten wir keinesfalls vergessen oder geringschätzen. Festzuhalten bleibt gleichzeitig, dass es weiterhin einen Wettlauf zwischen einer sich ständig verbessernden Technik und (politischer) Regulatorik geben wird, was die Verbreitung gefälschter Inhalte oder den Umgang mit *Hate Speech* betrifft. Die Versprechen der Selbstregulierung der Branche, also der Techunternehmen oder der Betreiber von Nachrichten- und Social-Media-Plattformen wurden in der Vergangenheit allzu oft nicht eingehalten. Politischer Druck, der sich dann in schlussendlich vielfach verwässerten Gesetzen und Gegenmaßnahmen wiederfindet, war letztlich immer vonnöten.[27] Verwässert deswegen, weil die Unternehmen

---

[27] Das deutsche NetzDG (Netzdurchsetzungsgesetz) ist eine nationale Maßnahme im internationalen Kontext und kann hier als aktuelles Beispiel dienen, wie ebenso die im Jahr 2024 verabschiedete KI-Verordnung der EU als europäische Regelung.

durch ihre Lobbyarbeit stets Einfluss auf die betreffende Gesetzgebung nehmen. Lobbyarbeit ist legitim und kann eine wichtige Rolle im Diskurs spielen. Ob diese Maßnahmen jedoch immer dem Bild des *Corporate Citizen* entsprechen, also dem des guten Wirtschaftsbürgers, der seine Gewinne gerade *nicht* um buchstäblich *jeden* Preis maximiert (vgl. Abschn. 4.4), dürfen wir getrost bezweifeln. Dennoch ist das die Realität, in der wir uns befinden. Und daher bleibt nur, dass wir alle uns persönlich hinterfragen, welche Menschen wir sein wollen und wie wir leben und welche diskursiven Räume wir eröffnen und nutzen wollen.

Werfen wir zum Abschluss einen Blick zurück auf das Kap. 2, in dem wir uns mit den großen ethischen Ideen und ergänzenden Paradigmen beschäftigt haben: Die Ausrichtung unseres Handelns an den Maximen der Tugendethik oder der Vernunftethik und der grundsätzlich die Menschenwürde achtende und fürsorgliche Umgang mit anderen Menschen, entspricht unabdingbar ethischen Grundsätzen. Das alles umzusetzen und aktiv, verantwortungsvoll und verantwortungsbewusst zu leben, wird uns nicht immer und nicht in jeder Situation gelingen. Daran und an uns selbst zu arbeiten, scheint mir jedoch ein erstrebenswertes Ziel zur Gestaltung unseres Zusammenlebens zu sein, für das es sich jeden Tag einzusetzen lohnt.

5.8   Anregungen zur Vertiefung

In den *Anregungen zur Vertiefung* findet sich hier wiederum Zweierlei: Fragen, die zur Reflexion sowie zur Diskussion anregen können sowie Literaturempfehlungen zum Weiterlesen bei vertieftem Interesse für einzelne Themen. Dabei habe ich bewusst auf mögliche „Musterlösungen" im Anschluss an die Fragen verzichtet, aus dem einfachen Grund, weil es solche nicht geben kann. Im eigenständigen Nachdenken, im Weiterforschen und im Rahmen von Diskussionen beispielsweise in Seminaren besteht immer die Möglichkeit, sich den Fragen zu nähern und allein oder in der Gruppe über mögliche Lösungen nachzudenken und zu debattieren. Die jedes Kapitel abschließenden Literaturempfehlungen stellen einen Ausschnitt dessen dar, was sich in Gänze im Literaturverzeichnis am Ende des Buchs wiederfindet.

Lesen Sie, denken Sie, diskutieren Sie!

Fragen zur Reflexion und Diskussion

- Welche Feedback-Methoden kennen Sie bereits oder können Sie recherchieren? Überlegen Sie, wie Feedback Ihrer Meinung nach ablaufen muss, sodass nicht nur die jeweiligen Regeln eingehalten werden, sondern auch ein (kommunikations-)ethischer Anspruch damit verbunden ist
- Recherchieren Sie Hintergründe und Inhalte zum sog. *NetzDG*, dem *Gesetz zur Verbesserung der Rechtsdurchsetzung in sozialen Netzwerken* aus dem Jahr 2017. Recherchieren Sie zudem bestehende Kritikpunkte an dem Gesetz und legen Sie ethische Kriterien an das Gesetz sowie an die Kritik an. Würden Sie das Gesetz verändern und wenn ja: wie?
- Blättern Sie zurück zum Abschn. 5.4 oder suchen Sie sich andere Quellen und vergegenwärtigen Sie sich nochmals Marshall McLuhans Gedankenspiel der *Tetrade*. Der Clou nach McLuhan ist, dass man das Experiment auf jede (technologische) Erfindung, ebenso aber auf jede theoretische Idee anwenden kann. Diskutieren Sie in der Gruppe also beliebige Entwicklungen und beobachten Sie, welche unterschiedlichen Zukunftsszenarien Sie dabei entwickeln
- Waren Sie selbst bereits direkt von *Hate Speech*, also Beschimpfungen, Bedrohungen, Beleidigungen im Internet betroffen oder haben das bei Menschen in Ihrem Umfeld erlebt? Wie ging es Ihnen dabei und was war der Auslöser bzw. könnte der Auslöser auf der Täterseite gewesen sein? Beschäftigen Sie sich mit zwei Fragen dazu, nämlich was die Täterin/ den Täter dazu veranlasst haben könnte und welche Unterstützung Sie sich in dieser Situation gewünscht hätten
- Die Firma META, die u. a. die Social-Media Plattformen *Facebook* oder *Instagram* betreibt, hat 2025 beschlossen, die Zusammenarbeit mit unabhängigen Faktencheckern zur Identifizierung von Falschmeldungen einzustellen. Diese Entscheidung greift (aktuell) in den USA, wo das, entgegen den Regularien, die in der EU gelten, rechtlich zulässig ist. Diskutieren Sie, welche Herausforderungen oder gar Gefahren für die private und öffentliche Kommunikation unter spezifisch ethischen Gesichtspunkten mit dieser Entscheidung einhergehen

Zum Weiterlesen

*Eine Darstellung des Kommunikationsquadrats („ 4 Seiten einer Nachricht")
und Vertiefung unter dem Aspekt der interkulturellen Kommunikation bietet
folgender Sammelband:* Kumbier, Dagmar; Schulz von Thun, Friedemann
(Hrsg.): Interkulturelle Kommunikation. Methoden, Modelle, Beispiele.
Hamburg 2017.

*Eine gut lesbare Studienausgabe, die wesentliche Texte von Jürgen Haber-
mas als einem der Begründer der Diskursethik sowie seine Verteidigung gegen
Kritik an diesem Konzept enthält, liegt vor:* Habermas, Jürgen: Diskursethik.
Philosophische Texte, Band 3. Frankfurt am Main 2009.

*Ein etwas älterer, dennoch noch aktueller Sammelband beschäftigt sich
aus mehreren Blickwinkeln mit der Kommunikationsethik:* Funiok, Rüdiger
(Hrsg.): Grundfrage der Kommunikationsethik. Konstanz 1996.

Ein umfassende Darstellung der Medienethik leistet: Schicha, Christian:
Medienethik. München 2019.

*Wer sich vertieft mit Marshall McLuhan beschäftigen möchte, dem sei
unter anderem ans Herz gelegt:* McLuhan, Marshall; Powers, Bruce R.: The
Global Village. Der Weg der Mediengesellschaft in das 21. Jahrhundert.
Paderborn 1995.

*Bereits 1917 hat Hilaire Belloc (unter den Zeichen seiner Zeit) eine
hellsichtige Analyse der Presselandschaft vorgelegt. Auch wenn manche
Gedanken aus heutiger Sicht schwer erträglich wirken, so lassen sich doch
erstaunenswerte Parallelen zu unserer Gegenwart ziehen:* Belloc, Hilaire:
Die freie Presse. tredition 2024 (Ersterscheinung 1917).

Literatur

Ammann, Thomas. 2020. *Die Mac#tprobe. Wie Social Media unsere Demokratie verändern.*
   Hamburg: Edition Körber.
Anders, Günther. 1956. *Die Antiquiertheit des Menschen. Über die Seele im Zeitalter der
   zweiten industriellen Revolution. Band I.* München: Beck (Beck'sche Reihe, 319).
Aro, Jessika. 2022. *Putins Armee der Trolle. Der Informationskrieg des Kreml gegen den Rest
   der Welt.* München: Goldmann.
Auferkorte-Michaelis, Nicole, Frank Linde, et al. *Feedback für den Lehralltag. Lehren und
   Lernen im Dialog.* Opladen & Toronto: Barbara Budrich.
Austin, John L. 2010. *Zur Theorie der Sprechakte (How to do Things with Words).* Stuttgart:
   Reclam.

Baltes, Martin, und Rainer Höltschl. 2011. *absolute Marshall McLuhan*. Freiburg: orange-press.

Braml, Alexander. 2024. Kommunikation im digitalen Zeitalter. Ethische Ansatzpunkte im Spannungsfeld von Hate-Speech, Marginalisierungsängsten und gesellschaftspolitischer Verantwortung. In *Digitalisierung und Digitalität. Interdisziplinäre Einblicke in technische Möglichkeiten und gesellschaftliche Phänomene*, Hrsg. Michael Feiten, und Henning Stahlschmidt. Berlin: Frank und Timme.

Belloc, Hilaire. 1917/2024. *Die freie Presse*. Hamburg: tredition.

Filipović, Alexander. 2007. *Öffentliche Kommunikation in der Wissensgesellschaft. Sozialethische Analysen*. Bielefeld: W. Bertelsmann.

Flusser, Vilém. 1997. *Medienkultur*. Frankfurt a. M.: Fischer Taschenbuch.

Flusser, Vilém. 2008. *Kommunikologie weiter denken. Die „Bochumer Vorlesungen"*. Frankfurt a. M.: Fischer Taschenbuch.

Funiok, Rüdiger, Hrsg. 1996. *Grundlagen der Kommunikationsethik*. Konstanz: UVK Medien/Ölschläger.

Funiok, Rüdiger. 2007. *Medienethik – Verantwortung in der Mediengesellschaft*. Stuttgart: W. Kohlhammer.

Funiok, Rüdiger, Udo F. Schmälzle, und Christoph H. Werth, Hrsg. 1999. *Medienethik – Die Frage der Verantwortung*. Bonn: Bundeszentrale für politische Bildung.

Grimm, Petra, Michael Müller, und Kai Erik Trost. 2021. *Werte, Ängste, Hoffnungen. Das Erleben der Digitalisierung in der erzählten Alltagswelt*. Baden-Baden: Academia.

Habermas, Jürgen. 2009. *Diskursethik. Philosophische Texte, Band 3*. Frankfurt a. M.: Suhrkamp.

Hall, Matthew, Jeff Hearn, und Ruth Lewis. 2023. *Digital gender – Sexual violations. Violence, technologies, motivations*. New York: Routledge.

Hanke, Michael, und Steffi Winkler, Hrsg. 2013. *Vom Begriff zum Bild. Medienkultur nach Vilém Flusser*. Marburg: Tectum.

Hartmann, Martin, Jasper Liptow, und Marcus Willaschek, Hrsg. 2013. *Die Gegenwart des Pragmatismus*. Berlin: Suhrkamp.

Heinze, Eric. 2016. *Hate speech and democratic citizenship*. Oxford: Oxford University Press.

Honneth, Axel. 2018. *Anerkennung. Eine europäische Ideengeschichte*. Berlin: Suhrkamp.

Kumbier, Dagmar, und Friedemann Schulz von Thun, Hrsg. 2017. *Interkulturelle Kommunikation: Methoden, Modelle, Beispiele*. Reinbek bei Hamburg: Rowohlt Taschenbuch.

Landesanstalt für Medien NRW. 2024. *Hate Speech*. Forsa-Studie 2024. Düsseldorf. Link: https://www.medienanstalt-nrw.de/presse/pressemitteilungen/pressemitteilungen-2024/default-a455c6a6ed/default-8ae3153c8164758c99b5658207373c89-3/forsa-hassrede.html. Zugegriffen: 19. Febr. 2025.

Laut-Berger, Christina. 2023. *Digitale Kommunikationsstrukturen. Memes, Trolle und Spiele. Muster anonym flüchtiger Kommunikation auf 4chan.org*. Bielefeld: transkript.

Lenk, Hans. 1997. *Einführung in die angewandte Ethik. Verantwortlichkeit und Gewissen*. Stuttgart: W. Kohlhammer.

Leschke, Rainer. 2001. *Einführung in die Medienethik*. München: Wilhelm Fink.

Liessmann, Konrad Paul. 2002. *Günther Anders. Philosophieren im Zeitalter der technologischen Revolution*. München: C.H. Beck.

Maletzke, Gerhard. 1963. *Psychologie der Massenkommunikation. Theorie und Systematik.* Hamburg: Jans-Bredow Institut.

McLuhan, Marshall. 1968a. *Die Gutenberg-Galaxis. Das Ende des Buchzeitalters.* Düsseldorf und Wien: econ.

McLuhan, Marshall. 1968b. *Understanding Media. Die magischen Kanäle.* Düsseldorf und Wien: econ.

McLuhan, Marshall. 2001. *Das Medium ist die Botschaft. The medium is the Message.* Dresden: der Kunst.

McLuhan, Marshall, und Bruce R. Powers. 1995. *The Global Village. Der Weg der Mediengesellschaft in das 21. Jahrhundert.* Paderborn: Junfermann.

Meibauer, Jörg, Hrsg. 2019. *Hassrede/Hate Speech. Interdisziplinäre Beiträge zu einer aktuellen Diskussion.* Gießen: Elektronische Bibliothek. https://doi.org/10.1007/978-3-658-35658-3_2.

Meikle, Graham. 2023. *Deepfakes.* Cambridge: Polity.

Nagl, Ludwig. 1998. *Pragmatismus.* Frankfurt/New York: Campus.

Paganini, Claudia. 2018. *Entwurf einer rekonstruktiven Medienethik. Analyse und Auswertung internationaler und nationaler Selbstverpflichtungskodizes.* München/Eichstätt: zem::dg-papers (Band 2).

Paganini, Claudia. 2020. *Werte für die Medien(ethik).* Baden-Baden: Nomos Verlagsgesellschaft.

Rosa, Hartmut. 2016. *Beschleunigung und Entfremdung.* Berlin: Suhrkamp.

Sachs-Hombach, Klaus, und Bernd Zywietz, Hrsg. 2018. *Fake News, Hashtags & Social Bots. Neue Methoden populistischer Propaganda.* Wiesbaden: Springer VS.

Schicha, Christian. 2019. *Medienethik. Grundlagen – Anwendungen – Ressourcen.* München: UVK (utb).

Schicha, Christian, und Carsten Brosda, Hrsg. 2010. *Handbuch Medienethik.* Wiesbaden: VS Verlag.

Schulz von Thun, Friedemann. 2005. *Miteinander reden.* Drei Bände. Reinbek bei Hamburg: Rowohlt Taschenbuch.

Seubert, Harald, und unter Mitarbeit von Yannik Weber. 2019. *Digitalisierung – Die Revolution von Seele und Polis.* Baden-Baden: Academia.

Wacht, Sebastian, Barbara Koch-Priewe, und Andreas Zick, Hrsg. 2022. *Hate Speech – multidisziplinäre Analysen und Handlungsoptionen: Theoretische Annäherungen an ein interdisziplinäres Phänomen.* Wiesbaden: Springer VS.

Wagnermaier, Silvia, und Nils Röller, Hrsg. 2002. *Absolute Vilém Flusser.* Freiburg: orange press.

Watzlawick, Paul, Janet H. Beavin, und Don D. Jackson. 2013. *Menschliche Kommunikation – Formen, Störungen, Paradoxien.* Bern: Hogrefe.

Weitzel, Gerrit, und Stephan Mündges, Hrsg. 2022. *Hate Speech – Definitionen, Ausprägungen, Lösungen.* Wiesbaden: Springer VS. https://doi.org/10.1007/978-3-658-35658-3

Wunden, Wolfgang. 2005a. *Freiheit und Medien.* Münster: LIT.

Wunden, Wolfgang. 2005b. *Öffentlichkeit und Kommunikationskultur.* Münster: LIT.

Fazit und Ausblick

In den vergangenen Kapiteln haben wir uns mit verschiedenen Sphären und Bereichen auseinandergesetzt, die unser eigenes Leben sowie das Zusammenleben mit anderen Menschen beeinflussen. Dazu haben wir auf die Wissenschaft an sich, auf Technik und technologischen Fortschritt, auf das, was wir „die Wirtschaft" nennen sowie auf Kommunikation und Medien im weitesten Sinn geblickt. Im Fokus standen dabei historische Entwicklungen in diesen Bereichen unseres Lebens und, aufbauend darauf, haben wir uns ebenso mit Herausforderungen der Gegenwart sowie in Richtung der Zukunft beschäftigt. Anhand verschiedener Denker:innen haben wir uns die jeweiligen Bereiche erarbeitet und jeweils unter spezifisch ethischen Gesichtspunkten untersucht. Mittels konkreter Fragen, die unser Leben unmittelbar betreffen und beeinflussen, haben wir alltägliche Anknüpfungspunkte und Einflüsse beleuchtet und zu den Themen diskutiert, die individuell und gesellschaftlich auf uns wirken. Die das jeweilige Kapitel beschließenden Anregungen zur Vertiefung bieten Gedankenanstöße, sich weiterführend mit den Themen auseinanderzusetzen sowie über diese Fragen in den Austausch zu gehen. Die von mir aufgeführten Literaturhinweise zu den jeweiligen Schwerpunktthemen dienen bestenfalls als Ausgangspunkt für die weitere Beschäftigung damit.

Unbestritten haben alle hier behandelten Sphären des menschlichen Lebens mannigfaltige Vorteile für die Menschheit mit sich gebracht: wissenschaftliche Arbeit und Wissenszuwachs an sich bedeuten die gedankliche Entwicklung zu tiefen Erkenntnissen über Zusammenhänge oder unser Leben; im Rahmen der Technik erleichtert sich die Menschheit den Alltag oder gestaltet es komfortabler; Wirtschaften führt zur Möglichkeit, Wohlstand aufzubauen; Medien schließlich können der Information, der Wissensvermittlung, der Vernetzung oder auch der reinen Unterhaltung dienen. Anders ausgedrückt: Wissenschaftliche Forschung

A. Braml, *Angewandte Ethik der Wissenschaft – Technik – Wirtschaft – Medien*, https://doi.org/10.1007/978-3-658-48770-6_6

führt in allen diesen Bereichen zu neuen Erfindungen und zu Fortschritt. Technologischer Fortschritt wird wirtschaftlich nutzbar gemacht. Diese Nutzbarmachung wird auch öffentlich diskutiert und medial begleitet.

Die Ethik als Reflexionsdisziplin kann die Theorien, Werkzeuge und Orientierungspunkte für uns bereitstellen, alle diese Prozesse zukunftsfähig zu gestalten und durchaus auch prüfend zu hinterfragen. Was in den verschiedenen Kapiteln daher dominierte, waren oftmals kritische Perspektiven gerade auf aktuelle Entwicklungen. Hier können wir an die Beispiele der Ausbeutung unserer Erde und damit von Mensch und Natur, einseitiger Gewinnmaximierung zu Gunsten Einzelner oder der medialen Manipulation anderer Menschen zurückdenken. Das kritische Hinterfragen liegt dabei in der Natur der Sache, untersucht die Ethik doch nicht vorrangig, was wir aus einer rechtlichen Perspektive dürfen oder aus einer technischen Perspektive können. Die Ethik fragt spezifisch danach, was wir tun *sollten* und darauf aufbauend *wollen*. Das Thema der menschlichen Motivation hatte uns dazu an verschiedenen Stellen in den vergangenen Kapiteln auch beschäftigt. Alle diese Fragen unterliegen dem ständigen Ringen um die besten Lösungen und eben der kritischen Begleitung vor allem aktueller Entwicklungen, die unsere Gegenwart und unsere Zukunft unmittelbar betreffen. Alle Untersuchungen, Herausforderungen und Diskussionen und der Austausch dazu können niemals abgeschlossen sein, solange es menschliche Weiterentwicklung gibt. Der Begriff der Verantwortung war im Zuge der Erarbeitung der vorstehenden Inhalte ein zentraler, auf den wir in jedem einzelnen Kapitel immer wieder zurückgekommen sind. Wir unterliegen eben nicht nur der Verantwortung für unser eigenes Leben. Wir tragen auch Verantwortung für die Gesellschaft an sich sowie – und darauf können sich die meisten Menschen einigen – für das Erbe, das wir der Nachwelt hinterlassen.

Während sich Wissenschaft, Technik, Wirtschaft und Medien fortlaufend weiterentwickeln, besteht demgegenüber im Allgemeinen Einigkeit, dass ethische Grundsätze quasi *ewig* gültig sind. Beginnend mit den Vorsokratikern hat die Menschheit in unserem abendländischen Kulturkreis vor ca. 2.500 Jahren konkret damit begonnen, *philosophisch-wissenschaftlich* über Ethik und Moral nachzudenken. Plakativ kann man sagen, dass wir seitdem erst drei eigenständige Konzepte hervorgebracht haben. Wie wir uns gemeinsam erarbeitet haben, finden wir diese Konzepte oder großen Paradigmen in tugendethischen, pflichtethischen und utilitaristischen Gedankengebäuden und Theorien wieder. Auch die weiter oben diskutierten neueren Ansätze, in Form der Fürsorgeethik sowie einer Betonung der Menschenwürde, lassen sich argumentativ doch in der einen oder anderen Weise auf die drei großen Strömungen zurückbinden.

Mehrfach haben wir in den verschiedenen Kapiteln die Tatsache beleuchtet, dass unsere Welt starken Veränderungen unterliegt. Der spürbare Wandel mit allen externen Einflüssen und globalen Verflechtungen fordert uns heraus und überfordert viele von uns auch immer wieder. Gleichzeitig wünschen sich Menschen individuelle und gesellschaftliche Verabredungen, begründete Normen und damit Anker im Leben, die Orientierung im Handeln geben und Sinn stiften können. Ist es dann also nicht tröstlich, dass die Ethik, unabhängig der jeweiligen Ausprägung, beständig ist und uns also ein zuverlässiges und dauerhaftes gültiges gedankliches Fundament bieten kann?

Ideen und Überzeugungen, wie wir unser Zusammenleben gestalten sollten und das aus guten Gründen dann auch *wollen*, können uns also Orientierung geben. Die Diskussion dahingehend, was dieses Wollen ausmacht, können wir ethisch reflektieren. Die Gestaltungsfragen dazu sind Inhalt aller gesellschaftlichen und politischen Diskussionen und unterliegen einer ständigen kommunikativen Aushandlung. Gedanken zur Frage nach guten, sozialförderlichen und in einem umfassenden Sinn zukunftsfähigen Handlungen sind Teil unserer täglichen auch moralischen Entscheidungen. Diese Entscheidungen vollziehen wir oft genug schon unbewusst und auf Basis unserer verinnerlichten Werte. Werte sind universal, dabei kulturell beeinflusst und tradiert und wir erlernen diese im Rahmen unserer individuellen Sozialisierung sowie durch Vorbilder. Wir sollten uns daher die Möglichkeit beibehalten, eine im weitesten Sinne fürsorgliche Motivation über die bloße Theorie hinaus auch zu *spüren*. Der innere moralische Kompass, den wir selbst bestenfalls ausbilden durften, leitet uns in praktischen und alltäglichen Situationen des Umgangs und der Begegnung mit anderen Menschen und bei allen unseren Handlungen. Gleichzeitig ist es das Merkmal spezifisch *wissenschaftlicher* Betätigung in Studium, Forschung und Lehre, dass wir uns über das Unbewusste und über unsere Gefühle hinaus bewusst, willentlich und wissentlich mit den dazugehörenden Theorien auseinandersetzen und diese reflektieren. Sozialisierung, Wissenszuwachs und weiterführende gedankliche Entwicklung finden ganz wesentlich auch durch Lernprozesse an Schulen und Hochschulen statt.

Die Idee im Rahmen der vergangenen Kapitel war es einerseits, die untersuchten und diskutierten Schwerpunkte historisch zu beleuchten, inhaltlich darzustellen und ethisch zu hinterfragen. Andererseits stand dabei jeweils der Aspekt im Fokus, die diskutierten Gedanken und Konzepte auch *praktisch anwendbar* zu machen. Durch diesen umfassenden Ansatz kann all das, so meine Überzeugung, auch wissenschaftlich in der Forschung sowie in Lehr- und Lernprozessen gewinnbringend eingesetzt werden und auf fruchtbaren Boden fallen. Durch den Praxisbezug wird die theoretische Auseinandersetzung greifbarer, vielleicht sogar in manchen Fällen umfassend verständlicher. Die Fähigkeit zur theoretischen Begründung kann im Anschluss daran (und sollte das bestenfalls auch), in Situationen und Herausforderungen des Privat-, aber auch des Berufslebens handlungsleitend werden. Wesentliche Anwendungsfelder dessen sind dann die Sphären der Wissenschaft, der Herstellung und Nutzung von Technik, des Wirtschaftslebens an sich sowie der Medienproduktion und -nutzung – so wie wir uns diese Bereiche gemeinsam erarbeitet haben.

Denken wir zurück an das Vorwort zu diesem Buch: Nicht nur, aber gerade Studierende können sich durch dieses Buch unterstützt fühlen, bislang schon empfundenes, gefühltes inneres Unbehagen hinsichtlich vieler aktueller Entwicklungen auch theoretisch und bestenfalls wissenschaftlich begründen zu lernen.

Je mehr auch ethisch umfassend ausgebildete Menschen sich in der Wissenschaft engagieren oder in anderen Bereichen arbeiten und sich grundsätzlich als Bürger dieses Staates in die gesellschaftlichen und politischen Diskussionen einbringen, umso besser. So haben wir die Chance, die Herausforderungen, die künftig weiterhin auf uns warten, gemeinschaftlich und in einem auch moralischen Sinn *gut* zu meistern. Stellen wir uns also gemeinsam zuversichtlich diesen Herausforderungen.

Wir leben mit anderen Menschen zusammen und begegnen diesen in privaten und beruflichen Kontexten. Dabei treffen unterschiedliche Persönlichkeiten, Ansichten, Lebensgeschichten und Wissensstände aufeinander. Manche Diskussionen sind mühsam und gesellschaftliche Aushandlungsprozesse oft langwierig. In diesem Sinne müssen wir dennoch tagtäglich sozial miteinander interagieren. Mein Appell: Begegnen wir uns möglichst offen und fürsorglich und bemühen wir uns umeinander. Leiten kann uns dabei die Überzeugung, das Zusammenleben heute und in Zukunft *gut* gestalten zu wollen.

The manufacturer's authorised representative in the EU is Springer
Nature Customer Service Centre GmbH, Europaplatz 3, 69115 Heidelberg,
Germany. If you have any concerns regarding our products, please
contact ProductSafety@springernature.com

Printed and bound by CPI Group (UK) Ltd, Croydon, CR0 4YY
28/04/2026
02098524-0001